高等学校规划教材

树脂基复合材料成型原理与工艺

蒋建军　李玉军　编

西北工业大学出版社

西安

【内容简介】 本书以树脂基复合材料为对象,介绍了树脂基复合材料的基本概念、特征及应用和发展的基本概况;树脂基复合材料基本构成相的特征,包含树脂基体、纤维增强体和界面的基本概念、分类和特征;树脂基复合材料成型的基本原理,包含树脂流动的基本原理、树脂固化的基本原理和缺陷生成与控制的基本原理。在此基础上,以手糊成型工艺、热压成型工艺、液体成型工艺、缠绕成型工艺和拉挤成型工艺等常用的树脂基复合材料成型工艺为对象,介绍了常用工艺的材料、装备、工艺过程和适用范围。

本书可作为高等学校航空宇航制造工程、机械设计制造及其自动化、材料加工工程等专业的教材,也可作为树脂基复合材料制造工程师的入门教材。

图书在版编目(CIP)数据

树脂基复合材料成型原理与工艺 / 蒋建军,李玉军编. —西安:西北工业大学出版社,2022.5
ISBN 978 - 7 - 5612 - 8228 - 1

Ⅰ.①树… Ⅱ.①蒋… ②李… Ⅲ.①树脂基复合材料-成型-工艺学-高等学校-教材 Ⅳ.①TB333.2

中国版本图书馆 CIP 数据核字(2022)第 090120 号

SHUZHIJI FUHE CAILIAO CHENGXING YUANLI YU GONGYI
树 脂 基 复 合 材 料 成 型 原 理 与 工 艺
蒋建军 李玉军 编

责任编辑:胡莉巾		策划编辑:杨 军	
责任校对:王玉玲		装帧设计:李 飞	
出版发行:西北工业大学出版社			
通信地址:西安市友谊西路 127 号		邮编:710072	
电 话:(029)88493844 88491757			
网 址:www.nwpup.com			
印 刷 者:兴平市博闻印务有限公司			
开 本:787 mm×1 092 mm		1/16	
印 张:17.25			
字 数:453 千字			
版 次:2022 年 5 月第 1 版		2022 年 5 月第 1 次印刷	
书 号:ISBN 978 - 7 - 5612 - 8228 - 1			
定 价:65.00 元			

前　言

　　树脂基复合材料因其比强度高、比模量大、疲劳性能好、耐腐蚀和可设计性好等众多优点,在航空、航天、交通、机械、医疗和体育等领域被广泛应用。近年来,随着树脂基复合材料的应用面越来越广,特别是在航空、航天、兵器、船舶、能源等高端应用领域的结构占比增加,树脂基复合材料成型相关课程已经成为了航空宇航制造工程、机械设计制造及其自动化、材料加工工程等专业的必修课。本书面向复合材料学科发展和高等院校树脂基复合材料成型相关课程的教学需求编写。全书共分四篇,重点介绍了树脂基复合材料的基本概念与特征、应用与发展,树脂基复合材料的构成相及其特征,树脂基复合材料的成型原理,树脂基复合材料的成型工艺及其发展趋势。

　　在本书编写的过程中,笔者查阅了大量的文献资料,先后与从事树脂基复合材料科研院所的研究人员、制造企业的技术专家、高校师生进行了深入的交流,旨在通过调研需求、了解研究进展和工程实际,提高教材的编写质量。在第一篇,笔者结合新颖案例介绍了树脂基复合材料的应用与发展;第二篇详细介绍了树脂基复合材料基本构成,使读者对其有了更清晰、准确的认识;对于内容难度较大的第三篇,笔者尽量用深入浅出的语言替代复杂的数学推导和理论分析,以便于读者理解;在第四篇,笔者结合工程应用与生产实际,面向高校学生科研与就业需求,介绍了广泛应用于航空、航天、兵器、船舶等高端制造领域的树脂基复合材料成型工艺,并特别加入了"工艺技术探索与发展"内容(第14章),介绍了新兴成型工艺及树脂基复合材料成型工艺的未来发展方向,让读者在了解传统成型工艺的同时接触树脂基复合材料成型工艺发展前沿,有助于拓宽读者思路和视野。

　　笔者从2012年开始着手编写"树脂基复合材料成型原理与工艺"教材。第一版讲义于2013年完成,在飞行器制造工程专业的专业必修课和专业选修课教学中试用了4年;在此基础上,完成了第二版讲义的修订,又试用了4年。编写本书得到了笔者所指导研究生的大力支持,先后有3届硕士研究生和博士研究生为本书的编写做出了贡献。特别是在本书成稿的过程中,博士研究生陈俊臻(第1章、第5章、第10章和第11章),硕士研究生李嘉良(第8章、第12章至第14章)、孙宏泰(第2章、第3章和第7章)、庞少杰(第4章、第6章和第9章)参与了相应部分的资料整理、绘图和修改工作。李玉军参与了讲义修订、大纲讨论、出版修订和审核与校对工作。中航西安飞机工业集团股份有限公司的赵安安、王浩军、徐小伟、郭俊刚、闫超、闫恩伟、苏霞、刘琦、杨绍昌、肖光明等工程师也对本书编写提出了很多宝贵的意见。讲义在试用期间的使用者也提出了很好的建议。在此对他们一并表示感谢！

本书的编写是建立在国内外众多研究者研究成果的基础上的，参考了国内外多位知名专家、学者的书籍和论文，在此对他们表示衷心感谢！

由于水平有限，书中难免存在疏漏和不足，恳请各位读者批评、指正。

编　者

2021 年 12 月

目　　录

第一篇　树脂基复合材料概论

第 1 章　基本概念及特征 ·· 3

　　1.1　树脂基复合材料的定义 ································· 3

　　1.2　树脂基复合材料的命名及分类 ····················· 3

　　1.3　树脂基复合材料的基本特征 ························· 4

　　1.4　树脂基复合材料制造技术 ··························· 6

　　习题与思考题 ··· 9

第 2 章　应用与发展 ·· 10

　　2.1　树脂基复合材料的应用 ······························ 10

　　2.2　树脂基复合材料的发展及展望 ····················· 21

　　习题与思考题 ··· 25

第二篇　树脂基复合材料基本构成

第 3 章　树脂基体及其特性 ·· 29

　　3.1　树脂基体的基本概念 ································· 29

　　3.2　热固性树脂基体 ····································· 30

　　3.3　热塑性树脂基体 ····································· 40

　　3.4　热固性与热塑性树脂的对比与分析 ················· 43

　　习题与思考题 ··· 44

第 4 章　纤维增强体及其特征 ······································ 46

　　4.1　纤维增强材料概述 ··································· 46

　　4.2　无机纤维 ··· 46

　　4.3　人工合成有机纤维 ··································· 61

　　4.4　自然纤维 ··· 67

　　4.5　纤维增强体结构形式及特点 ························· 69

习题与思考题 ……………………………………………………………………… 72

第 5 章　纤维/树脂界面及其特征 ……………………………………………… 73
　5.1　概述 …………………………………………………………………………… 73
　5.2　纤维/树脂界面形成与理论 ………………………………………………… 73
　5.3　增强纤维的表面处理 ………………………………………………………… 77
　5.4　复合材料界面的分析表征 …………………………………………………… 82
　习题与思考题 ……………………………………………………………………… 91

第三篇　树脂基复合材料成型基本原理

第 6 章　树脂流动基本原理 ……………………………………………………… 95
　6.1　树脂黏度 ……………………………………………………………………… 95
　6.2　多孔介质渗流行为 …………………………………………………………… 100
　6.3　织物对树脂流动的影响 ……………………………………………………… 110
　习题与思考题 ……………………………………………………………………… 114

第 7 章　树脂固化基本原理 ……………………………………………………… 115
　7.1　树脂的黏弹性行为 …………………………………………………………… 115
　7.2　树脂固化的本构模型 ………………………………………………………… 128
　7.3　树脂固化反应动力学模型 …………………………………………………… 130
　7.4　影响树脂固化的工艺参数及工艺参数确定 ………………………………… 133
　7.5　树脂及其复合材料固化过程中的内应力 …………………………………… 140
　习题与思考题 ……………………………………………………………………… 143

第 8 章　缺陷生成与控制原理 …………………………………………………… 144
　8.1　概述 …………………………………………………………………………… 144
　8.2　复合材料常见缺陷及成因 …………………………………………………… 144
　8.3　树脂基复合材料成型缺陷控制原理 ………………………………………… 149
　8.4　树脂基复合材料成型缺陷控制方法 ………………………………………… 150
　8.5　复合材料无损检测技术 ……………………………………………………… 158
　习题与思考题 ……………………………………………………………………… 163

第四篇　树脂基复合材料成型基本工艺

第 9 章　手糊成型工艺 …………………………………………………………… 167
　9.1　手糊成型工艺原材料 ………………………………………………………… 167
　9.2　手糊成型工艺技术 …………………………………………………………… 168

9.3　手糊成型特点及应用 ·· 174

习题与思考题 ·· 174

第 10 章　热压成型工艺 ·· 175

10.1　热压罐成型工艺 ·· 175

10.2　层压成型工艺 ·· 194

10.3　模压成型工艺 ·· 199

习题与思考题 ·· 208

第 11 章　液体成型工艺 ·· 209

11.1　RTM 成型工艺 ·· 209

11.2　VARI 成型工艺 ·· 222

11.3　其他液体成型工艺 ·· 228

习题与思考题 ·· 232

第 12 章　缠绕成型工艺 ·· 233

12.1　概述 ·· 233

12.2　原材料 ·· 233

12.3　缠绕成型工艺技术 ·· 235

12.4　缠绕成型设备 ·· 239

习题与思考题 ·· 241

第 13 章　拉挤成型工艺 ·· 242

13.1　概述 ·· 242

13.2　原材料 ·· 242

13.3　拉挤成型工艺技术 ·· 245

13.4　拉挤成型设备 ·· 248

习题与思考题 ·· 251

第 14 章　工艺技术探索与发展 ·· 252

14.1　先进树脂基复合材料制造工艺探索 ······································ 252

14.2　先进树脂基复合材料的发展与未来 ······································ 255

习题与思考题 ·· 258

参考文献 ·· 259

第一篇 树脂基复合材料概论

材料是人类赖以生存和发展的物质基础,人类和材料的联系非常广泛、密切,材料的发展在一定程度上代表着人类社会技术的进步。材料的发展能够促使时代变迁,推动人类物质文明和社会的进步,材料、能源和信息并列为现代科学技术的三大支柱,其作用和意义尤为重要。人类文明的发展史,就是一部学习并利用材料、制造材料、创造材料的历史,每一种新材料的出现,都会给人类生活和社会生产带来巨大改变,对材料的认识和利用能力决定着人类生活的质量和社会的形态。在科学技术迅猛发展的今天,新材料是高新技术研究的基础,材料科学已经成为了人们普遍关注的领域。

材料科学是一门多学科交叉的综合性学科,通过化学组成和内部结构的原理阐明材料宏观性能的规律性,进而设计、制造和使用具有特定性能的新材料。近代科学技术的迅速发展对材料科学的发展提出了更高的要求,对材料的性能也有了更加特殊的需求,材料的研究正逐步摆脱靠经验摸索的研究方式,朝着设计-制造-性能一体化的方向发展,在设计材料时按照材料所要达到的性能去设计,同时考虑制造的要求。复合材料的出现和发展就是材料设计的一个成功例子,复合材料既能保留原有组分材料的优点,又能够克服单一组分材料的缺点,同时还显示出了一些原有组分材料没有的新性能。

复合材料作为材料科学的一大分支,其在人类社会中的应用伴随着人类社会的发展持续至今,复合材料的发展促进了人类社会材料学科的应用和发展,为新材料体系的发展开辟了无限的想象与实现空间。随着航空、航天、电子、船舶、兵器等高精技术领域的快速发展,对材料的性能要求越来越高,传统材料(包括普通复合材料)的性能已不能满足这些领域的应用需要。在复合材料的众多种类中,树脂基复合材料由于在经济、性能和社会应用价值等方面相比其他种类的复合材料更具压倒性优势,因此,一直是世界各国复合材料研究与应用的主体,在许多应用领域已经成为了不可替代的材料。围绕树脂基复合材料的研制、生产、性能和应用展开的研究也越来越多,树脂基复合材料在各个领域的用量正在表现出强劲的增长势头,为各领域的发展做出了重要的贡献。

本书将从树脂基复合材料的基本构成、成型原理、成型工艺等方面展开介绍。本篇将简要介绍树脂基复合材料的基本概念和特征以及近年来的应用和发展,以便读者初步了解树脂基复合材料,为本书后续篇章的学习奠定基础。

第1章　基本概念及特征

1.1　树脂基复合材料的定义

复合材料(composite materials)是一类组成成分复杂的多元多相体系,很难用准确的定义去描述复合材料的全部特征。比较简明的定义是:复合材料是由两种或两种以上不同物理、化学性质的材料,以微观、细观或者宏观等形式经过复杂的空间组合而形成的一个材料系统。它既保持了原组分材料的主要特点,又显示了原组分材料所没有的新性能。复合材料的特征如下:①各组分材料性能差异大;②各组分材料间有明显的界面;③复合材料性能相比各组成原材料有较大的改进;④具有原组分材料所不具备的性能。

根据组成和内部相态的不同,复合材料内部有3种基本的物理相。第一种是连续的,称为基体相;第二种是分散的、被基体包容的,称为增强相。增强相和基体相之间有一过渡面,称为复合材料界面。由于复合过程中发生了复杂的物理和化学变化,复合材料界面附近的增强相和基体相变成了既不同于基体相又不同于增强相组分本体的复杂结构,同时人们发现这一结构和形态会对复合材料宏观性能产生重大的影响,所以界面附近这一结构与性能发生变化的微区成为复合材料的第三相,称为界面相。因此,复合材料由基体相、增强相和界面相组成。三相的结构性质、配置方式、相互作用和相对含量决定了复合材料的性能。

树脂基复合材料(resin matrix composites)是以树脂为基体材料,以无机填料、短切纤维或连续纤维及其织物为增强材料复合而成的一类复合材料。常用的基体材料有热固性树脂、热塑性树脂,以及各种各样改性树脂或共混树脂。热塑性树脂可以溶解在溶剂中,也可以在加热时软化熔融变成黏性液体,冷却后又变硬。热固性树脂只能一次加热和成型,在加工过程中发生固化,形成不溶不熔的网状交联型高分子化合物,因此不能再生。增强体材料通常使用无机颗粒填料、玻璃纤维、碳纤维、玄武岩纤维、芳纶纤维等人造纤维或者矿物纤维、动物纤维和植物纤维等自然纤维。

1.2　树脂基复合材料的命名及分类

1.2.1　树脂基复合材料的命名

对于树脂基复合材料的命名,一般将增强材料的名称放在前面,基体材料名称放在后面,再加上"复合材料"。例如,碳纤维和环氧树脂构成的复合材料,可命名为"碳纤维环氧树脂复合材料"。为书写方便,也可仅写增强材料和基体材料的缩写,中间用斜线分隔,后面再加"复合材料"。按此方式命名,上述复合材料可简称为"碳/环氧复合材料",用英文符号表示为"CF/EP复合材料"。此外,上述命名法也可用商品牌号直接表示,对于碳纤维树脂基复合材料,其商用牌号表示为 T300/EPON862、AS4/8552、T800/AC531 等,斜线前为碳纤维牌号,斜线后为树脂的牌号。也有相反的表示方法,斜线前为树脂牌号,斜线后为碳纤维的牌号,如3900-2/T800、977-3/IM7 等。

1.2.2　树脂基复合材料的分类

依据不同的分类标准,树脂基复合材料有不同的分类方法。根据增强原理不同,树脂基复合材料可分为粒子增强型树脂基复合材料和纤维增强型树脂基复合材料。粒子增强型树脂基复合材料主要利用无机颗粒填料改善和强化树脂基体的物理性能,无机填料的比例不是很大;纤维增强型树脂基复合材料主要用作结构材料,纤维强度和模量远高于基体,是主要的承载体,为了确保复合材料的承载能力,纤维体积分数一般要求非常大。根据使用性能的不同,树脂基复合材料可分为结构树脂基复合材料和功能树脂基复合材料,而功能树脂基复合材料又可根据其功能分为电功能树脂基复合材料、光功能树脂基复合材料和热功能树脂基复合材料等。根据制备工艺的不同,树脂基复合材料可分为层合结构树脂基复合材料、缠绕结构树脂基复合材料和纺织结构树脂基复合材料等。

常用的树脂基复合材料分类方法主要根据增强材料和基体材料的名称以及组合形式来分类,具体分类方法有如下几种:

(1)根据基体材料的种类,有热固性树脂基复合材料、热塑性树脂基复合材料、单组分树脂基复合材料、共混树脂基复合材料以及改性树脂基复合材料之分。

(2)根据增强体形式分类,有:①纳米材料增强树脂基复合材料;②颗粒增强树脂基复合材料;③片状材料增强树脂基复合材料;④短切纤维增强树脂基复合材料;⑤单向纤维增强树脂基复合材料;⑥机织纤维增强树脂基复合材料;⑦编织纤维增强树脂基复合材料。

(3)根据增强纤维的材料分类,有:①碳纤维增强树脂基复合材料;②玻璃纤维增强树脂基复合材料;③天然纤维增强树脂基复合材料;④碳化硅纤维增强树脂基复合材料;⑤混杂纤维增强树脂基复合材料;等等。

1.3　树脂基复合材料的基本特征

在众多的复合材料中,树脂基复合材料由于其固有的特性,成为发展最迅速、应用最广泛的复合材料。与传统材料和其他复合材料相比,作为结构材料和功能材料,树脂基复合材料有以下特点。

1.3.1　比强度和比模量高

比强度是材料的强度与密度的比值,比模量是材料的模量与密度的比值,这两个参量都是衡量材料承载能力的重要指标。比强度和比模量较高说明材料质量轻,而强度和刚度大,这是结构设计,特别是航空、航天结构设计对材料的重要要求。在质量相同的前提下,比强度、比模量是衡量材料抗破坏能力和抗变形能力的重要指标。树脂基复合材料的突出优点是比强度和比模量高,对于在航空、航天领域应用的结构材料来说,比强度和比模量是非常重要的性能指标。表 1-1 列出了几种材料的比强度和比模量。纤维作为树脂基复合材料的增强体材料性能高、密度低,其比强度和比模量明显高于传统金属材料,其中碳纤维树脂基复合材料表现尤为突出,广泛应用于航空航天领域结构件的制造中。

表 1-1 一些常用材料及纤维复合材料的比强度、比模量

材 料	密度 g/cm³	拉伸强度 GPa	弹性模量 10^2 GPa	比强度 10^6 cm	比模量 10^8 cm
钢	7.8	1.03	2.1	1.3	2.7
铝合金	2.8	0.47	0.75	1.7	2.6
钛合金	4.5	0.96	1.14	2.1	2.5
玻璃纤维复合材料	2.0	1.06	0.4	5.3	2.0
碳纤维Ⅱ/环氧复合材料	1.45	1.50	1.4	10.3	9.7
碳纤维Ⅰ/环氧复合材料	1.6	1.07	2.4	6.7	15
有机纤维/环氧复合材料	1.4	1.40	0.8	1.0	5.7
硼纤维/环氧复合材料	2.1	1.38	2.1	6.7	10
硼纤维/铝基复合材料	2.65	1.0	2.0	3.8	7.5

1.3.2 阻尼减振性能好

随着新型民用超声速飞机、核潜艇、高速列车及汽车的飞速发展,机械设备趋于高速、高效和自动化,但是振动、噪声和冲击等带来的影响也越来越突出。振动和噪声能严重破坏仪器设备运行的稳定性和可靠性,是导致运行控制精度下降、结构产生疲劳损伤、安全使用寿命缩短等结果的直接原因,并且其污染环境,危害人们的身心健康。因此,减振降噪、提高材料的阻尼性能、改善人机工作环境是亟待解决的问题。

受力结构的自振频率不仅与结构本身形状有关,还与结构材料比模量的二次方根成正比,因此,树脂基复合材料有较高的自振频率,其结构一般不易产生共振。纤维增强树脂基复合材料不仅具有高比强度和高比模量,而且具有黏弹性的特点,其阻尼更是比普通金属材料高10~100 倍。同时,树脂基复合材料基体与纤维之间的界面对振动能量有较强的吸收能力,从而使材料具有较高的振动阻尼,能够使振动在产生后较短的时间内停止。

1.3.3 耐疲劳与损伤安全性能好

树脂基复合材料中纤维与树脂基体之间的界面能阻止裂纹的扩展,其疲劳破坏通常从纤维的薄弱环节开始,裂纹扩展或损伤逐步进行,破坏过程时间长,破坏前有明显预兆。金属材料的疲劳破坏往往是没有明显预兆的突发性破坏,大多数金属材料的疲劳强度极限是其拉伸强度的 30%~50%,而碳纤维树脂基复合材料的疲劳强度极限能够达到其拉伸强度的 70%~80%,可见树脂基复合材料的疲劳性能高于传统金属材料。

树脂基复合材料的破坏不像传统材料由于主裂纹的失稳扩展而突然发生,而是经历了基体开裂、界面脱粘、纤维拔出、纤维断裂等一系列损伤的发展过程。基体中有大量独立纤维,当少数纤维发生断裂时,损失的部分载荷会通过基体的传递而迅速分散到其他完好的纤维上,因此复合材料不会迅速丧失承载能力,也不会因为内部缺陷、裂纹的突然扩展而断裂。

1.3.4 性能具有可设计性

纤维增强树脂基复合材料一个突出的特点就是各向异性,树脂基复合材料的力学、物理性能除了与基体和增强体的力学、物理性能相关之外,还与纤维体积分数、纤维的铺层方向、铺层顺序等因素有关,因此可以根据工程中要求的力学性能和物理性能选取相应的材料及铺层方案去设计树脂基复合材料。树脂基复合材料的可设计性,可以实现复合材料结构和性能方面的优化设计,做到安全可靠、经济合理。由于树脂基复合材料可设计性好,所以它具有良好的成型加工方式,可以根据制件的形状、大小、数量选择不同的加工方式,也可以利用整体成型方式,减少装配零件的数量,节省制造时间。

1.3.5 具有多功能性

树脂基复合材料自身具有多种物理性能,例如热学性质、电学性质、磁学性质、光学性质、摩擦性质等。在热学性质中还包括多种性质,如热膨胀率、隔热性、耐热冲击性等,树脂基复合材料的热导率为 0.03～0.05,比普通材料小得多,在一定温度内,树脂基复合材料具有较好的热稳定性;在电学、磁学性质中有绝缘性、压电性、介电性等,树脂基复合材料具有良好的绝缘性能,它不受电磁波作用,不反射电波,通过设计可使其在很宽的频段内都具有良好的透微波性能;在光学性质中有透光性、散光性、吸光性、耐光性等。除了这些物理性能,树脂基复合材料还有很多其他性质,如透气性、减振性、隔音性等。树脂基复合材料拥有这么多的物理性能,使它在使用的过程中和其他复合材料相比具有较强的竞争力,树脂基复合材料能够将众多有利的性能组合到一起,从而使最终的效果达到最优。树脂基复合材料的物理性能虽然很多,但仍有不足之处,在具体应用的时候可以通过调整树脂基复合材料填料的方法来调整树脂基复合材料的物理性能。

树脂基复合材料由各种化学性能不同的基体材料组成,每一种基体材料的化学性能都或多或少地存在着不同,并且这些基体材料本身就是有机物质,容易和一些溶剂或者含有一定化学成分的物质发生反应,也可能被有机溶剂侵蚀、溶胀、溶解或者被腐蚀。由于基体材料的不同,树脂基复合材料对不同的物质反应也不相同。树脂基复合材料与普通金属的电化学腐蚀机理不同,其制品表面电阻值为 $1 \times 10^{16} \sim 1 \times 10^{22} \, \Omega$,在电解质溶液里不会有离子溶解出来,因而对大气、水和一般浓度的酸、碱、盐等介质有着良好的化学稳定性。树脂基复合材料的化学性能和力学性能之间也会相互影响,如树脂基复合材料中的一些化学聚合物在高温下会产生一层耐热焦炭,待本身物质挥发后,会和一些分解物质产生反应,然后进一步提升自身的耐热程度,此外也会产生新的力学性能,如抗振性。

1.4 树脂基复合材料制造技术

不同构件质量和性能对树脂基复合材料的类型、形状的要求不同,可采用不同的成型工艺制造树脂基复合材料。尽管树脂基复合材料成型工艺多种多样,但所有的方法都具有一些相似的基本步骤。以应用最广泛的纤维增强树脂基复合材料为例,所有纤维增强树脂基复合材料构件内部都必须具备适合特定零件几何形状和微观布局的复杂纤维预制体,这些纤维预制体必须被树脂完全渗透和浸润,同时构件应在刚性模具的支撑下固化以保持零件的结构特征。

在众多的纤维预制体结构中,主要有 3 种变化形式:①单向;②机织;③编织。每种形式的制造方法不同,并获得不同的材料性能。

单向纤维结构是将纤维丝、纤维带或定向排列的纤维布通过手工铺放或自动铺放在模具或芯模上形成的。纤维丝和纤维带的自动铺放过程和机械加工过程有些相似,不同之处在于复合材料加工是添加材料,而机械加工则是去除材料。新型的纤维丝铺放技术非常复杂,可以根据模具型面进行控制铺放,也可以形成带复杂曲率的纤维路径,所有这些工艺制造的复合材料具有纤维丝平行排列、纤维体积分数高、面内比强度和比模量高等特点。

机织和编织纤维可以产生二维(2D)和三维(3D)的互锁织物结构。纤维机织和编织过程中要求在给定的时间内同时操作两根或两根以上的纤维,因此,加工机织和编织的互锁织物结构时使用多自由度、多给纱头的机器,但每个纱头的移动限制在一定的范围内。例如,一台较大的编织机有 100 多个纱头,但每个头只能沿既定的路线运行。织物结构为相邻纤维束提供了横向的连接,这可以有效提高强度。另外,交织降低了复合材料的纤维体积分数,并在纤维交叉点造成应力集中,同时也会降低强度。单向和机织物纤维结构如图 1-1 所示。

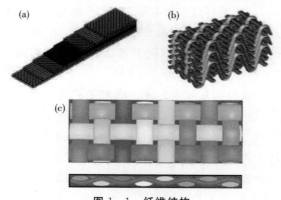

图 1-1　纤维结构
(a)单向纤维结构;(b)单向纤维和厚度方向交织的组合纤维结构;
(c)机织纤维的主视图和俯视图

纤维预制体根据是否浸润树脂分为干纤维和预浸料。干纤维与树脂的浸润发生在复合材料成型的过程中,在制造过程中将可反应的热固性树脂和纤维混合,这种非混合的浸润工艺使得材料具有非常长的适用期,而且其一般不需冷藏,但增加了在成型过程中浸润树脂出错的风险,例如产生贫胶和孔隙等。干纤维浸润树脂可以在制备纤维预制体前一步进行,如常见的缠绕成型和拉挤成型,也可以在制备纤维预制体的后一步进行,如真空辅助树脂传递模塑(Vacuum Assisted Resin Transfer Molding,VARTM)成型工艺。预浸料在制造树脂基复合材料构件之前完成了纤维与树脂的浸润,得到了具有轻微黏性、部分固化的纤维丝或纤维带,在复合材料成型过程中省去了树脂浸润这一步骤,预浸料成型可以确保复合材料成型件的高质量。预浸料可以用于手工铺放成型或用于其他各种线性加工工艺。必须注意的是,预浸料的内部会不断发生化学反应,因此热固性预浸料需要低温储存和低温运输,并具有一定的适用期。成型过程中浸润树脂的优点在于室温下材料非常柔软,容易操作,可以制备复杂的纤维结构。但是和预浸料相比,在成型过程中浸润树脂显著增加了成型时间,并导致浸润效果和性能稍差。

渗流到纤维束内的树脂通过化学反应(热固性树脂)或冷却(热塑性树脂)而固化。在树脂固化前,纤维和树脂非常柔软,为了保持零件外形结构,必须用刚性模具或芯模进行支撑。在树脂固化后的冷却过程中,纤维和树脂在热膨胀变形上存在很大的差值,为了提高零件成型质量,需要减少模具约束,一般用模具限制零件的一个或几个表面。热压罐固化和缠绕成型固化等加工方法在零件的一个表面采用真空袋或软模,而在其他表面采用刚性模具。在这种情况下,零件在固化过程中有一个表面是与真空袋接触的,表面自由一些,这会导致零件厚度、外形尺寸和表面粗糙度的可控性较差。近年来发展的树脂传递模型(Resin Transfer Moulding,RTM)成型工艺是一种独特的先进复合材料制造工艺,它使用闭模制造,因而每个表面都受约束,零件厚度、外形尺寸和表面粗糙度的可控性较好。

通常情况下,用于树脂基复合材料制造的模具在成型过程中会承受压力载荷(热压罐成型压力在 0.6 MPa 左右)和温度载荷(树脂固化温度为 180℃ 左右,有些热塑性树脂和高温热固性树脂则要求温度不低于 350℃)。许多材料如钢、铝和碳/环氧复合材料都可以满足这些要求,但选择不同材料会影响模具的制造难度、使用寿命和热膨胀系数。复合材料与模具热膨胀系数不匹配会产生残余应力,从而引起固化变形,严重影响复合材料的成型质量,因此选择与复合材料热膨胀系数相近的模具材料尤为重要,这也正是碳/环氧复合材料被用作模具材料的主要原因。近年来殷钢的用量逐渐增加,这种低膨胀镍合金的使用寿命远高于碳/环氧复合材料。

先进树脂基复合材料的成型工艺有很多种。成型工艺是一项系统复杂的工艺,不仅要满足制品的形状和尺寸要求,还要确保材料的综合性能,减少制品孔隙率,并降低甚至避免对操作人员健康带来的负面影响,促进材料综合效益提升。先进纤维增强树脂基复合材料的成型将设计、制造融为一体,易于大面积整体成型,其成型工艺较多,目前使用的主要有模压成型、模塑成型、热压罐成型、缠绕成型、自动丝束铺放成型、拉挤成型、增材制造技术等。除了以上几种成型工艺外,还有一些短纤维复合材料生产技术值得一提,这些技术包括:①短切纤维喷射成型;②片状模压料热压技术;③注射成型。但这些技术对纤维取向的控制力都有限而且纤维体积分数较低,因此不适于先进树脂基复合材料的制造。

随着对更优性能材料研究的不断深入,技术攻关力度增强,复合材料工艺参数得到不断优化。同时生产设备的智能化和自动化程度提高,复合材料成型工艺也不断取得进步,主要体现在以下方面:

(1)先进原材料:碳纤维、氧化铝纤维、芳纶纤维以及新型高性能树脂基体等出现并得到应用,其韧性、耐高温性更优,有利于提高产品质量和综合性能。

(2)预浸料制备:预浸料是半成品,其工艺改进也带来众多新技术的应用,如熔融浸渍、纤维混合法、粉末混合工艺等。预浸料制备发展到机械化和自动化形式,能够推动复合材料工艺发展,促进工艺技术革新和进步。

(3)固化过程优化:计算机技术、控制技术、人工智能技术的开发和应用,再加上超声和介电技术的支持,实现对固化压力、温度等在线监测,能够控制固化过程中复合材料的孔隙率、厚度等,推动产品质量提升。

(4)模具发展:树脂基复合材料构件形式多种多样,推动模具结构形式多样化发展,复合材料模具、软模、芯模技术也取得了较大进步。设计模具使其与产品热膨胀系数基本一致、减轻模具结构自重、方便复合材料脱模等措施有利于控制构件尺寸和厚度,保证复合材料产品质量。

（5）制造设备的自动化和智能化:随着技术进步和产品需求量增大,复合材料制造出现了规模化、自动化、智能化的趋势,不仅有利于提高材料性能和产品质量,还能推动其得到广泛应用。

（6）设计制造一体化:复合材料结构设计强调材料-设计-制造一体化思想,综合考虑复合材料的选材、设计、制造、检测、使用和维护,加强复合材料结构协同设计,将设计和制造融为一体,加快产品的研制进度,有效降低产品研制成本,促进结构树脂基复合材料的广泛应用。

（7）制造低成本化:从树脂基复合材料的结构设计和制造出发,大力发展结构复合材料协同设计技术,加强低温固化高温使用复合材料、热压罐外预浸料技术、真空辅助成型技术（Vacuum Assisted Resin Infusion,VARI）、电子束固化技术等新材料和新工艺的基础研究,进一步发展结构复合材料制造模拟和工艺优化技术、整体共固化成型技术、液体成型技术、自动化缠绕、自动化铺丝/铺带制造技术的应用研究,进一步降低飞行器结构复合材料的制造成本。

（8）工艺模拟及仿真技术研究:建立复合材料树脂流动与浸润、抑制孔隙产生、热传递及固化动力学模型,指导和优化固化工艺,有效防止产品缺陷的形成,控制尺寸精度,提高产品质量。同时,加强复合材料缺陷对性能的影响研究,为设计制定合理的验收条件提供依据,从而提高产品合格率。

习题与思考题

1. 树脂基复合材料的分类方式有哪些?
2. 简述树脂基复合材料的基本特征。
3. 树脂基复合材料纤维预制体结构有哪些形式?每种形式的制造工艺和材料性能有哪些特点?
4. 纤维预制体根据是否浸润树脂分为哪些形式?各自有何优缺点?
5. 相比于其他增强体材料,为什么纤维增强树脂基复合材料得到了广泛的应用?
6. 纤维增强树脂基复合材料适用于哪些结构的制造?
7. 分析树脂基复合材料的基本特性及其呈现原因。
8. 分析树脂基复合材料制造工艺的发展趋势。

第 2 章　应用与发展

进入 21 世纪以来,复合材料,尤其是先进树脂基复合材料在新型结构材料方面的研究和发展称得上"非常火爆"。树脂基复合材料首先应用于航空、航天等国防工业领域,而后向民用发展,并推动整个行业的科技进步。随着树脂基复合材料的应用与推广,越来越大的风电叶片、越来越酷的概念汽车、越来越快的高速列车层出不穷,让人们感受到世界的快速发展变化。在以上改变世界的成果中,树脂基复合材料一直都扮演着至关重要的角色。复合材料在国民经济发展中占有极其重要的地位,以至于人们把一个国家和地区的复合材料工业水平看成衡量其科技与经济实力的标志之一,以树脂基复合材料为代表的现代复合材料随着国民经济的发展,已广泛应用于各个领域。树脂基复合材料虽然在国民经济各个领域获得了广泛的应用,但总体用量仍相对较少。随着社会的进步,树脂基复合材料在人类物质生活中的需求量越来越大,并逐渐成为主要应用领域,研究投入也随之越来越多。本章将从树脂基复合材料的应用与发展角度展开叙述,使读者更加了解这一重要材料科学领域并推动它们更广泛的应用。

2.1　树脂基复合材料的应用

随着经济的快速发展,现代制造业更新升级不断加速,作为高强度、高性能、轻量化的新材料的主导者,纤维增强树脂基复合材料掀起了一场新材料领域的革命,在现代先进复合材料制备中发挥了不可替代的作用,它们的应用深度和广度是许多结构和非结构材料难以比拟的,被视为 21 世纪最具有生命力的新型材料。纤维增强树脂基复合材料已经成为继铝合金、钛合金之后在航空、航天及军工等高科技领域最重要的结构材料之一。此外,纤维增强树脂基复合材料应用领域也逐渐扩大,在机械制造、医疗器械、电子电器、建筑材料等民用领域也有较多应用,在这些领域,树脂基复合材料都在以超规模的速度扩展,这充分显示了它们的发展潜力和巨大作用。

2.1.1　航空应用

自 20 世纪 70 年代碳纤维增强树脂基复合材料开始在航空领域应用以来,经过几十年的持续发展,树脂基复合材料的研发逐步走向成熟,在航空领域获得了大量的工程应用,已经发展成为目前最重要的航空结构材料,其用量成为衡量航空飞行器先进性的重要指标之一。复合材料的发展一路攀升,从次承力结构到主承力结构、从军机到民机、从小型机到大型机,显示了复合材料在航空领域的广阔前景,直到今天,以波音 B787 和空客 A350XWB 为代表的大型复合材料飞机的问世和商用,标志着复合材料在飞机上的用量已经突破了 50%(见图 2-1)。

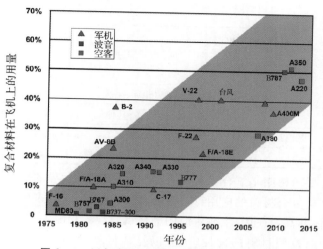

图 2-1 近年来复合材料在飞机上的用量趋势

在碳纤维复合材料应用于航空领域之前,玻璃纤维已经在飞机上得到了应用,但玻璃纤维相对于铝合金减重效果不明显,应用的主要目的是抗腐蚀和部件整合,玻璃纤维没有得到广泛的应用。碳纤维的出现和应用,使得复合材料的性能得到了大幅提升,碳纤维复合材料开始在飞机上得到了大量的应用。复合材料在飞机上的应用经历了前缘—口盖—整流罩—扰流板—升降舵—方向舵—襟副翼—垂尾—平尾—机身和机翼等主承力结构应用的过程。表 2-1 列出了一些复合材料在飞机上的具体应用情况,以展示复合材料在航空领域应用的发展轨迹。

表 2-1 复合材料在飞机上的应用

年 份	机 型	制造商	性 质	主要零部件	主要材料	复合材料用量约占总质量的百分数/%
1960	F4	道格拉斯	军用	方向舵	碳纤维/环氧	2
1964	B727	波音	民用	升降舵	碳纤维/环氧	5
1970	F-14 Tomcat	格鲁曼	军用	平尾	碳纤维/环氧	5
1976	F-15 Eagle	道格拉斯	军用	尾翼、机舱地板	碳纤维/环氧	10
1981	Lear Fan 2100	里尔	民用	机翼、机身、尾翼、其他结构件	碳纤维/环氧	70
1983	B757	波音	民用	副翼、扰流板、升降舵、方向舵、机翼前缘	碳纤维/环氧	10
1987	A330	空客	民用	垂尾、平尾	碳纤维/环氧	18
1995	B777	波音	民用	机翼、副翼、挡流板、升降舵、方向舵、后机身	碳纤维/环氧	10
1997	B-2 Spirit	诺格	军用	机翼、机身、其他结构件	碳纤维/环氧	30
2005	F-22 Raptor	洛马、波音	军用	机翼、前机身、尾翼	碳纤维/双马	25
2007	A380	空客	民用	机翼、尾翼	碳纤维/环氧	25
2007	V-22 Osprey	贝尔、波音	军用	机翼、机身	碳纤维/环氧	50
2011	B787	波音	民用	机身、机翼、尾翼等	碳纤维/环氧	50

续 表

年 份	机 型	制造商	性质	主要零部件	主要材料	复合材料用量约占总质量的百分数/%
2015	F-35	洛马	军用	机翼、机身、尾翼	碳纤维/环氧/双马	40
2015	A350XWB	空客	民用	机翼、机身、尾翼、其他结构件	碳纤维/环氧	52
2016	CS300	庞巴迪	民用	机身、机翼、尾翼	碳纤维/环氧	46
预计 2023	B777X	波音	民用	机翼、尾翼、其他结构件	碳纤维/环氧	30

航空飞行器主要要求树脂基复合材料具有高耐湿热性能、优异的工艺性能、高抗冲击韧性等特点。根据航空结构复合材料的应用特点，按照材料的耐温级别来区分，航空树脂基复合材料可分为中温、中高温和高温应用，主要对应的为环氧、双马、聚酰亚胺树脂基体等热固性树脂和热塑性树脂基体；而按照材料的韧性，一般以复合材料的冲击后压缩强度（Compressive strength After Impact，CAI）区分，大致可分为基本型、第一代韧性复合材料、第二代韧性复合材料和第三代韧性复合材料。目前，高韧性树脂基复合材料主要指高韧性环氧树脂基复合材料及双马树脂基复合材料。

碳纤维复合材料的应用，使得复合材料的发展进入了先进复合材料阶段。先进复合材料的使用不仅实现了有效减重，而且大大降低了制造复杂性。例如，空客 A310 的垂直尾翼高 8.3 m、宽 7.8 m，如果用金属材料制造需要 2 000 多个零部件，采用碳纤维增强环氧复合材料制造后只需要不到 100 个零部件，堪称设计和制造的杰作。为降低复合材料成本并使其满足航空复合材料构件尺寸的要求，复合材料制造的自动化制造工艺得到重视与发展，其中发展最成功的就是自动铺带和自动铺丝工艺。其铺放设备硬件和软件持续改进，不论铺带工艺还是铺丝工艺的效率都不断提高。复合材料自动铺放工艺在军机和民机上得到了推广应用。A400M 飞机的翼梁（见图 2-2）采用自动铺带工艺将预浸料铺放成平板形状，然后在热隔膜成型机中预成型为 C 型结构，再转移到翼梁的殷钢成型模具中，用热压罐加热加压固化成型。这种工艺方法大大提高了翼梁制造的自动化程度，提高了翼梁制造效率，也有效降低了制造成本。

图 2-2　A400M 飞机的翼梁

高推重比、低油耗、低污染物排放是"碳达峰、碳中和"目标下航空发动机未来发展的重要方向，研发高性能复合材料替代传统金属材料，实现结构减重是推动航空发动机进步的关键途径。树脂基复合材料由于其优异的特点，已成为飞机发动机冷端部件理想的结构材料，其用量多少也成为评价航空发动机先进性的重要标志。近些年美国通用电气公司（General Electric Company，GE）、美国普拉特·惠特尼公司［Pratt & Whitney Group，P&W（或普·惠）］、英国罗尔斯·罗伊斯公司［Rolls-Royce Group，R·R（或罗·罗）］等在树脂基复合材料发动机部件应用方面取得了较大进展。美国通用电气和法国赛风集团（Safran Group）旗下斯奈克玛公司（SNECMA）合资成立的 CFM 国际公司（CFM International Company，CFMI）开发了 LEAP 系列发动机。LEAP 系列发动机风扇叶片采用 3D 整体编织技术制备了具有 3D 交织结构且尺寸误差近似为零的纤维预成型体，通过树脂传递模塑工艺灌注树脂实现纤维浸润和树脂固化，3D 编织纤维预制体结构有效提高了叶片抗冲击性能。叶片制造过程如图 2-3 所示。普·惠公司在 PW4084 发动机上采用树脂传递模塑（RTM）工艺制备了碳纤维/环氧树脂风扇叶片垫块，在 PW4168 发动机制造了双马树脂复合材料整流罩和碳纤维/环氧树脂复合材料反推力装置等短舱部件。另外，庞巴迪、巴西航空工业、西锐、赛斯纳、钻石、本田、三菱等商用机、通用机和商务机制造商的新一代喷气机所用发动机，也大多使用了树脂基复合材料叶片和发动机罩，在此不再详述。树脂基复合材料在航空发动机上的应用如图 2-4 所示。

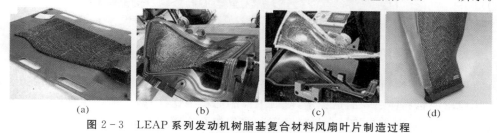

(a)   (b)   (c)   (d)

图 2-3 LEAP 系列发动机树脂基复合材料风扇叶片制造过程

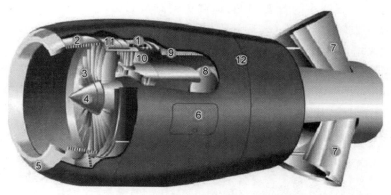

1—电控单元匣；2—进气道消声衬板；3—风扇叶片；4—进气整流锥；5—进气整流罩；6—发动机检视门；
7—反推力装置；8—压气机整流罩；9—外涵道；10—出口导流叶片；11—风扇机匣；12—发动机短舱

图 2-4 树脂基复合材料在民用涡扇发动机上的应用

无人机（Unmanned Aerial Vehicles，UAV），尤其是军用无人机，在近年来发展极其迅速，而且在实战中成绩斐然。先进复合材料用于航空领域的"未来之星"非无人机莫属。目前，世界各国都在无人机上大幅度使用以碳纤维复合材料为主的先进复合材料，其占到了结构总质量的 $60\%\sim80\%$，使机体减重 25% 以上。无人机具有低成本、轻结构、高隐身、长航时、低使用寿命、长储存寿命、高机动、大过载等特点，这些特点给无人作战飞机的机体结构设计带来了严峻的挑战，也给复合材料的应用带来了良好的发展机遇。树脂基复合材料在无人机机体上的应用发展经历了从整流罩、翼面的操纵面等次承力结构到机翼、机身等主承力结构,进而到翼面盒段、翼身融合等整体一体化成型结构的发展历程。美国空军的"全球鹰"高空长航时无人侦察机(见图2-5)是目前世界上飞行时间最长、距离最远、高度最高的无人机。其中,先进复合材料用量占结构总质量的65%,除机身主结构为铝合金外,其余部件均用复合材料制成,如机翼、尾翼、后机身、雷达罩、发动机整流罩等,其中机翼和尾翼用石墨/环氧复合材料制造,机身则大量使用碳纤维/环氧复合材料。由于大量采用先进复合材料,"全球鹰"起飞质量为11 640 kg,燃油质量高达6 727 kg,超过总质量的一半。

图 2-5 高空长航时无人侦察机——"全球鹰"

2.1.2 航天应用

先进树脂基复合材料经过数十年的发展已经形成了适合航天飞行器不同结构类型、满足不同使用要求的材料体系及制造技术,对航天产品的轻量化、小型化和高性能化起到了至关重要的作用。目前,先进树脂基复合材料已逐渐取代铝合金等材料,广泛应用于制造导弹、运载火箭以及卫星等产品的结构部件。

运载工具是航天要解决的首要问题,运载火箭结构重量的60%来自于燃料罐和氧化剂罐。相比于传统的制罐材料铝合金,碳纤维树脂基复合材料作为制罐材料可以使运载火箭减重30%,从而大大增加有效载荷,或者在同样载荷下减少一个推进发动机或一个助推火箭,意义重大。因此,近年来航天领域致力于发展该技术。2012年,美国国家航空航天局(National Aeronautics and Space Administration,NASA)和波音的工程师采用美国氰特公司的新型非热压罐碳纤维复合材料,成功地设计、制造了直径为5.5 m的低温燃料罐(见图2-6),通过这种新方法不仅实现了减重43%的目标,而且减少了25%的制造成本。

图 2-6 NASA 和波音联合研制的低温复合材料燃料罐

目前,国外在设计、研制巡航导弹时,都大量采用先进树脂基复合材料结构,并往往把弹体结构中复合材料的应用比例作为衡量导弹发展水平的一个重要标尺。弹体是用于构成导弹外形、连接和安装弹上各分系统且能承受各种载荷的整体结构。采用先进树脂基复合材料弹体的主要目的是最大限度地减轻导弹的结构质量、简化生产工艺、降低成本,进一步提高导弹战术性能。更重要的是,采用先进树脂基复合材料技术有利于整体成形有复杂形状、光滑表面和气动外形流畅的弹体,可以实现金属壳体难以达到的隐身性能。美国海军和空军提出研制的远程空地导弹(JASSM)AGM-158(见图 2-7)采用先进的生产工艺和复合材料,除了弹翼、尾翼、进气道采用复合材料外,整个弹身(全部舱段)均采用了碳纤维复合材料,全弹减重 30%,成本降低 50%。

图 2-7　(JASSM)AGM-158 远程空地导弹

卫星天线(见图 2-8)与普通天线最大的不同之处在于要经受运载火箭的发射载荷和空间环境的考验,因而,卫星天线结构材料及其工艺研究一直是卫星天线工程化工作的一个重要内容。以碳纤维复合材料为代表的先进树脂基复合材料具有密度小、比强度和比模量高、线膨胀系数小、电磁性能独特等特点,已成为卫星天线结构常用的材料。卫星构架、抛物面天线、太阳能电池基板、支撑结构、精密片状反射器和光具座等结构要求制造材料具有高尺寸稳定性、抗辐射能力、抗微裂纹能力等优异的性能,这些要求使得树脂基复合材料在卫星材料中的应用日益扩大。树脂基复合材料在卫星天线上的应用情况见表 2-2。

图 2-8　带天线的卫星

表 2-2 先进树脂基复合材料在卫星天线上的应用情况

卫 星	部 件	材 料
美国国防气象卫星	精密天线反射器	石墨/环氧复合材料
ERS-1 卫星	大型可展开式天线	石墨/环氧复合材料
RCA 通信卫星	整体和单壳反射器	石墨/Kevlar/环氧复合材料蒙皮、Kevlar/环氧复合材料蜂窝芯
国际通信卫星 V	天线、馈源、波导天线支架多路调制器等	石墨/Kevlar/环氧复合材料蒙皮、碳/环氧复合材料和 Kevlar/环氧复合材料蜂窝芯
美国技术卫星 F 型和 G 型	反射器支撑桁架	石墨/环氧复合材料

2.1.3 船舶应用

与结构钢等传统金属材料相比,树脂基复合材料具有低密度、高强度和天然耐腐蚀性等特点,被应用在航母、舰船、舰艇等海军装备中,在达到减重目的的同时,装备的耐腐蚀能力得以提高。除此之外,树脂基复合材料在海军装备中得到大量应用的另一原因是能够减少雷达波探测,达到隐身效果。美国海军耗资 40 亿美元建造的新型驱逐舰 Zumwalt-class 甲板上部是一个全部采用树脂基复合材料制成的"超级结构"甲板室(见图 2-9),该结构的墙体由巴萨木与 T700 碳纤维聚酯复合三明治层板制成,室顶由玻璃纤维加碳纤维与防火酚醛基树脂层板制成,这种超级结构大大减轻了该舰的上层重量,提高了稳定性和行驶精度,同时也提高了其雷达隐身性,是未来战舰的发展方向。国外海军舰艇上层建筑的复合材料典型应用见表 2-3。

图 2-9 Zumwalt-class 驱逐舰的复合材料甲板室

表 2-3 国外海军舰船上层建筑中复合材料的典型应用

国 家	舰 船	应用部位	材 料	功 能
美国	DDG1000	集成上层建筑	碳纤维/树脂/巴萨木	减重、隐身
英国	45 型	综合桅杆	夹芯复合材料	隐身
瑞典	维斯比	整舰	碳纤维/树脂	减重、隐身
俄罗斯	"守护"级护卫舰	上层建筑	碳/玻璃纤维混合复合材料	隐身
法国	拉斐特	舱面船室	玻璃/巴萨木	减重、耐火
挪威	Skjold	桅杆	碳纤维/石墨填充	减重、隐身

在民用船舶方面,树脂基复合材料也得到了广泛地应用,船舶运输业在寻求降低油耗和对

环境的影响的同时,对更高速度和更高性能的船舶有着迫切的需要,碳纤维增强树脂基复合材料在海上运输中的应用继续在缓慢增加。动力艇和帆船的发展趋势是浮船,使用水翼艇的水下机翼将船体抬出水面并"飞行"。箔片通常是刺穿水面的 V 形叶片或留在水下的 T 形叶片,与飞机上的翼型相似,这些翼型产生升力,因此当船获得速度时,船体会在水面浮起,箔片通常由碳纤维增强复合材料(CFRP)制成。2021 年 5 月,Candela 推出了一款 P-12 电动水翼水上出租车(见图 2-10)来取代柴油动力渡轮。9.5 m 长的 P-12 在全景式客舱中最多可搭载 12 名乘客。使用 CFRP 水翼系统和船体结构,P-12 每名乘客消耗的能源比家用汽车少,与内燃机船相比,运行成本降低了 90%。

图 2-10　P-12 电动水翼水上出租车

2.1.4　汽车和轨道交通应用

从全球汽车工业发展的趋势来看,安全、低碳和环保的汽车已成为 21 世纪汽车发展的主流,而汽车轻量化则是实现这个目标的核心。由于树脂基复合材料具有轻质高强、耐腐蚀性强等特点,其设计自由度更大,成型更加容易,因而树脂基复合材料正日益成为汽车轻量化的首选材料。树脂基复合材料在汽车上的应用部位有发动机罩、导流板、车门、车顶等。2021 年 8 月,Bucci Composites SpA(意大利法恩扎)宣布为英国汽车制造商 Bentley 的 Bentayga SUV 开发了 22 in(1 in=2.54 cm)全碳纤维复合材料车轮(见图 2-11)。据说这是有史以来最大的全碳纤维车轮,它是通过高压 RTM(HP-RTM)制造的,每个车轮可减轻 6 kg。Bucci Composites 表示,轻的车轮转动惯量小,从而产生更大的加速度、更短的制动距离和更好的车辆操控性。

图 2-11　22 in 全碳纤维复合材料车轮

近些年来,随着国内轨道交通行业的快速发展,对轨道车辆轻量化的要求越来越高,复合材料特别是碳纤维增强复合材料(CFRP)成为轨道交通行业的重点研发方向。车体结构是轨道机车重要的承载部件,其重量在整车中所占的比例较大,一般为 15%～30%,因此要实现车辆的减重提速,就必须重点考虑车体结构的轻量化。中车青岛四方机车车辆股份有限公司(简称"四方股份")和中车长春轨道客车股份有限公司都相继研发了碳纤维地铁车体。四方股份于 2018 年 9 月在德国柏林国际轨道交通技术展上正式发布了新一代碳纤维地铁车辆"CE-TROVO",其车体如图 2-12 所示。CETROVO 的车体、转向架构架、司机室、设备舱等均使用碳纤维复合材质制造,采用碳纤维复合材料的 CETROVO 地铁列车整车减重 13%,平均能耗降低 15%,是迄今为止在轨道机车上大规模应用碳纤维复合材料的典范。轨道交通行业对所使用材料的性能有很多特殊要求,如安全性、耐腐蚀性、隔音性、环保性等,因此车体结构在追求轻量化的同时,还需要平衡轻量化与强度、刚度、疲劳、腐蚀、噪声、防火等各方面的综合性能要求。综合目前碳纤维在轨道机车上的应用情况,虽然国内外在研发方面都取得了长足的进步,但离大规模工业化应用依然有一定的距离。

图 2-12 CETROVO 地铁列车碳纤维车体

2.1.5 能源应用

树脂基复合材料具有耐酸、耐碱、耐有机溶剂、耐油等优异的耐腐蚀性能,因此在煤矿生产及石油的开采、运输、储备中得到非常广泛的应用,树脂基复合材料管、罐十分适合于天然气、煤气的输送和储存,且有利于环保,其综合经济效益好。除了传统的煤矿、油气领域应用复合材料外,近年来,在风能、太阳能、车用电池和拉挤电缆芯等能源领域也在大量使用先进复合材料。其中,风力发电效率与叶片直径成正比,新一代的风机叶片尺寸不断增大,风电领域对树脂基复合材料有着巨大的需求。

风能作为清洁可再生能源之一,拥有良好的发展前景。随着风电能源迅速崛起,对风能利用率提出了更高的要求,风电叶片作为捕捉风能的核心组件,正逐步向大型化、轻量化的方向发展。风机叶片是一个细长的受力结构(见图 2-13),主梁承担大部分弯曲载荷。碳纤维增强树脂基复合材料因具有质轻、高强、高模、耐腐等特性,完美符合了叶片开发对材料的要求,当应用于叶片制造时,可使叶片的重量明显减小,并且提升叶片的刚度,缓解环境对叶片的腐蚀,降低叶片根部螺栓的承受压力,降低轮毂负载,维持叶片振动方向,保证叶片振动强度。

图 2-13 具有细长主梁的风机叶片

2.1.6 体育休闲用品应用

滑雪板、网球拍、跳高用的撑竿、篮球架的篮板、保龄球、钓鱼竿、冰球棍、风筝、自行车、皮艇、赛艇、划艇、冲浪板、帆船和一级方程式赛车等体育器材使用复合材料,大大改善了其使用性能,提高了运动员的体育成绩。先进树脂基复合材料的出现已经改变了体育竞赛的水准和范围,其在体育器材方面的用量远超过航空、航天工业。

2019 年,美国 Arevo 公司在德国弗里德里希沙芬的 2019 欧洲自行车展上推出了世界上第一款 3D 打印碳纤维一体式生产自行车车架。2020 年,该公司推出了直接面向消费者的硅谷自行车品牌 Superstrata,据说这是世界上第一款采用耐冲击一体式碳纤维框架的 3D 打印自行车。取得这些成功之后,Arevo 于 2021 年 5 月首次推出 Scotsman(见图 2-14),这是一个新的电动踏板车品牌,其旗舰产品是定制 3D 打印、碳纤维/热塑性复合材料电动踏板车。

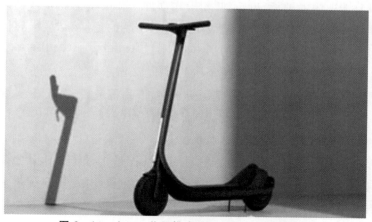

图 2-14 Arevo 公司推出的 3D 打印电动踏板车

复合材料还被用于特种、高性能运动鞋和头盔等防护设备。德国 Covestro AG 公开了几项合作,如使用其碳纤维增强热塑性 Maezio 材料增强跑鞋、篮球鞋等的组件。2021 年 9 月,意大利 Salewa 公司推出了一款新型轻质登山靴,采用碳纤维/热塑性树脂复合材料框架,鞋头采用 Xenia Materials(意大利穆索兰特)材料。除了鞋子,树脂基复合材料还被用于生产更坚固、更耐冲击的头盔,以用于体育活动。美国 Helicoid Industries 公司正在研究、测试一种受仿生设计启发的更轻、更耐冲击的防护头盔。

2.1.7 建筑应用

建筑工业在国民经济中占有很重要的地位,是国民经济的支柱产业之一。在建筑行业方面发展和使用树脂基复合材料,对减轻建筑物自重、提高建筑物的使用功能、改革建筑设计、加速施工进度、降低造价以及提高经济效益等都十分有利。在建筑行业中,由钢筋腐蚀导致混凝土结构破坏的现象普遍存在,利用轻质、高强度、耐腐蚀的纤维增强树脂基复合材料取代钢筋是解决这一问题的根本方法之一。纤维增强树脂基复合材料在建筑行业中的应用分为两大类:一类是用纤维增强树脂基复合材料代替钢筋用于新建结构,另一类是将纤维增强树脂基复合材料用于旧结构物的维修与加固。用作承载结构的复合材料建筑制品有柱、桁架、梁、基础折板、承重折板、屋面板和楼板等。用粘贴预应力玻璃纤维增强复合材料(GFRP)板加固混凝土梁可提高极限载荷 50% 以上,用 GFRP 筋作为混凝土结构的筋条,更具有耐久性,其黏结强度比钢筋高 75% 左右。纤维聚合物筋是经过拉挤成型工艺和特殊表面后处理成形的制品,主要有棒材、束材和格材等。纤维聚合物筋相对于钢筋的明显优势有比强度大(是钢筋的 10～15 倍)、抗疲劳性能好(碳和芳纶纤维聚合物筋是钢筋的 3 倍)、抗腐蚀性强、抗电磁性好和热膨胀系数小。纤维聚合物筋已在新建混凝土结构和预应力混凝土结构中代替钢筋,用于某些腐蚀严重的海洋工程、桥梁、路面工程和化工厂房中。

2.1.8 其他应用

树脂基复合材料在机械、电子、娱乐、医疗等方面也得到较好的应用和发展。如树脂基复合材料用于机械制造业中的轴承、齿轮、叶轮等零部件。在电子工业领域,树脂基复合材料具有良好的介电性和化学稳定性,已经广泛应用于电子产品的绝缘灌封、半导体的包封、印刷线路板的制造等,用树脂基复合材料制造的扬声器、小提琴和电吉他等,其音响效果良好,有很大的发展前景。在娱乐设施中,大多数游乐场所的游乐车、游乐船、儿童滑梯、碰碰车、速滑车、水上滑梯等产品采用了玻璃纤维增强树脂基复合材料,产品重量轻、强度高、耐磨、耐撞。在医疗领域,树脂基复合材料的应用越来越广泛。树脂基复合材料和生物组织具有很好的相容性和稳定性,碳纤维树脂基复合材料制造的假肢(见图 2-15)、人造假牙、人造脑壳、心脏瓣膜已经应用于人体治疗中。同时碳纤维增强复合材料的弹性模量接近于人体骨骼,耐疲劳强度比钢材大得多,采用碳纤维固定板固定骨折部位有利于减少感染,并能明显促进愈合。此外,由于树脂基复合材料轻质高强,用其制造的医疗设备,如担架、腰板、呼吸器等便携度高,同时诊断精度提高。

图 2-15　碳纤维复合材料假肢

2.2　树脂基复合材料的发展及展望

2.2.1　材料科学的发展前景展望

　　树脂基复合材料的发展有两个必然趋势：一是现有组分材料性能的不断提升；二是新组分材料的出现。对于树脂基复合材料，组成材料中最重要的就是树脂基体，树脂基体复合材料的发展将朝向多向性和爆炸性。可以预见的是，随着高分子聚合物化学的继续发展，更多、更新、更高性能的树脂（热固性树脂和热塑性树脂）品种将被发明，现在难以想象的全新的单体和聚合物材料将被合成。与此同时，增韧材料、功能材料、固化剂、流变改性剂等更多、更新的聚合物基体改性材料也将逐步出现。

　　纤维材料的发展潜力不亚于基体材料，而纤维中最有可能实现性能和成本同时改善的是碳纤维。可以预见的是，未来碳纤维的强度和模量会进一步提高，不同于传统纺丝、氧化、碳化工艺的新工艺制造的新碳纤维原丝也将出现，碳纤维及其织物的规格和种类会大幅增长，与其他纤维的混搭和杂化工艺也将越来越多。通过不同种类、不同方式、不同比例的纤维混杂，可使不同种类的纤维取长补短，拓宽纤维增强体的适应性，增大设计自由度。除此之外，高性能天然纤维将在未来的绿色复合材料中发挥重要作用，天然纤维具备可再生、可降解、环境友好特点，将会得到大量的研究与应用。纤维材料中最有可能出现重大突破的是纳米碳材料，碳纳米管和石墨烯材料作为先进复合材料的改性组分已经显现出了巨大潜力，但是，以目前的技术水平，实现实用性碳纳米管或石墨烯长纤维或连续纤维的工业化制备困难重重，一旦这个目标得以实现，必然会给复合材料乃至整个科学界带来世界范围的革命性的飞跃。

　　将纤维增强树脂基复合材料看作整体，复合材料整体性能、功能的提升也是复合材料发展的趋势，在这方面未来的发展方向有多功能化、智能化、环保化等。多功能化指复合材料除了具有基本力学性能外，还要具备多种其他功能，如导电、隐身、屏蔽、防火、隔噪、减震、透明等功能。智能复合材料是功能复合材料的最高形式,即能够根据外部环境的变化自适应地做出自身状态的调整,依靠材料中的人工智能系统,对外部信息进行分析,给出决策,指挥执行材料做出优化动作。环保化是指树脂基复合材料可以实现完全回收重复利用或者生物降解,此类复合材料也称为可持续复合材料。在树脂基复合材料回收处理过程中,纤维的性能基本保持不变,回收处理对树脂基体的影响较大。热塑性树脂一般被视为可重复使用,因此回收利用的难点在于热固性树脂,开发可降解的热固性树脂体系成了热固性树脂研究的重点之一。

当材料尺寸进入纳米尺度时,材料的主要成分集中在表面,巨大的表面所产生的表面能使具有纳米尺寸的物体之间存在极强的团聚作用而使颗粒尺寸变大。将这些纳米单元体分散到树脂基体中构成复合材料,使之不团聚而保持纳米尺寸的单体,则可发挥纳米效应。纳米复合材料领域是比较流行的研究领域,纳米材料的形式有纳米级的粒子(无机颗粒)、片材(石墨烯片)、管材(碳纳米管)和纤维(纳米碳纤维)等,这些纳米材料具有极大的表面积,能够有效地提高复合材料的导电、导热和耐火性,甚至还可能产生光学和介电性等特殊性能。

天然的生物材料基本上都是复合材料。竹子以管式纤维构成,并采用反螺旋形排列[见图2-16(a)],以薄壁细胞作为基体材料,成为优良的天然材料;贝壳结构采用有机成分和无机成分呈层状交替铺层,具有很高的强度和韧性。因此,可以根据自然界生物材料的结构形式,结合材料科学的理论和方法,进行新型材料的设计和制造,这个过程逐渐发展成为了新的研究领域——仿生复合材料领域。对于树脂基复合材料而言,仿生材料主要集中在增强体结构和组合形式的仿生。以目前的科技手段,要想真正掌握自然界生物材料的奥秘还有很长的路,也还无法认识其机理,但可以肯定这是复合材料发展的必由之路,前景广阔,具有很强的生命力。

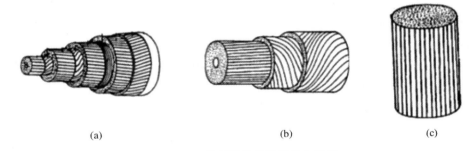

(a)　　　　　　　(b)　　　　　　　(c)

图2-16　竹纤维结构及其仿生材料

(a)竹纤维精细结构;(b)增强纤维的仿生模型;(c)传统增强纤维束

2.2.2　成型工艺的发展前景展望

复合材料的成型工艺一直是工业领域的一个研究热点,较高的制造成本是制约先进复合材料向工业用途进一步扩展的因素之一。因此,成型工艺的发展和突破方向主要有两个:一是通过非热压罐成型(Out of Autoclave,OOA)减少设备和能源费用;二是通过自动铺放,包括自动铺带(Automated Tape Layup,ATL)和自动铺丝(Automated Fiber Placement,AFP)来提高制造速度,降低手工铺贴时的时间和人工成本。其中,OOA成型主要有真空袋成型(Vacuum Bag Only,VBO)和纤维预成型体(fiber preform)两种。真空袋成型采用预浸料,但用烘箱或者自加热模具替代热压罐来进行固化加工,纤维预成型体采用树脂灌注(Resin Infusion,RI)或树脂传递模塑成型(RTM),然后在加热模具或烘箱内成型。自动铺放是指通过铺丝机或铺带机将预浸丝束、预浸带或干纤维按设计方案铺到模具上，然后固化成型，这种方法特别适用于形状相对简单但尺寸较大的零部件。这两类方法可以结合使用，目前的一些大型航空制件就是采用碳纤维环氧树脂预浸料自动铺放和真空袋成型制造而成的。然而俄罗斯新的支线飞机 MC-21 的机翼，则是采用碳纤维预制体铺放，然后通过液体环氧树脂灌注成型的。自动铺放和非热压罐成型搭配将会随着相关技术的成熟而得到大量的应用，整个航空供应链都在追求能够高度自动化、高效的铺放技术和非热压罐成型技术。近年来，随着热塑性复合材料的发展，有一些针对热塑性复合材料的成型工艺，比如热塑性树脂基复合材料模压成型、热塑性塑料焊接、3D打印、热褶皱成型等，这些成型工艺都会随着热塑性复合材料的应用而推广。

随着复合材料结构的大型化、集成化、轻量化、批量化等需求日益提高，大尺寸复合材料构件整体成型技术得到了广泛的工程应用。日趋广泛的零部件整体成型使得这些新的集成零部件形状和内嵌件数量种类日益复杂，如何在保证这些整体零部件各种性能达标的同时提高制造速度，是对成型工艺新的挑战，也是未来研究领域的主要任务之一。

2.2.3　应用市场的发展前景展望

随着树脂基复合材料性能和功能的不断提升、成型工艺的日益成熟，树脂基复合材料的应用会越来越广泛，加上纤维和基体材料制造成本的降低，树脂基复合材料的竞争力会持续上升，将在更多的应用领域内取代传统金属材料。

随着各国先后提出"碳达峰、碳中和"目标，航空领域如何减少碳排放成为了各飞机制造商需要考虑的重要问题。在 2020 年 7 月，空客首席执行官 Guillaume Faury 在接受《航空周刊》（Aviation Week）采访时承诺在 2035 年前推出首款脱碳飞机 EIS，他预测该项目将于 2027—2028 年启动，必要技术将于 2025 年成熟。2020 年 9 月，空客宣布启动其 ZEROe 计划，该计划由三种飞机概念组成，每种飞机均由氢气驱动（见图 2-17）。对于氢动力商用飞机，氢气的储存和运输就是需要解决的重要问题之一。高压气体储存容器用的是先进复合材料，碳纤维缠绕复合材料是最大和增长最快的市场之一。无论氢气是气态还是液态，设计用于储存氢气的复合材料压力容器都包括一个用碳纤维包裹的热塑性内衬，复合材料承担所有结构载荷。碳纤维增强树脂基复合材料容器（见图 2-18）具有强度高和重量轻的特点，是储存和运输氢气的理想容器。

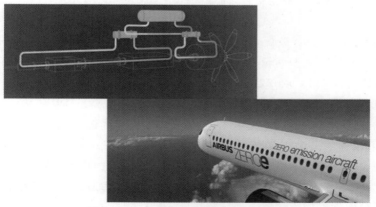

图 2-17　空客氢动力商用飞机概念图

图 2-18　碳纤维缠绕成型压力容器

城市空中交通(UAM)正在不断发展和成熟。UAM 飞机是小型(2~6 人)旋翼飞机或电池供电的飞机,设计用于城际或城内运送乘客或货物,能够垂直起飞和着陆,可由驾驶员驾驶或自动驾驶,为点对点空中出租车服务。UAM 被定位为一种经济、方便、简单的交通方式,可以解决城市交通拥挤问题。到 2035 年,UAM 每年将需要多达 4 500 t 的高模量高强度碳纤维,通过自动胶带和纤维铺设提高自动化程度,压缩和拉挤工艺的扩展使用、纤维增材制造的战略性使用、自动黏合和焊接技术的使用都将推动树脂基复合材料在 UAM 中的应用。树脂基复合材料供应商显然正在关注 UAM 市场。在整个 2021 年,一些纤维、树脂和预浸料供应商已将目光转向 UAM。UAM 有望在未来几年甚至几十年成为树脂基复合材料创新和发展的主要驱动力。

数十年来,从钓鱼竿、曲棍球棍到自行车,许多类型的运动器材都得益于树脂基复合材料的轻质和高性能。树脂基复合材料在运动器材中的应用也将继续增长。预计到 2023 年,全球体育用品用复合材料的市场规模将达到 5.79 亿美元,年增长率将达到 3.2%,在预测期内,碳纤维增强复合材料(CFRP)仍将是最大的细分市场。自行车仍然是复合材料使用的最引人注目的市场。在诸多因素的推动下,包括 2020 年新冠肺炎疫情导致的停工期间,户外运动的普及率激增,自行车需求增加。根据报告,高端碳纤维车架的市场增长率也超过了 13%,预计这一趋势将持续下去。

长期以来,风能市场一直被视为玻璃纤维增强复合材料(以及越来越多的碳纤维复合材料)的全球最大市场,因为大型涡轮机和更长的风机叶片的开发,需要更高性能、更轻的材料。根据全球风能理事会(GWEC)2021 年 9 月发布的年度全球海上风电报告,2020 年海上风电容量稳步增长,全球装机容量为 61 GW,其中以中国市场占比最高。GWEC 指出,海上风电需要以更快的速度增长才能达到碳排放目标。还有其他可再生能源部门也在使用树脂基复合材料,例如一种很有前途的海洋能源技术是波浪能转换器(WEC)(见图 2-19),该设备利用海浪运动发电。2021 年,CorPower ocean(在瑞典斯德哥尔摩)建造了其纤维缠绕玻璃纤维增强复合材料(GFRP)的第一个全尺寸原型 WEC——浮标形状的 WEC,该公司希望到 2025 年将其扩大到工业规模的海洋能源农场。

图 2 - 19　浮标形状的海浪波浪能转换器

　　总的来说,树脂基复合材料的发展尚处于初级阶段,远远没有达到顶峰,相应的应用市场也远远没有达到饱和状态。因此,未来的复合材料世界将更加丰富多彩,未来各行业的发展也必将更多地得益于复合材料技术的发展和应用。

习题与思考题

1.航空用树脂基复合材料的性能要求及分类有哪些?

2.树脂基复合材料在飞机上的应用经历了怎样的发展过程?

3.为什么说"先进复合材料用于航空领域的'未来之星'非无人机莫属"?

4.针对不同的应用领域,复合材料得到大量应用的主要原因是什么?

5.简述树脂基复合材料材料科学的发展前景。

6.简述树脂基复合材料成型工艺的发展前景。

7.简述树脂基复合材料应用市场的发展前景。

8.分析树脂基复合材料在各领域相比于其他材料被大量应用的竞争优势。

第二篇　树脂基复合材料基本构成

　　复合材料有很多种类,本篇主要围绕树脂基复合材料的相关内容进行介绍。树脂基复合材料是一种多相材料,由树脂基体和增强纤维两种材料构成。也可以将树脂基复合材料分为三个部分,三个部分主要指树脂基体部分、增强纤维部分和树脂纤维的界面部分,树脂基复合材料的性能由这三个部分共同决定,每一个部分的性能都会对树脂基复合材料的整体性能产生重要的影响。

　　基体树脂具有黏结作用,起着均衡载荷、分散载荷和保护纤维的作用。树脂种类繁多,性能各异,根据复合材料的性能要求选择树脂,可以最大限度地提高复合材料的性能。按照成型过程中树脂是否发生反应,可将树脂分为热固性树脂和热塑性树脂。热固性树脂硬度高、耐高温、制品尺寸稳定性好,但比较脆;热塑性树脂对温度敏感,受热软化,冷却硬化,可重复进行加工,变形能力强于热固性树脂,但应力松弛现象严重。

　　增强纤维是树脂基复合材料中主要的承力部分,可使复合材料的强度、刚度、耐热性以及韧性得到较大幅度提高,并且可以减小收缩。增强纤维有不同的种类,可分为无机纤维、有机纤维和自然纤维。无机纤维主要包括玻璃纤维、碳纤维和硼纤维三大类,有机纤维主要包含芳纶纤维、超高相对分子质量聚乙烯纤维和聚苯并噁唑纤维(PBO)等,自然纤维有动物纤维、植物纤维和矿物纤维三种。每一种纤维都有其各自的优点,它们的制备方法也不相同,在本篇中会对这些纤维的相关知识进行逐一介绍。

　　除了基体和增强材料,两相之间的界面对树脂基复合材料性能的影响也是巨大的,界面结合强度的高低在某种程度上直接影响最终制件的力学性能。界面结合性能越好,发生破坏时纤维和树脂脱粘所需的力越大,复合材料的力学性能越好。目前增强界面结合强度的通用方法是对纤维增强体进行表面处理,改变纤维表面的微观形貌或者在纤维表面引入活性反应基团,使纤维和树脂间的结合强度变高,即提高界面的结合强度是增强复合材料承载能力和力学性能的一个重要手段。

　　综上所述,本篇将从树脂基体、增强纤维、树脂和纤维的结合界面三个部分进行阐述。

第3章 树脂基体及其特性

树脂基复合材料中的树脂基体主要起四个作用：①固定纤维增强体；②传递纤维之间的载荷；③保护纤维不受外部环境影响；④决定树脂基复合材料的性能和功能。树脂基复合材料的基体可以分为热固性树脂基体和热塑性树脂基体，下面对这2种基体做简单介绍。

3.1 树脂基体的基本概念

热固性树脂（thermoset polymer）指在加热、加压、紫外光照或者固化剂作用下发生化学反应，交联固化成为不溶不熔物质的一大类合成树脂。热固性树脂在固化前一般为黏度比较大的液体或固体，在升温固化过程中，能软化流动，黏度变小，同时又会发生化学反应而交联固化。在固化过程中，热固性树脂中的分子链通过化学交联形成刚性三维网络结构（见图3-1），这种交联结构在聚合过程中不能重复加工成型，一经固化，再加压、加热也不能软化流动，若温度过高，热固性树脂则直接碳化分解，即整个固化过程是不可逆的。常用的热固性树脂有环氧树脂、聚酯树脂、酚醛树脂、双马来酰亚胺、热固性聚酰亚胺、氰酸酯等。

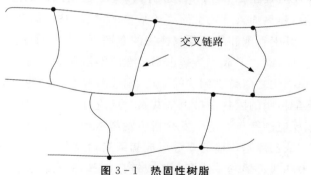

图3-1 热固性树脂

热塑性树脂（thermoplastic polymer）是可反复加热软化、冷却固化的一大类合成树脂（其中，也包括常见的天然树脂）。这类树脂在常温下为高相对分子质量固体，是线型或带少量支链的聚合物，分子间无交联（见图3-2），分子链之间不是通过化学键结合，而是通过分子间范德华力和氢键等分子间相互作用力进行连接。在成型加工过程中，树脂经加压、加热即软化和流动，不发生化学交联，可以在模具内赋形，经冷却定型，制得所需形状的制品。与热固性树脂不同的是，热塑性树脂通过加热、加压可以熔融并再次加工成型，在反复受热过程中，分子结构基本上不发生变化，当温度过高、时间过长时，则会发生降解或分解。常用的热塑性树脂有聚醚醚酮、聚苯硫醚、聚砜、热塑性聚酰亚胺等。

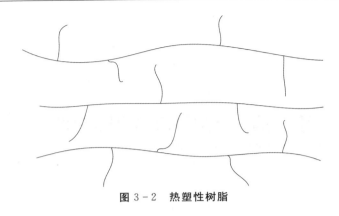

图 3-2　热塑性树脂

3.2　热固性树脂基体

3.2.1　不饱和聚酯树脂

不饱和聚酯树脂,是热固性树脂中最常用的一种,一般是由不饱和二元酸与二元醇或者饱和二元酸与不饱和二元醇缩聚而成的具有酯键和不饱和双键的线型高分子化合物。其反应式如下:

$$n\mathrm{HOOCR'COOH} + n\mathrm{HO-R'-OH} \longrightarrow \mathrm{HO\text{-}OCORCOOR'O\text{-}_nH} + (2n-1)\mathrm{H_2O}$$

式中:R、R'——羟基或者其他基团。

通常,聚酯化缩聚反应是在 190～220℃ 进行的,直至达到预期的酸值(或黏度)为止。在聚酯化缩聚反应结束后,趁热加入一定量的乙烯基单体,配成黏稠的液体,这样的聚合物溶液称为不饱和聚酯树脂。其中不饱和聚酯预聚体中的双键可在加热或引发剂的促进下与乙烯基单体的双键发生交联反应,固化形成不溶解也不熔融的不饱和聚酯树脂。

不饱和聚酯树脂在固化之前是黏稠状的流体,固化后拥有较好的力学性能,可用作结构材料。微观上,不饱和聚酯树脂的固化是自由基共聚反应,固化反应具有链引发、链增长、链终止、链转移四个游离基反应的特点。链引发是指引发剂本身在一定条件下产生引发剂自由基,并与不饱和聚酯的双键或乙烯基单体的双键形成初级自由基的过程;链增长是指初级自由基进一步与其他不饱和聚酯或乙烯基单体聚合形成链自由基,链自由基又不断与新的双键反应生成更长的链自由基的过程,这个过程也是固化交联的过程;链终止是指链自由基增长到一定程度后自由基之间发生反应,生成稳定的自由基或者共价键而不能进一步引发聚合的过程;链转移是指一个增长着的大的自由基能与其他溶剂分子或抑制剂分子发生作用,使原来的活性链消失成为稳定的大分子,同时原来不活泼的分子变为自由基的过程。宏观上,不饱和聚酯树脂的固化可以分为凝胶、硬化和熟化三个阶段。凝胶阶段是指树脂从黏流态到结成胶冻状而不能流动的凝胶阶段,该阶段树脂能够熔融,并可溶于某些溶剂;硬化阶段是指树脂具有一定的硬度和指定形状的阶段,该阶段树脂加热时可以软化但不能完全熔化;熟化阶段是指达到产品指定硬度的阶段,具有稳定的物理与化学性能,树脂在该阶段既不溶解也不熔融。

固化反应中的引发剂也称为固化剂,其活性和种类对树脂的最终固化温度和固化时间有很大的影响。对于树脂来说,不同的固化剂对应着不同的临界固化温度,当外界温度高于临界固化温度时,固化剂可以快速分解并形成大量自由基,使树脂体系迅速交联固化;而外界温度低于临界固化温度时,固化剂分解速度变慢导致固化过程缓慢。因此,选择拥有合适临界固化温度的固化剂,对树脂的加工成型非常重要。

不饱和聚酯树脂所用的交联剂种类对固化后树脂的性质有很大的影响。常用的交联剂多为不饱和烯烃类交联剂,交联剂的位阻、电子效应以及共轭效应对最终树脂固化的性质有重大的影响。取代基越少,其空间位阻越小,就越有利于交联反应的发生;取代基的电子吸附性越强,越有利于提高单体的活性,从而越有利于交联反应的发生;单体的共轭程度越高,对交联反应越有利。此外,不饱和聚酯树脂的固化活性与交联剂的用量也有关系,提高用量会促进固化反应的进行。

不饱和聚酯树脂的固化是线型大分子通过交联剂的作用,形成体型立体网络的过程,但是固化过程并不能消耗树脂中全部活性双键而达到100%的固化度,也就是说树脂的固化度很难达到完全。其原因在于固化反应的后期,体系黏度急剧增加而使分子扩散受到阻碍,一般只能认为材料性能趋于稳定时,便是固化完了。不饱和聚酯树脂的固化体系分为常温固化体系、中温固化体系和高温固化体系。常温固化体系一般采用在室温条件下由稳定的有机过氧化物和促进剂组成的氧化还原系统。中温固化体系成型温度在 $90\sim120℃$,主要采用过氧化苯甲酸叔丁酯、过氧化二碳酸酯、二烷基过氧化物等固化剂。高温固化体系能够有效改善树脂的流动性,提高固化反应速率。

不饱和聚酯树脂具有黏度适宜、常温下可迅速固化、固化时无挥发性产物生成等优点,制品的致密性高,适用于注塑、缠绕、手糊等多种成型工艺并可在常温常压下固化成型,其还具有加工方便、工艺性能优良、力学性能优异、耐化学腐蚀性强等优点,已广泛用于航空航天、工业、农业和交通运输等领域。但不饱和聚酯树脂最大的缺点是固化收缩率高,固化收缩率超过了5%,影响最终产品的尺寸稳定性。目前使用的降低不饱和聚酯树脂的固化收缩率的方法主要有:合成新型的低固化收缩率不饱和树脂;加入添加剂对现有的不饱和聚酯树脂进行改性,降低固化收缩率。

3.2.2 环氧树脂

环氧树脂(EP)是指分子中含有活性环氧基团的高分子树脂。环氧基团位于分子链的两端、中间或者呈环状分布,可以与多种固化剂发生固化反应形成三维网状结构的高分子材料,固化后的环氧树脂具有一些优良的性能,广泛应用于航空、航天、电子仪表、电子电气绝缘材料、黏结剂、涂料等领域。

环氧树脂的品种很多,根据分子结构的不同,大致可以分为以下五大类:

(1)缩水甘油醚类:

$$R-OCH_2CH \overset{O}{\underset{}{\diagup \diagdown}} CH_2$$

(2)缩水甘油酯类:

$$R-CO_2-CH_2CH \overset{O}{\underset{}{\diagup \diagdown}} CH_2$$

(3)缩水甘油胺类：

$$R-NH-CH_2CH\overset{O}{\overbrace{}}CH_2$$

(4)线型脂肪族类：

$$RCH\underset{O}{\overbrace{}}CHR'-CH\underset{O}{\overbrace{}}CH-R''$$

(5)脂环族类：

前三类环氧树脂是由环氧氯丙烷与含有活泼氢原子的化合物(酚类、醇类、胺类、有机羧酸类)缩聚而成的。后两类环氧树脂是由带碳碳双键的烯烃用过乙酸或在低温下用过氧化氢进行环氧化而生成的。树脂基复合材料中使用量最多的是第一类缩水甘油醚型环氧树脂,而其中又以二酚基丙烷(简称双酚 A)与环氧氯丙烷缩聚而成的二酚基丙烷型环氧树脂(简称双酚 A 型环氧树脂)为主。为了降低双酚 A 型环氧树脂的黏度而不改变其性能,又研制出来了一种新型的环氧树脂双酚 F 型环氧树脂(又称双酚 F 二缩水甘油醚),其是由苯酚与甲醛在酸性催化下反应生成双酚 F[双-(羟基苯基)甲烷],再与环氧氯丙烷在氢氧化钠存在下进行缩聚反应制得的。大多数双酚 A 型环氧树脂固化温度在 200℃以下,超过 200℃长期使用就会发生热降解。为了改进热性能,又出现了酚醛多环氧树脂。

环氧树脂型号的命名原则:环氧树脂以一个或两个汉语拼音字母与两位阿拉伯数字作为型号,以表示类别及品种。型号的第一位采用主要组成物质名称,取其主要组成物质汉语拼音的第一个字母,若其他型号与该型号字母相同,则加取第二个字母,往后以此类推,组成中若有改性物质,第二位则用汉语拼音字母表示,若未改性则加一标记"-"。第三位和第四位标志该产品的主要性能值,例如环氧值的算数平均值。如某一牌号环氧树脂,二酚基丙烷为其主要组成物质,未改性,其环氧值指标为 0.09~0.15 当量/100 g,算数平均值为 0.12,则该树脂的牌号为"E-12 环氧树脂"。

环氧树脂的固化过程涉及化学变化和流变学变化。化学变化是指环氧树脂固化过程中所经历的化学反应,而流变学变化则是由于反应及温度、压力变化所引起的环氧树脂流变性能的变化。未固化的环氧树脂是一种低聚物,性能差,基本没有使用价值,不能直接使用,必须向树脂中加入固化剂,在一定温度条件下进行交联固化反应,生成体型网状结构的高分子聚合物后才能使用。环氧树脂的固化时间及固化温度受固化剂种类的影响,不同的固化剂有各自对应的固化时间及温度。用于环氧树脂的固化剂可以分为两大类:一类是可与环氧树脂分子进行加成,并通过逐步聚合反应的历程使环氧树脂分子交联成体型网状结构的固化剂,这类固化剂又称为加成型固化剂,一般都会有活泼的氢原子,在反应过程中伴随有氢原子的转移,如多元伯胺、多元羧酸等;另一类是催化性的固化剂,它可以使树脂分子中的环氧基按照阳离子或阴离子聚合的历程进行固化反应,如叔胺、三氟化硼络合物等。固化剂的种类需根据环氧树脂材料的要求来选择。

　　不同应用领域对环氧树脂的性能要求是不同的,仅依赖于树脂和固化剂的作用,多数情况下是不能满足要求,所以需要使用添加剂。例如:为了使环氧树脂成型方便,提高树脂的流动性能,通常会加入一些稀释剂来降低树脂的黏度;单纯的环氧树脂固化物较脆,抗冲击强度和耐热冲击性能较差,因此,为了满足环氧树脂的强韧性,需加入增韧剂,常用的增韧途径有橡胶弹性体增韧、热塑性树脂增韧、热致液晶增韧、核壳结构聚合物增韧、刚性纳米粒子增韧;有时为了改善环氧树脂的力学性能及降低制造成本也会添加相应的填充剂;等等。这些添加剂的使用都是为了改善环氧树脂的性能,使其更好地应用到实际中。

　　与其他通用的热固性树脂相比,较高的成本限制了环氧树脂在市场上的大规模应用,但环氧树脂凭借以下优异的性能实现了在各行业的广泛应用:

　　(1)环氧树脂在固化交联时可以形成致密的结构,因此具有优良的力学性能。

　　(2)收缩率低。环氧树脂相比于其他热固性树脂具有较小的固化收缩率,一般为 $1\% \sim 2\%$,产品尺寸稳定性好。

　　(3)黏附力强。环氧树脂中极性羟基和醚键的存在,使其对各种物质具有很高的黏附力。另外,环氧树脂固化时收缩率低,有助于形成强韧的、内应力小的黏合键,这进一步提高了环氧树脂体系的黏结强度。

　　(4)电性能好。固化后的环氧树脂体系在较宽的频率和较大的温度范围内具有良好的电性能,是一种优良绝缘材料。

　　(5)化学稳定性强。固化后的环氧树脂体系具有很强的化学稳定性,不易受酸和碱的腐蚀。

　　(6)固化方便。对于不同的环氧树脂、固化剂、添加剂体系几乎都可以在 0～180℃ 范围内固化。

　　(7)形式多样。各种环氧树脂、固化剂、添加剂体系几乎可以适应各种应用领域内遇到的不同材料要求,其范围可以从黏度极低的液体到高熔点的固体。

　　(8)耐霉菌。对于大多数霉菌,固化环氧树脂体系都不易受侵蚀,因此,环氧树脂体系可以在苛刻的环境下使用。

3.2.3　双马来酰亚胺树脂

　　双马来酰亚胺树脂(BMI)是一种新型热固性树脂,又称双马树脂,是以马来酰亚胺(MI)为活性端基的双官能团化合物,并由聚酰亚胺树脂体系派生的一类树脂体系。其通式为

　　通过两分子马来酸酐与一分子的二元胺发生反应生成中间体马来酰胺酸,马来酰胺酸脱水环化生成 BMI 预聚体,最终通过高温交联固化而形成双马来酰亚胺树脂。BMI 的合成路线如下:

BMI 中含有苯环和酰亚胺环,有的还含有稠环结构,这些刚性结构的存在使得固化后树脂具有高的交联密度和优良的耐热性能,BMI 树脂玻璃化转变温度一般大于 250℃,初始热分解温度一般在 300℃ 以上,大部分在 400℃ 以上,使用的温度范围为 180～230℃,短期使用温度可达到 250～300℃,这使 BMI 树脂性能比环氧树脂性能优越。BMI 树脂的固化反应属于加成聚合反应,聚合过程中无低分子副产物生成,且易于控制,在固化时所形成的固化物结构致密、缺陷少,因此 BMI 的强度和模量都比较高。BMI 树脂还具有优良的电性能、耐化学性能、耐热性能、耐环境性能及耐辐射性能等。

因为 BMI 树脂分子具有极性及结构的对称性,所以其预聚物只能溶于强极性的溶剂,溶解性问题限制了 BMI 的推广使用。BMI 分子交联密度高、分子链刚性强,在材料上则表现出极大的脆性,冲击强度差、断裂伸长率小、断裂韧性低、综合力学性能差。另外,环状结构位阻使得 BMI 热固化时固化温度高,导致形成的材料内应力大,制成的产品易开裂、韧性差,这严重阻碍了 BMI 的发展和应用,因此,采用 BMI 改性达到增韧的目的是研究的热点,实际中使用的 BMI 树脂均为改性 BMI 树脂。对 BMI 进行增韧改性,其实就是通过改变分子的结构或形态以实现 BMI 韧性的提高。除了提高韧性,BMI 树脂的改性还包括降低 BMI 单体的熔点和融体的黏度、提高其在有机溶剂中的溶解能力、降低其固化温度等。目前常用的改性方法有扩链改性 BMI、烯丙基化合物改性 BMI、氰酸酯树脂改性 BMI、环氧树脂改性 BMI、橡胶改性 BMI、热塑性树脂改性 BMI、含硫化合物改性 BMI、不同结构的 BMI 共混改性、合成新型 BMI 等。

BMI 优良的性能使得各国非常重视 BMI 树脂的研究开发和应用,至今已开发出一系列性能优异的 BMI 树脂,并将其广泛应用于航空、航天、电子及交通领域。BMI 树脂具有优异的电绝缘性能和耐高温性能,常用作电机绝缘材料和耐高温浸渍漆;通过与碳纤维复合制备成连续纤维增强复合材料用作航空、航天耐高温结构材料;BMI 也可用于耐磨材料,如汽车制动片等。

3.2.4 热固性聚酰亚胺

热固性聚酰亚胺是分子链上含有酰亚胺环,端部带有活性基团的一类聚合物。这类聚合物的特点是可以在链端或链上引入反应基团形成活性低聚物,经过进一步固化可得到热固性聚酰亚胺。根据所带活性端基不同,热固性聚酰亚胺分为三种类型:双马来酰亚胺(BMI)型、降冰片烯封端型(PMR 型)和乙炔封端型。三种热固性聚酰亚胺的端基如下:

(1)PMR 型:

（2）乙炔封端型：

$$HC\equiv C—$$

（3）BMI 型：

BMI 树脂前面已经介绍过了，现在介绍 PMR 聚酰亚胺树脂基体和乙炔封端型聚酰亚胺树脂。

1. PMR 聚酰亚胺树脂基体

PMR 聚酰亚胺主要是指以降冰片烯酸酐为封端的聚酰亚胺。制备时将降冰片烯酸酐/芳香二胺/芳香二酸酐衍生物按照不同摩尔比混合后溶于低沸点的溶剂而获得 PMR 聚酰亚胺溶液，加热发生亚胺化反应。可以利用此方法制备 PMR 的预聚体，最后通过固化反应得到 PMR 聚酰亚胺树脂。由于冰片烯封端酰胺酸的亚胺化温度远低于它的交联固化温度，因此在固化之前使亚胺化反应完全，可以在固化阶段不产生或较少地产生低分子挥发物，从而可制备密实的复合材料。

PMR 树脂合成技术具有突出的优点：可以利用封端剂控制树脂相对分子质量，得到黏度小的树脂溶液，在一定程度上改变其玻璃化转变温度、力学性能、热氧化稳定性以及加工性能，有利于获得高质量的预浸料。通常随着树脂相对分子质量的增加，材料的玻璃化转变温度下降、层间断裂韧性增加、热氧化稳定性提高，一般根据实际要求，在这些性能之间进行平衡从而选择合适的树脂相对分子质量。另外，亚胺化发生在固化之前，在固化时不产生或较少地产生低分子挥发物，有利于得到低孔隙率的复合材料。

PMR 聚酰亚胺树脂具有低密度、优异的热氧化稳定性、较好的成型工艺性和综合力学性能，可以用于制备高性能耐高温（230℃以上）树脂基复合材料。所制成的复合材料具有高的比强度和比模量，这些优异的性能可以使 PMR 复合材料用于航空、航天中的高性能发动机。PMR 聚酰亚胺树脂基复合材料主要应用于轴承、发动机罩子、通风管、发动机风扇叶片、导弹弹体等。但同时 PMR 树脂也具有以下缺陷：①韧性差，易造成材料微开裂，这是最主要的缺陷；②PMR 的原料之一———二苯甲烷二胺（MDA）被认为是潜在的致癌物质，生产过程会对操作人员的健康带来不利影响；③需要在高温（300～330℃）环境下加工，会造成一定的能源浪费；④储存温度低，不方便使用；⑤亚胺化反应生成水，不利于制造较厚产品；⑥不同批料的性能会发生变化，所制产品性能不稳定。这些缺陷使 PMR 树脂在航空航天领域的应用受到限制，PMR 树脂的发展重点就是改善相关的缺陷，提高树脂性能。

2. 乙炔封端型聚酰亚胺树脂

由于 PMR 封端的聚酰亚胺树脂的耐热性能并不能完全满足航空、航天材料的要求，因此需要开发新的耐热性更好的封端剂。乙炔封端型的聚酰亚胺树脂一般加热到 250℃后通过乙炔端基进行聚合和交联,在这个过程中没有低分子产物生成,通过分子设计和一定的后固化处理,其玻璃化转变温度可以达到 350℃,热分解温度可达 500℃。乙炔封端型的聚酰亚胺树脂固化后在更高的温度(370℃以上)下具有优异的耐热性能和力学性能,在 288℃长期使用,力学性能可保持较高水平。根据乙炔基在封端剂中的位置可以分为乙炔基在链端的乙炔基封端型和乙炔基在链中的苯乙炔基封端型。乙炔基封端的聚酰亚胺因为树脂的熔融温度与乙炔基的交联温度有重叠,树脂熔融后立即开始聚合,在 195℃下的凝胶时间只有几分钟,造成加工窗口过窄而使其应用受到限制。苯乙炔基的交联温度为 350~370℃,大大拓宽了聚酰亚胺树脂的加工窗口;苯乙炔基封端引入了苯环结构,使热氧化物的稳定性提高;苯乙炔封端的聚酰亚胺齐聚物性能好,使其具有热塑性树脂的成膜性能,因此苯乙炔封端的聚酰亚胺树脂具备较好的韧性。

乙炔基封端的聚酰亚胺树脂具有优良的综合性能,是当前耐高温聚酰亚胺树脂研究的热点之一。苯乙炔基封端的聚酰亚胺树脂具有优良的耐热性能,并耐各种溶剂,作为黏合剂已经应用于高速飞机。随着研究工作的深入和发展,乙炔基封端型聚酰亚胺树脂将得到越来越多的应用。

热固性聚酰亚胺因其独特的结构与性能,在许多领域都有潜在的发展空间。热固性聚酰亚胺树脂在 500℃下无玻璃化转变点及熔点,在 420℃下稳定,因此具有优异的耐热性能和突出的力学性能,可以用于耐高温材料的制备,如耐高温聚酰亚胺树脂可以用作先进复合材料的基体,用于制造航空航天飞行器中各种高温结构件;由于其具有优良的介电性能和抗辐射性能,可以用于制造介电层之间的绝缘层,广泛用于电子精密器件领域。

3.2.5 酚醛树脂

酚醛树脂一般是由酚和醛在催化剂的作用下通过缩聚反应得到的高分子化合物,生产酚醛树脂的原材料主要是酚类(苯酚、二甲酚、间苯二酚、多元酚等)、醛类(甲醛、乙醛、糠醛等)和催化剂(盐酸、硫酸、对甲苯磺酸等酸性物质及氢氧化钠、氢氧化钾、氢氧化钡、氨水等碱性物质)。在催化剂 NaOH 的作用下,酚醛树脂的合成反应分为两步,即酚与醛的加成反应和羟甲基酚的缩聚反应。

(1)酚与醛的加成反应。反应开始,酚与醛发生加成反应,生成多羟甲基酚以及一元酚醇和多元酚醇的混合物,这些羟甲基酚在室温下是稳定的。羟甲基酚可进一步与甲醛发生加成反应:

(2)羟甲基酚的缩聚反应。羟甲基酚还可进一步发生以下两种可能的缩聚反应:

碱性条件下主要生成 1)式中的产物,即缩聚体之间主要以次甲基键连接起来,由于加成反应比缩聚反应速率大很多,所以最后得到的产物为线型结构,少量为体型结构。

酚醛树脂在固化过程中要加入固化剂,常用的固化剂有苯胺、六次甲基四胺、三聚氰胺等。酚醛树脂的缩聚固化反应可以分为三个阶段:

A 阶段(第一阶段)酚醛树脂:是将体型缩聚控制在一定程度内的产物,在一定的反应条件下可以继续发生体型缩聚反应,在这一阶段生成平均相对分子质量较低的混合物,具有流动性,可溶于丙酮、乙醇等溶液中。

B 阶段(第二阶段)酚醛树脂:由 A 阶段树脂经过热和酸催化进一步缩聚而成,逐渐向不溶不熔状态转化,具有加热变软的特点,树脂处于橡胶态,能拉成丝,不黏手。

C 阶段(第三阶段)酚醛树脂:在 B 阶段基础上继续加热固化反应,树脂失去流动性,转变为不溶不熔的固体状态,是加热固化的最终状态。

酚醛树脂的固化反应非常复杂,不仅取决于温度,还与制备树脂时所用的原材料分子结构、催化剂种类有关,原材料分子结构不同,在固化的不同阶段会产生不同的挥发物。因此,酚醛树脂热固化时需要加压,加压的目的就是控制挥发成分在树脂固化过程中的体积膨胀,减少树脂的孔隙率,同时提高树脂的流动性。酚醛树脂通常采用酸作为固化剂,无机酸与树脂的亲和力不好、共溶性小,加之固化过程中树脂黏度变大,无机酸与树脂的结合能力下降,它的催化作用受到影响,因此不采用无机酸作为催化剂,而有机酸与树脂的相容性较好,容易分散到树脂内,具有很好的催化作用。酚醛树脂的固化反应速率与固化剂的酸度、加入量、加入时间及加入温度等有关系,一般来说,树脂的固化反应速率随着固化剂的酸度提高、固化剂加入量的增加、固化温度的升高而加快。固化剂的酸度不同时,温度对酸度较低的固化剂催化的反应速率影响较大,酸度较高的固化剂,其反应速率随温度的变化不大,因此,在低温固化时,选择酸度较高的固化剂比较合适。

酚醛树脂是最早工业化应用的合成树脂,与其他热固性树脂比较,其固化温度较高,固化树脂的力学性能、耐化学腐蚀性能与不饱和聚酯相当,但不及环氧树脂。酚醛树脂的脆性比较大、收缩率高、不耐碱、易吸潮,性能不及聚酯和环氧树脂。但是酚醛树脂原料易得,合成方便,固化后性能满足大多数使用要求,凭借以下优异的性能得到了广泛应用:

(1)酚醛树脂的耐热性是非常高的,其玻璃化转变温度比不饱和聚酯树脂和环氧树脂高,在 300℃内玻璃纤维/酚醛复合材料模量不会发生大的变化,高于 150℃的温度下,相同纤维增强体的酚醛树脂基复合材料的强度高于不饱和聚酯树脂基复合材料和环氧树脂基复合材料。

酚醛树脂在 300℃以上开始分解,逐渐碳化成为残留物从而形成高碳泡沫结构,成为优良的热绝缘体,能阻止内部材料继续燃烧。酚醛树脂碳化后残留率比较高,能达到 60% 以上,在高温(800～2 500℃)范围内表面会形成碳化层,阻止内部材料受到高温影响,因此广泛应用于火箭、飞机、导弹、宇宙飞船的烧蚀材料。

(2)酚醛树脂的阻燃性能和发烟性能良好,在火灾事故中多数人员损伤和死亡的主要原因是吸入过量的烟和毒性气体。大多数树脂材料都是可燃烧的,可以添加阻燃剂来改变燃烧性能,酚醛树脂是个例外,酚醛树脂复合材料具有不燃、发烟率低、毒性气体产生量较低的特点,在可燃性、热释放、发烟、毒性和阻燃等方面远优于聚酯树脂和环氧树脂。酚醛树脂主要由碳、氧和氢组成,它的燃烧产物与燃烧条件有关,燃烧产物主要是水蒸气、二氧化碳、焦炭和中等量的一氧化碳,因此,燃烧产物的毒性较低。毒性与酚醛树脂的分子结构有关,交联密度高的树脂,燃烧时毒性产物的放出减少,低相对分子质量的酚醛分子易分解和挥发,因此,可以通过改性手段来降低酚醛树脂复合材料的毒性。

(3)酚醛树脂,尤其是酚醛树脂基复合材料具有优良的耐辐射性能,且同时具有耐热性。酚醛复合材料可以用作核电设备和高压加速器的电器元件、核电厂的防护涂料、处理辐射材料的装备元件以及空间飞行器的电器和结构材料等。

(4)酚醛树脂的分子链由 C—C 单键组成,呈网状立体结构,在多种化学介质的作用下较为稳定,酚醛树脂在非氧化性酸中很稳定,耐腐蚀性能高于环氧树脂和聚酯树脂。

酚醛树脂可用缠绕、RTM、模压成型、注射成型等工艺加工,也可以发泡成型。纤维增强酚醛复合材料具有优异的性能,可替代金属用于制造业,其中碳纤维增强酚醛复合材料可替代不锈钢板,其相对密度为不锈钢的 1/5。目前,酚醛树脂主要用于木材加工、热绝缘和模压料,广泛用作装饰材料、隔热板材料、防火材料、汽车和飞机的刹车片原材料等。

3.2.6 氰酸酯树脂

氰酸酯树脂(CE)是双元或多元羟基与氢氰酸形成的酯,是一种高性能热固性树脂,氰酸酯含有反应性的官能团氰酸酯基(—OCN)。氰酸酯树脂是指氰酸酯的预聚体或固化产物,其结构中含有两个或两个以上氰酸酯官能团的酚衍生物。工业制备耐高温热固性氰酸酯单体的方法是在碱性条件下,通过卤化氰与酚类化合物反应制备氰酸酯单体:

$$ArOH + HalCN \longrightarrow ArOCN + HHal$$

式中,Hal 可以是 Cl、Br、I 等卤素,通常采用溴化氰。ArOH 可以是单酚、多元酚,也可以是脂肪族羟基化合物,反应介质中的碱通常采用有机碱,如三乙胺等。所有氰酸酯单体具有以下的结构式:

氰酸酯树脂在热和催化剂作用下,发生环化三聚反应生成含有三嗪环的高交联度网络结构大分子。随着反应的不同程度,可以控制预聚物为黏流态、橡胶态和玻璃态。由于氰酸酯树脂固化时所需温度高、时间长,固化过程耗时耗能,为改善固化工艺,常常在固化时加入催化剂:一是带有活泼氢的化合物(单酚、水等);二是金属催化剂(路易斯酸、有机金属盐等)。由于氰酸酯官能团含有孤对电子和给电子 π 键,因此它易与金属化合物形成络合物。但是有些金属化合物在氰酸酯树脂中的溶解性很差,因此催化效率很低,为了提高催化剂的催化效率,选择能够溶于氰酸酯树脂的有机金属化合物。为了结合两种树脂的优越性能,通常也会采取与环氧树脂、双马来酰亚胺树脂共聚固化的方法对氰酸酯树脂进行固化。

氰酸酯树脂作为高性能热固性树脂基体,具有以下良好性能:

(1)氰酸酯树脂具有良好的溶解性能及工艺性能,可以适应包括预浸料、RTM、缠绕、拉挤、模压等各种加工方法的要求,可以用传统的树脂基复合材料的加工设备加工。

(2)氰酸酯树脂结构中的三嗪环结构规整、结晶度高、交联密度大,同时整个结构中具有较多的刚性苯环结构,使得氰酸酯树脂具有优异的力学强度。

(3)芳香环与三嗪环之间的连接依靠易旋转的醚键,因此氰酸酯树脂具有较好的韧性(氰酸酯树脂的韧性介于双马树脂和环氧树脂之间),相比于其他热固性树脂而言具有良好的抗冲击性能。

(4)固化后氰酸酯树脂的氰酸酯官能团中的碳原子位于具有电负性的氮原子和氧原子之间,电子云分布相对均匀,而且高度对称的三嗪环结构极性小,避免偶极极化,因此氰酸酯树脂具有优良的介电性能和极低的吸湿率。

(5)氰酸酯树脂由于树脂结构中含有热稳定性接近苯环的芳香对称三嗪环而具有较高的热稳定性,同时,氰酸酯树脂有较高的玻璃化转变温度。

(6)氰酸酯树脂胶黏剂在高性能高温胶黏剂中有着强大的优势:与金属具有极好的黏结力,具有比环氧树脂更好的耐湿热性能,加工、固化范围宽,固化过程无低分子物产生,表面润湿性好,固化无收缩,等等。

(7)耐化学腐蚀性能良好,可耐航空复合材料结构中遇到的航空油、压力油和颜料脱除剂等,将环氧树脂和氰酸酯树脂共混可有效提高耐碱性能。

氰酸酯树脂经常和其他树脂混合使用。例如:为降低成本和环氧树脂混合使用;与 BMI 混合使用可以提高玻璃化转变温度;像其他热固性树脂一样,氰酸酯树脂具有低断裂韧性,与热塑性树脂混合可以改善断裂韧性。

总体来说,氰酸酯树脂具有与环氧树脂相近的加工性能,具有与双马来酰亚胺树脂相当的耐高温性能,具有比聚酰亚胺树脂更优异的介电性能,具有与酚醛树脂相当的耐燃烧性能。目前已经开发出来的氰酸酯树脂主要应用于高速数字及高频用印刷电路板、高性能透波结构材料和航空航天复合材料用高性能树脂基体。

不同的热固性树脂由于其内部分子结构的不同,表现出来的物理性能也各不相同,不同的物理性质决定不同的树脂有不同的应用领域,在应用过程中也会表现出不同的优缺点。根据以上所介绍的内容,将各树脂的物理性能、优缺点、应用领域等的比较总结在表 3-1 中,以便查找对比。

表 3-1 不同热固性树脂的性能比较

性 能	不饱和聚酯树脂	环氧树脂	双马来酰亚胺树脂	热固性聚酰亚胺	酚醛树脂	氰酸酯树脂
固化温度/℃	20~160	<180	<250	~300	<200	~200
玻璃化转变温度/℃		>250	>250	>350	约250	240~290
热分解温度/℃		>300	>300	>500	>300	>350
使用温度/℃		<150	<230	<260	<150	<170
固化收缩率/%	4~6	1~2			8~10	无收缩
优点	具有良好的加工特性,固化无副产物生成	固化收缩率小,力学性能良好,电性能良好,稳定性好,工艺性好,综合性能良好	固化产物结构致密,缺陷少,使用温度范围大,具有优良的电性能、耐化学、耐高温、耐辐射性能	具有突出的耐高温性,耐冲击性好,尺寸稳定性好,阻燃性能好,具有良好的耐化学、耐辐射、耐磨、介电性能	耐高温烧蚀,阻燃性能和发烟性能良好,耐辐射	具有优异的力学强度,固化无收缩,耐化学腐蚀性能良好,具有优异的介电、耐高温、耐燃烧性能
缺点	固化收缩率高	抗冲击强度和耐热冲击性能较差	具有极大的脆性,断裂韧性低,综合力学性能差,固化温度高	PMR树脂韧性差,乙炔基封端型加工性能差	脆性大,固化收缩率高	断裂韧性低(韧性优于环氧和双马树脂)
主要应用	玻璃纤维复合材料	结构、功能复合材料,绝缘材料	耐高温结构材料	高性能耐高温树脂基复合材料、精密电子器件	耐高温和烧蚀结构材料	高性能透波结构材料、高韧性结构复合材料

3.3　热塑性树脂基体

3.3.1　聚醚醚酮

聚醚醚酮,英文名称为 polyether ether ketone(PEEK),为线型芳香族热塑性塑料,结构式如图 3-3 所示。

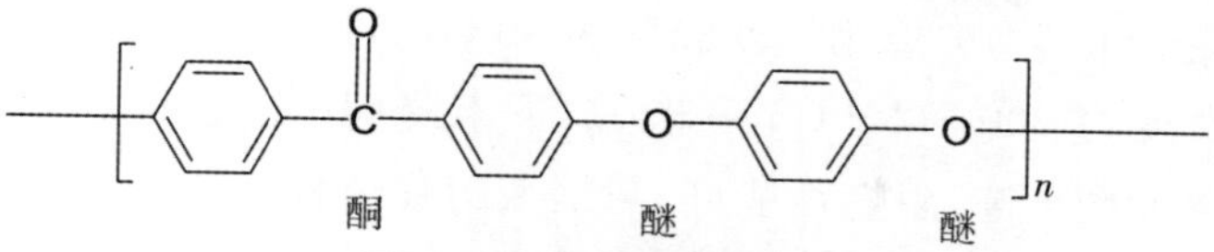

图 3 – 3　聚醚醚酮结构式

PEEK 是半结晶聚合物,从熔融状态缓慢冷却时的最大结晶度为 48%,在正常的冷却速率下聚醚醚酮的结晶度在 30%～35% 之间,加入纤维组成聚醚醚酮基复合材料时结晶度增大,这是由于纤维充当了成核剂,有利于结晶。结晶度的提高可以增加 PEEK 的模量和屈服强度,但是降低了断裂应变。PEEK 的玻璃化转变温度为 143℃,熔点为 335℃。PEEK 的熔融温度范围为 370～400℃,连续使用最高温度为 250℃。PEEK 具有如下优良性能:

(1)PEEK 具有优异的断裂强度,是环氧树脂的 50～100 倍。

(2)PEEK 吸水率低,在 23℃时只有 0.5%,而环氧树脂吸水率为 4%～5%。

(3)作为一种半结晶材料,PEEK 不溶于一般溶剂,但可以吸收二氯甲烷,并且随着结晶度的提高吸收溶剂的量降低。

(4)PEEK 具有优异的耐水性,尤其耐热水和蒸汽,在水中长时间浸泡,其力学性能下降不多。

(5)PEEK 热分解反应仅生成 CO_2、CO,无其他气体小分子,毒性较低,酸性气体释放量较小,耐火烟性能好。

(6)PEEK 的电性能也非常好,在 0～200℃下电性能基本保持不变。

(7)PEEK 具有优良的耐辐射性能,PEEK 还很容易通过清洗程序排污和净化,可用在核能工业材料上。

(8)PEEK 具有突出的摩擦学特性,耐滑动磨损性能优异。

PEEK 通常以颗粒、粉末和细粉三种形态应用,能用传统的热塑性树脂成型加工方法加工成型,颗粒用于注射成型和挤出成型工艺,粉末主要和其他材料复合挤出造粒,细粉用于模压成型或者表面涂层。

PEEK 在航空、航天、汽车制造、电子电气、医疗和食品加工等领域具有广泛的应用,应用前景十分广阔。在航空、航天领域,PEEK 树脂可以取代传统金属材料制造飞机零部件;PEEK 树脂密度小,成型性能好,可以直接加工成型精密零部件;PEEK 具有良好的耐雨水腐蚀性能,可用作飞机蒙皮制造;PEEK 还具有优异的阻燃特性和低毒性,常用来制造飞机内部结构。

3.3.2　聚苯硫醚

聚苯硫醚英文名称为 polyphenylene sulfide(PPS),全称是聚次苯基硫醚,是分子主链上苯基和硫基交替连接而成的高刚性结晶型聚合物,属于特种工程塑料。其结构式如图 3 – 4 所示。

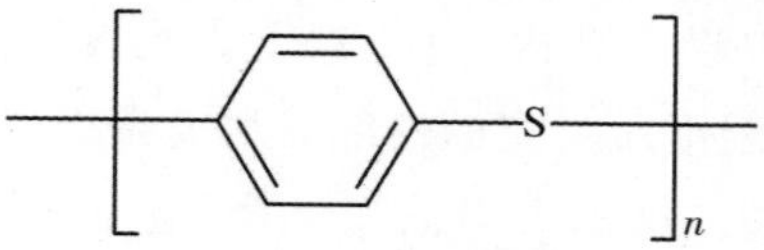

图 3 – 4　聚苯硫醚结构式

PPS 通常结晶度为 65%,玻璃化转变温度为 85℃,熔点为 285℃。聚苯硫醚耐热性能优良,熔融共混要求温度为 300～345℃,在 370℃下不降解,超过 425℃才开始分解,可以在 240℃下长期使用;表面硬度高、阻燃性能好、耐蠕变耐疲劳性能优异;在 170℃下不溶于所有的溶剂,是一种比较理想的仅次于聚四氟乙烯的防腐材料。

PPS 是具有热固性性质的热塑性树脂,随加热进行会发生交联反应,加热到熔点(315～425℃)以上,PPS 先熔融为低黏度液体,最后形成不溶不熔的黑色固体,它在 175～280℃会发生轻微的交联,在 330℃之前交联反应非常缓慢。

聚苯硫醚树脂与其他工程热塑性树脂相比,介电常数较小,介电损耗非常低,在宽频范围内变化不大,高温、高湿环境下仍能保持良好的电性能。PPS 树脂的成型收缩率及线膨胀系数较小,吸水率低,长期暴露在水中,其尺寸几乎不会发生变化,在有机物中的尺寸变化也是相当有限,因此,PPS 树脂在高温和高湿的条件下表现出优异的尺寸稳定性,且具有高表面质量、高绝缘性、高耐磨性。

PPS 力学性能不高,其抗拉强度和弯曲强度属于中等水平,冲击强度也很低,因此通常用高性能纤维增强其力学性能。通过用各种长纤维(碳、玻璃、芳纶、硼)增强高相对分子质量 PPS 基体,可形成一种高强度、高刚度、高冲击韧性、耐高温、耐溶剂、低吸湿率、易加工成型、阻燃、低烟、结晶度易控制的 PPS 热塑性复合材料。

聚苯硫醚树脂由于具有优良的综合性能,被广泛应用于航空、航天、电子电气、汽车、机械、化工等领域。自高分子 PPS 树脂问世以来,它的应用一直倍受关注,尤其是用玻璃纤维、碳纤维、芳纶纤维、硼纤维增强 PPS 树脂以后,PPS 热塑性复合材料已在飞机、火箭、人造卫星、航空母舰上得到了广泛应用,飞机行李架、机舱护墙、导弹垂直尾翼部件等都是用 PPS 热塑性复合材料制造的。

3.3.3 聚砜

聚砜 polysulfone(PSU)是一种高分子主链中含有二苯砜结构单元的线性热塑性树脂,通常所称的聚砜为双酚 A 型聚砜,其结构式如图 3-5 所示。

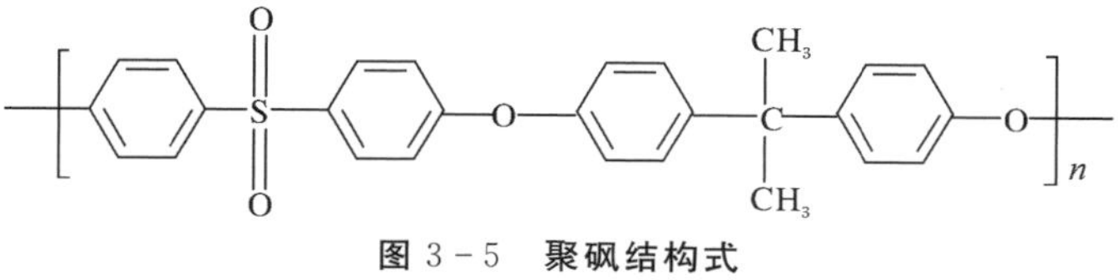

图 3-5　聚砜结构式

聚砜的玻璃化转变温度为 185℃,可以在 160℃下连续使用。共混温度在 310～410℃之间,在湿热条件下具有优异的水解稳定性。在全部热塑性工程树脂中聚砜具有较高的耐蠕变性能,能长时间受载,蠕变量很低。聚砜还具有优良的耐氧化性能,在空气中直到 420℃以上才开始碳化,着火点为 490℃,自燃点高达 550℃以上。聚砜的突出优点是热稳定性好,在高温下仍能在很大程度上保持在室温下所具有的性能。尽管聚砜具有很好的耐无机酸、碱、盐稳定性,但是会引起膨胀和应力开裂。聚砜可以溶于酮类、含氯烃类、芳香烃类等部分有机溶剂。聚砜还具有优良的电性能,即使在水中、高湿或 190℃的高温下,仍可保持较高的介电性能。

聚砜最严重的问题是在紫外光下不稳定,室外使用时需涂防紫外光涂料。

聚砜树脂具有很高的热变形温度,耐热氧化性、水解稳定性好,适用于制造日常用品、电子电气元件、飞机内部件、医疗器材等。在航空航天领域中,聚砜树脂主要用作飞机内外舵组件、灯具遮光板、机罩、齿轮、电子打火装置、宇航员面罩遮护用具等。

3.3.4　热塑性聚酰亚胺

热塑性聚酰亚胺的英文名称为 polyimide(PI),它是由聚酰胺酸和乙醇缩聚而成的一种线型聚合物。使用不同化学结构的聚酰胺酸和乙醇,可以合成多种聚酰亚胺。热塑性聚酰亚胺通常具有高的熔融黏度,所以加工温度较高。聚醚酰亚胺 polyetherimide(PEI)和聚酰胺酰亚胺 polyamide-imide(PAI)是两种可熔融加工的热塑性聚酰亚胺。两者都是非晶态聚合物,并且都具有较高的玻璃化转变温度,其中 PEI 为 217℃,PAI 为 280℃。两者的加工温度都要在350℃ 以上,成型过程中不发生化学交联,可以反复加工,在 −180～230℃ 条件下能够长期使用。

两者的化学结构式分别如图 3−6 和图 3−7 所示。

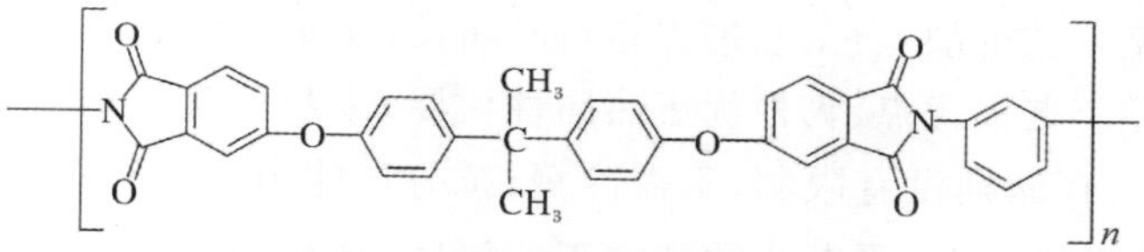

图 3−6　聚醚酰亚胺结构式

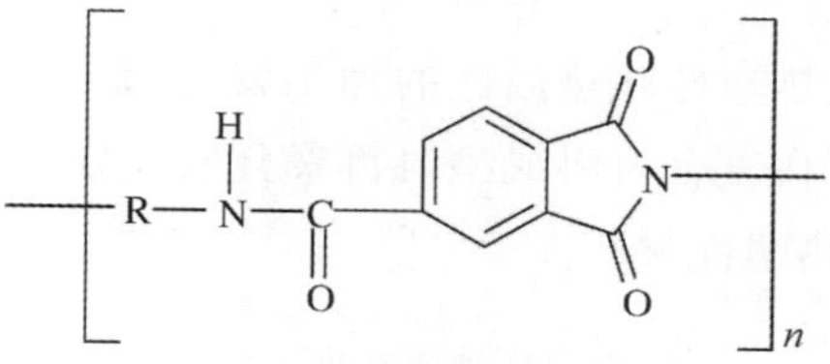

图 3−7　聚酰胺酰亚胺结构式

PEI 树脂既有聚酰亚胺的高性能,又有通用热塑性工程树脂的良好加工性能,同时又有优良的力学性能、耐热性、耐化学介质性能、电性能和阻燃性,还可以方便地使用注射、挤出、吹塑等加工成型方法。PEI 树脂具有与高性能纤维相匹配的力学性能,可满足航空结构用复合材料对树脂的基本要求。PEI 树脂基复合材料的力学性能与环氧树脂基、双马树脂基等复合材料基本相当。PAI 树脂具有良好的力学性能、优异的韧性,热变形温度高,耐高温性能好,并具有良好的耐化学介质性能。其缺点是树脂吸湿率高,不宜在高湿环境下使用,并且树脂熔体黏度大,加工难度较大。

3.4　热固性与热塑性树脂的对比与分析

(1)加工方案不同。在相同的温度和剪切速率下,热塑性树脂的黏度比未固化的低相对分子质量热固性树脂的黏度高多个数量级。因此,热固性树脂在低相对分子质量即低黏度下加工,而热塑性树脂在高相对分子质量即高黏度下加工。

（2）加工温度不同。热塑性树脂必须加热到比热固性树脂高很多的温度成型（航空、航天常用的环氧复合材料的加工温度为177℃，而热塑性树脂体系则要求350℃或更高的温度）。

（3）成型方式不同。热固性树脂容易润湿纤维，可以实现在成型过程中浸润，然后发生化学交联反应形成高相对分子质量的固体结构。固化途径包括加热、施加其他能量（微波、电流等）和混合活性反应组分（固化剂、引发剂、催化剂等）等。热塑性树脂室温下是固体，黏度高，必须通过专门的技术来实现对纤维的浸润，经过加热熔融、成型、冷却成为固体，因此具有快速加工的潜力，同时可回收反复利用。

（4）成型工艺特点。

热固性树脂：①固化时发生化学反应；②工艺过程不可逆；③黏度低/流动性高；④固化时间长；⑤预浸料发黏。

热塑性树脂：①无化学反应，无固化要求；②有后成型能力，可再加工；③黏度高/流动性低；④工艺时间较短；⑤预浸料僵硬。

（5）成型工艺的优缺点。

热固性树脂成型工艺的优点：工艺温度相对较低；黏度低，纤维浸润性好；可成型复杂形状。热固性树脂成型工艺的缺点：工艺过程相对时间长；存储时间受到限制；要求冷藏。

热塑性树脂成型工艺的优点：韧性优于热固性树脂；废料可重复利用；不合格零件可再成型；成型快（成本低）；存储期没有限制，不需冷藏；抗分层能力强。热塑性树脂成型工艺的缺点：耐化学溶剂性低于热固性；要求非常高的工艺温度；释放的气体有污染；现有工艺经验有限；数据库比热固性少。

未来工艺发展趋势：结合热塑性和热固性的加工特点，研制新的工艺方法。例如：将热塑性树脂加工成单体或预聚体，在复合材料成型时再聚合成大分子的树脂，这样就可以采用热固性材料的加工制造方法加工热塑性材料。

习题与思考题

1. 什么是热固性树脂？常见的热固性树脂有哪些？

2. 什么是热塑性树脂？常见的热塑性树脂有哪些？

3. 热固性树脂和热塑性树脂在分子结构和性能上各有哪些特点？

4. 不饱和聚酯树脂在固化过程中有哪些特点？

5. 固化剂在树脂固化过程中的有什么作用？其对树脂固化过程有哪些影响？

6. 不饱和聚酯树脂固化过程中交联剂有哪些作用？其对固化后的树脂性质有什么影响？

7. 根据树脂分子结构，环氧树脂可以分为哪些种类？

8. 环氧树脂的固化剂分为哪些种类？

9. 环氧树脂有哪些优异的性能？

10. 双马来酰亚胺树脂有哪些优缺点？针对不同的缺点，双马来酰亚胺树脂有哪些改性的方法？

11. 热固性聚酰亚胺有哪些分类？不同类型的热固性聚酰亚胺分别有哪些优缺点？

12. 酚醛树脂的固化反应分为哪些阶段？各阶段有什么特点？

13. 为什么采用有机酸作为酚醛树脂的固化剂？

14. 相比于其他热固性树脂,酚醛树脂有哪些特殊的优异性能？

15. 针对氰酸酯树脂固化所需温度高、时间长、固化过程耗时耗能的缺点有哪些改善措施？

16. 为什么说聚苯硫醚是具有热固性性质的热塑性树脂？

17. 列举几种高性能热塑性树脂的结构及性能特点。

18. 从工艺角度出发,简述热固性树脂与热塑性树脂的不同点。

19. 在选择复合材料用树脂基体时,主要考虑哪些问题？

20. 从树脂固化工艺的特点出发,分析热固性树脂和热塑性树脂的发展趋势。

第 4 章　纤维增强体及其特征

4.1　纤维增强材料概述

增强材料是复合材料组分之一,能提高基体的强度、韧性、模量、耐热和耐磨等性能。随着复合材料的发展和新的增强材料的出现,可用作树脂基复合材料的增强材料不断增加,在微粒、薄片、纤维等各种形态的增强材料中,纤维增强材料的增强效果最好。因此,用作结构件的树脂基复合材料大都以纤维状材料特别是连续长纤维作增强材料。连续长纤维具有较高的强度、模量,是先进树脂基复合材料选用的主要增强材料之一,如石墨纤维、碳化硅纤维等。纤维增强材料的拉伸强度和弹性模量比同质量块状材料要大几个数量级。例如,块状石墨是脆性材料,它的拉伸强度为 689 MPa,商用石墨纤维的拉伸强度为 1 700~2 800 MPa。纤维优良的力学、物理性能对复合材料的性能提高起着重要的作用。

作为复合材料的增强材料应具有以下基本特征:①增强材料应具有能明显提高基体某种所需特性的性能,如强度高、模量高、热导率高、耐热性好、耐磨性好和热膨胀性低,以便赋予树脂某种所需的特性和综合性能。②增强材料应该具有良好的化学稳定性,在树脂基复合材料制备和使用过程中其组织性能和结构不发生明显的变化和退化,与基体有良好的化学相容性。③与基体有良好的浸润性和良好的化学相容性,以保证增强材料和树脂基体良好的复合和均匀的分布。

目前已广泛应用的增强纤维有玻璃纤维(GF)、碳纤维(CF)、氧化铝纤维、碳化硅纤维等无机纤维,还有芳酰胺(芳纶或 Kevlar)纤维、聚苯并噁唑(PBO)纤维、聚芳酯纤维、超高相对分子质量聚乙烯纤维等有机纤维。20 世纪 90 年代,为满足复合材料的高性能(高强度、高模量)化、多功能化、小型化、轻量化、智能化及低成本的发展需求,高科技纤维领域开发了许多新技术、新工艺和新设备,推动了高性能纤维的发展。

本章将着重讨论纤维本身的组成、制备、结构与性能,重点介绍目前聚合物基复合材料常用的玻璃纤维、碳纤维和芳纶等增强材料,为复合材料的材料设计、制造和应用等打下基础。

4.2　无机纤维

4.2.1　玻璃纤维

玻璃纤维是一种性能优异的无机非金属材料,具有不燃、耐高温、电绝缘性好、拉伸强度高、化学稳定性好等优良性能,是现代工业和高技术产业不可缺少的基础材料,已经被广泛地用于交通运输、建筑、环保、石油化工、电子电器、机械、航空、航天、核能和兵器等领域。虽然早在 17 世纪,法国人就发明了玻璃纤维,但直到 20 世纪 30 年代,才出现了世界上第一家玻璃纤维企业,特别是 20 世纪六七十年代以后,由于新技术、新工艺的出现,玻璃纤维得到了更广泛的应用,并促进了玻璃纤维工业的高速发展。我国玻璃纤维工业诞生于 1950 年,当时只能生产用于绝缘绝热的初级纤维。1958 年后,特别是改革开放以后,随着玻璃钢工业的发展,玻璃纤维工业也得到迅速发展。1996 年我国玻璃纤维总产量为 17.2 万吨,居世界第五位。2006年我国连续玻璃纤维产量达 116 万吨,跃居世界第二位,相当于美国 2004 年的水平。

4.2.1.1　玻璃纤维的分类

(1)根据化学成分,玻璃纤维可分为:①有碱玻璃纤维,含碱量在 10%～16% 之间;②中碱玻璃纤维,含碱量在 2%～10% 之间;③低碱玻璃纤维,含碱量小于 1%。

(2)根据外观形状,玻璃纤维可分为:①长纤维;②短纤维;③空心纤维;④卷曲纤维。

(3)根据性能,玻璃纤维可分为:①高强玻璃纤维(S-GF);②高模量型玻璃纤维(M-GF);③普通玻璃纤维(A-GF);④耐化学(酸)腐蚀玻璃纤维(C-GF);⑤耐碱玻璃纤维(AR-GF);⑥低介电玻璃纤维(D-GF);⑦高硅氧(玻璃)纤维;⑧石英(玻璃)纤维。

(4)根据单丝直径,玻璃纤维可分为:①粗纤维(30 μm);②初级纤维(20 μm);③中级纤维(10～20 μm);④高级纤维(2～10 μm);⑤超细纤维(<4 μm)。

4.2.1.2　玻璃纤维的组成

玻璃纤维的化学组成主要是 SiO_2、B_2O_3、金属氧化物,它们对玻璃纤维的性能和生产工艺起决定性的作用。

二氧化硅是玻璃的主要组分,其作用是在玻璃中形成基本骨架,而且有高的熔点,二氧化硅的主要来源是砂岩和沙子。

金属氧化物包括 Al_2O_3、CaO、MgO、$Na_2O(K_2O)$、BeO 等。CaO 加入玻璃纤维可以提高玻璃纤维的化学稳定性、机械强度、增加玻璃纤维的硬度,但会使玻璃纤维的热稳定性降低;$Na_2O(K_2O)$ 加入玻璃纤维可降低玻璃的熔融温度和黏度,使玻璃液中的气泡易于排出,制备工艺简单,故被称为助熔氧化物,但其会对纤维性能(如耐水性、电性能等)有不良影响,一般控制碱金属氧化物含量不超过 13%;加入 BeO 使玻璃纤维的模量提高,但毒性增强;B_2O_3 的加入可提高玻璃纤维的耐酸性,改善电性能,降低熔点、黏度,但会导致玻璃纤维的模量和强度下降。

国内外常用的玻璃纤维成分见表 4-1。

表 4-1　常用玻璃纤维的化学成分

玻璃纤维品种	玻璃纤维化学成分(质量分数)/%									
	SiO_2	K_2O	Na_2O	Al_2O_3	MgO	CaO	ZnO	B_2O_3	ZrO	BaO	CaF_2
无碱 1#	54.1		<0.5	15.0	4.5	16.5		9.0			
无碱 2#	54.4		<2.0	13.8	4.0	16.2		9.0			
电工无碱 E	53.5	0.3		16.3	4.4	17.3		8.0			
普通有碱 A	72.0	14.2		0.6	2.5	10.0		SO_3 0.7			
普通中碱	64.5		12.5	4.0	3.5	8.5	4.0			3.0	1.5
中碱 5#	67.5	<0.5	11.5	6.6	4.2	9.5					

续 表

玻璃纤维品种	玻璃纤维化学成分(质量分数)/%										
	SiO$_2$	K$_2$O	Na$_2$O	Al$_2$O$_3$	MgO	CaO	ZnO	B$_2$O$_3$	ZrO	BaO	CaF$_2$
抗碱 G20	71.0	2.49		1.0						16.0	
耐酸 C	65.0	8.0		4.0	3.0	14.0		6.0			
高强 S	64.3	0.3		25.0	10.3						
高模 M	53.7	BeO 8.0	TiO$_2$ 7.9	Li$_2$O 3.0	9.0	12.7	CeO 3.0	Fe$_2$O$_3$ 0.5	2.0		

4.2.1.3 玻璃纤维及其制品的生产工艺

目前生产玻璃纤维最主要的方法有坩埚拉丝法和池窑拉丝法两种。相比于坩埚拉丝法，池窑拉丝法的优点是省掉了制球工艺。

1. 坩埚拉丝法

坩埚拉丝法生产工艺由制球和拉丝两部分组成。根据纤维质量要求，配料制球，检验合格的玻璃球用来拉制玻璃纤维。图 4-1 为坩埚拉丝法制备玻璃纤维示意图。

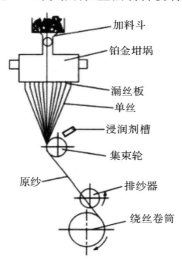

加料斗

铂金坩埚

漏丝板

单丝

浸润剂槽

集束轮

原纱

排纱器

绕丝卷筒

图 4-1　坩埚法拉丝示意图

坩埚拉丝法生产工艺流程如下：根据纤维质量要求，将砂、石灰石、苏打灰、碎玻璃、硼酸等玻璃原料按一定的比例干混后，装入温度大约为 1 260℃的熔炼炉中熔融，熔融的玻璃流经造球机制成直径为 15～18 mm(质量为 10 g)的玻璃球供拉丝选用。将玻璃球加入铂金坩埚中，用电加热的方式融化成液态，借其自重从坩埚底部漏板孔中流出，在高速拉伸机的牵引下拉制成直径很小的玻璃纤维单丝，单丝经过浸润剂槽集束成原丝，原丝经排纱器缠到绕丝筒上。

2. 池窑拉丝法

池窑拉丝法是将玻璃原料直接加入窑内熔融、澄清、均化后，经漏板孔流出，在给单丝涂覆浸润剂并集束后，由拉丝机缠到绕丝筒上，是生产连续玻璃纤维的一种新工艺方法。与坩埚拉丝法相比，其优点为：①省去了制球工艺，简化了工艺流程，效率高；②池窑容量大，生产能力强；③由于是一窑多块漏板拉丝，因此可实现对窑温、液压、压力、流量和漏板温度的自动化集中控制，所得产品质量稳定；④适用于采用多孔大漏板生产玻璃纤维粗纱；⑤生产的废纱便于回炉。

玻璃纤维经原纱退绕后可以制成无捻粗纱、短切纤维毡、各种类型的布和带等。生产玻璃纤维制品的主要设备是纺纱机和织布机，其工艺流程如图 4-2 所示。

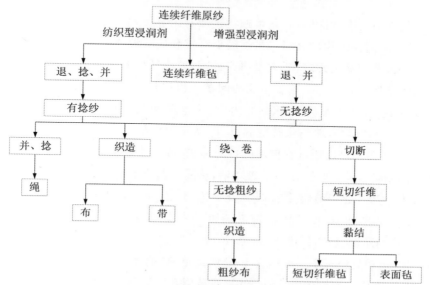

图 4-2　玻璃纤维生产工艺流程

4.2.1.4　玻璃纤维浸润剂

拉制玻璃纤维时，单根纤维表面涂覆的乳液称为浸润剂，该浸润剂由黏结组分、润滑组分和表面活性剂等配制而成。浸润剂在玻璃纤维拉丝和纺织过程中的作用是使纤维黏合集束、润滑耐磨、消除静电等，保证拉丝和纺织工序的顺利进行。

浸润剂有如下几类。

1. 纺织型浸润剂

纺织型浸润剂主要满足纺织加工需要。我国使用的纺织型浸润剂主要是石蜡型浸润剂，其主要组分是石蜡、凡士林、矿物油、硬脂酸、固色剂、表面活性剂等。淀粉型浸润剂的主要组分是淀粉、动植物油、阳离子胺类化合物、水溶性树脂等，国际上广泛使用的是淀粉-油浸润剂。对于纺织型浸润剂，特别是石蜡型浸润剂，它会阻碍玻璃纤维与胶黏剂的黏结，故在制备玻璃纤维复合材料时，应先将浸润剂除掉，即进行脱蜡处理。

2. 增强型浸润剂

增强型浸润剂是专门为生产增强用玻璃纤维而研发的，主要目的是改善树脂对纤维的浸润性，提高树脂与纤维的黏结力。成膜剂是增强型浸润剂的主要组分，其大体可分为聚酯、环氧、聚乙酸乙烯酯、聚氨酯、聚丙烯酸酯等 5 个系列的乳液或溶液，还包括偶联剂、润滑剂、润湿剂、抗静电剂等组分。

3.化学处理剂

在制备玻璃纤维过程中,直接采用玻璃纤维的化学处理剂(偶联剂)作为浸润剂,这就是玻璃纤维的前处理法,常用于高性能无捻玻璃纤维纱等制品。

4.2.1.5　玻璃纤维的结构

玻璃是无色透明的脆性固体,它是熔融物过冷时因黏度增加而具有固体物理机械性能的无定形物体,是各向同性的均质材料。虽然玻璃纤维和块状玻璃的外表截然不同,但玻璃纤维的拉伸强度比块状玻璃高出好多倍,大量研究证明,玻璃纤维的结构仍与玻璃相同。

玻璃纤维的结构一直是一个饱受争议的问题。根据拉制玻璃纤维时的温度参数分析,对于 E-玻璃纤维来说,坩埚温度为 1 300～1 400℃,拉丝温度为 1 190℃左右,而玻璃的结晶上限温度 T_c 为 1 135～1 140℃,玻璃化转变温度 T_g 为 600℃左右,由此可见,拉丝温度比结晶上限温度高 50～55℃。若以拉丝过程玻璃的理想体积(或比体积)V-温度 T 曲线(见图 4-3)来描绘玻璃纤维的制备过程,处于 A 点的玻璃液,从漏丝孔拉出形成纤维时,如果冷却速度很慢,V-T曲线为 AabE,生产出结晶玻璃,结晶时 T 处于 T_c 不变。如果冷却速度较快,以 1℃/min 的降温速度冷却,在 V-T 曲线上,玻璃体积将按 ABCD 折线变化。实际上,玻璃液从漏丝孔拉制成纤维时,由于拉制速度极快,纤维极细(6～8 μm),所以从拉丝温度 1 190℃冷却至玻璃化转变温度 600℃时,几乎只经过 10～5 s,在 V-T 曲线上,玻璃体积以 ABD' 折线发生变化。实验结果表明,块状 E-玻璃的密度为 2.58 g/cm³,而玻璃纤维的密度为 2.52 g/cm³,近似于拉丝温度下玻璃液密度。因为冷却速度上升→玻璃化转变温度 T_g 上升→自由体积 V 增大→密度 ρ 减小,所以拉制出的玻璃纤维处于不稳定状态,再次受热会发生收缩,其结构也应与普通玻璃的结构相同,为无定形的离子结构。

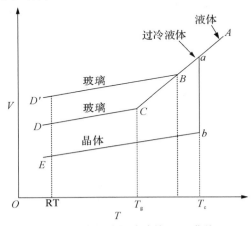

图 4-3 拉丝过程玻璃的 V-T 曲线

4.2.1.6　玻璃纤维的性能

1.力学性能

玻璃纤维的力学性能优良,特别是其拉伸强度很高,玻璃有 4～10 MPa,而无碱玻璃纤维

可达 2 000～3 000 MPa,后者比前者高出 200～750 倍。玻璃纤维也具有弹性,延伸率为 3%
左右,弹性模量为 80 GPa 左右,比有机纤维高得多,但比一般金属低。

玻璃纤维的强度和玻璃纤维的直径有关,玻璃纤维的直径越小,拉伸强度越高。这是由于
块状玻璃比玻璃纤维本身大,其内部和表面存在较大缺陷的概率增大,而材料破坏就是由最危
险或尺寸最大的裂纹导致的,所以块状玻璃比玻璃纤维的强度低得多。玻璃拉制成极细的纤
维后缺陷减少,所以其拉伸强度比块状玻璃的拉伸强度高出许多倍。

玻璃纤维的弹性模量随组分的变化而改变,如含 BeO 的玻璃纤维具有高模量的特点,比
无碱玻璃纤维模量提高 60%。表 4-2 列出了化学组成对玻璃纤维拉伸强度的影响。

表 4-2　化学组成对玻璃纤维拉伸强度的影响

纤维名称	化学组成/%								拉伸强度/MPa
	SiO_2	Al_2O_3	BaO	B_2O_3	MgO	K_2O	Na_2O	PbO	
铝硅酸盐玻璃纤维	57.6	25	7.4		8.4	2.0	—	—	4 000
铝硼硅酸盐玻璃纤维	54.0	14.0	16.0	10.0	4.0		2.0	—	3 500
钠钙硅酸盐玻璃纤维	71.0	3.0	8.5	2.5			15.0	—	2 700
含铅玻璃纤维	64.2	0.3				12.0	2.0	21.5	1 700

(2)热性能。玻璃纤维的热导率低,20～200℃时为 0.86 kcal[①]/(m·h·℃),而铝合金为
108～144 kcal/(m·h·℃),故具有良好的绝热性能。

玻璃纤维的热膨胀系数较低,20～200℃时为 $4.8×10^{-6}℃^{-1}$;300℃时为 $4.9×10^{-6}℃^{-1}$;
400℃时为 $4.52×10^{-6}℃^{-1}$,比热容为 0.19 cal/(g·℃)。

玻璃纤维的耐热性能非常好,其软化点为 550～850℃,玻璃纤维的耐热性依赖于它的化
学组成,一般有碱玻璃纤维加热到 470℃之前,强度变化不大,而石英玻璃纤维和高硅氧玻璃
纤维的耐热温度很高,可达 1 000℃以上。玻璃纤维的强度和热有关,如果玻璃纤维被加热
到 250℃以上再冷却,则强度将明显下降,且温度越高,强度下降得越多。

(3)电性能。玻璃纤维的电性能与其组分,尤其是含碱量有关。碱金属离子因其在玻璃结
构中结合不牢固而成为具有很大迁移性的良好载流体,因此玻璃的导电性主要取决于碱金属
离子的导电性,玻璃的含碱量越高,电阻率越低。此外,玻璃的电阻率还与湿度和温度有关,湿
度越大,电阻率越低;温度越高,碱金属离子活动性越强,电阻率越低。在玻璃纤维中加入大量
的氧化物,如氧化铁、氧化铅、氧化铜,会使纤维具有半导体的性能。玻璃纤维的介电常数和介
电损耗在 100 Hz、10^{10} Hz 下分别为 6.43、0.004 2 和 6.11、0.006,因此玻璃纤维的绝缘性能
是不错的。

玻璃纤维的介电系数较小,介质损耗很低,具有良好的高频介电性能。玻璃钢可用作雷达
罩和微波天线的天线罩。玻璃纤维的高频介电性能与组分的关系见表 4-3。

①　1 kcal=1 000 cal=4.187 kJ。

表 4 - 3　玻璃纤维的高频介电性能

纤维或树脂类型	介电常数 ε		介电损耗 tanδ	
	1 MHz	9.375 GHz	1 MHz	9.375 GHz
E-玻璃纤维	5.80	6.13	0.001	0.003 9
S-玻璃纤维	4.35	5.21	0.002	0.006 8
D-玻璃纤维	3.56	4.00	0.000 5	0.002 6
高硅氧纤维	—	3.78	—	0.000 2
307 聚酯	3.4～3.6	—	0.015～0.016	—

4.2.1.7　玻璃纤维制品

1.玻璃纱

玻璃纱可用于制备无纬布、无纬带和短切纱,也可制成缠绕成型、拉挤成型、喷射成型的增强纱。玻璃纱常分为有捻纱和无捻纱,根据合股数的不同又有粗纱和细纱之分,一般为无捻粗纱、有捻细纱。无捻纱中纤维平行排列,较松散,对树脂的浸润性好,但易断头、起毛,不易编织。有捻纱特性相反,用于织布的多为有捻纱。

2.加捻玻璃布

大多数玻璃钢制品都由用玻璃布制成。布是由经、纬纱编织而成的。按编织方法不同,可分平纹布、斜纹布及缎纹布,如图 4 - 4 所示。

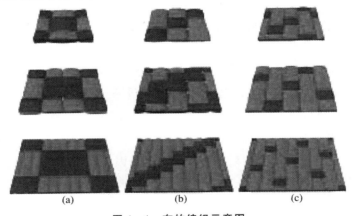

图 4 - 4　布的编织示意图
(a)平纹布;(b)斜纹布;(c)缎纹布

(1)平纹布是指经纱和纬纱相互间都是从一根纱下面穿过后压在另一根纱的上面,如此交替编织而成的织物。平纹布结构稳定、布面密实,但变形性差,适合于制造形状较简单的零件。在各种织物中,平纹结构的织物强度较低。

(2)斜纹布是指经、纬纱以三上一下的方式交织所形成的织物。这种布纤维强度损失较少,布较柔软,具有一定的变形性,强度高于平纹布,适合于手糊成型。

（3）缎纹布是指纬纱以几上一下的方式交织形成的织物,布面几乎只见经纱或纬纱。这种布纤维弯曲最小,适用于制造形状复杂的制件。

3. 玻璃毡

玻璃毡分为短切原丝毡、连续原丝毡、缝合毡、表面毡。

（1）短切原丝毡:将玻璃纤维原丝或无捻粗纱切割成 50 mm 长,再将其均匀地铺设在网带上,由乳液黏合剂或粉末黏合剂加热固化后黏结成的短切原丝毡。

（2）连续原丝毡:将玻璃原丝呈 8 字形铺设在连续移动网带上,经聚酯粉末黏结剂黏合而成单丝直径为 $11 \sim 20\ \mu m$,原丝集束根数为 50 根或 100 根,面密度 ρ_f 为 $150 \sim 650\ g/m^2$ 的连续原丝毡。连续原丝毡可用于拉挤成型、RTM 成型、或 GMT（玻璃毡增强塑料）的制造。

（3）缝合毡:指将短切纤维或连续纤维用缝编机缝合,以代替黏合剂黏结的短切或连续纤维毡。其优点是不含黏结剂,树脂的浸透性好,价格较低。

（4）表面毡:表面毡由于毡薄、玻璃纤维直径小,可形成富树脂层,树脂含量可达 90%,因此使复合材料具有较好的耐化学性能,并遮盖了由方格布等增强材料引起的布纹,起到了较好的表面修饰成果。

4.2.2　碳纤维

玻璃纤维的模量低,耐热性不理想,难以满足航空、航天工业受力结构的应用需求,在此基础上,碳纤维应运而生。碳纤维具有高强度、高模量、低密度的特点,自 20 世纪 60 年代以来,在航空、航天领域大量使用。碳纤维的发明可追溯到 1860 年,英国人瑟夫·斯旺将细长的绳状纸片碳化制取碳丝,用作电灯的灯丝。1880 年,爱迪生成功研制出白炽碳丝灯泡,他将油烟和焦油的混合物做成丝,并碳化制成灯丝。1950 年后,美国为了研发大型的火箭、人造卫星以及全面提升飞机性能,急需新型结构材料及耐烧蚀材料,碳纤维由此出现在新材料的舞台上,并逐步形成了聚丙烯腈（PAN）基碳纤维和沥青基碳纤维两大材料体系。

4.2.2.1　碳纤维的分类

当前,碳纤维的发展很快,国内外生产的碳纤维的种类也很多。一般可根据原丝的类型、碳纤维的性能和用途进行分类。

（1）按先驱体纤维原丝类型可分为:①聚丙烯腈（PAN）基碳纤维;②沥青基碳纤维;③黏胶基碳纤维;④气相生长碳纤维。

（2）按碳纤维的制造条件和方法可分为:①碳纤维,碳化温度为 $1\ 200 \sim 1\ 500\ ℃$,碳含量在 95% 以上;②石墨纤维,石墨化温度为 $2\ 000\ ℃$ 以上,碳含量在 99% 以上;③活性碳纤维,碳纤维在 $600 \sim 1\ 200\ ℃$ 下,用水蒸气、CO_2、空气等活化得到;④气相生长碳纤维,惰性气氛中将小分子有机物在高温下沉积成纤维-晶须或短纤维。

（3）按纤维力学性能可分为通用级碳纤维（GP）（拉伸强度 $<1.4\ GPa$,拉伸模量 $<140\ GPa$）和高性能碳纤维（HP）。

（4）按碳纤维的功能可分为:①受力结构用碳纤维;②耐焰用碳纤维;③导电用碳纤维;④润滑用碳纤维;⑤耐腐蚀用碳纤维;⑥活性碳纤维（吸附活性）;⑦耐磨用碳纤维。

（5）按碳纤维的应用领域可分为商品级碳纤维和宇航级碳纤维。

4.2.2.2 PAN 基碳纤维制备

利用聚丙烯(PAN)纤维制造碳纤维的方法由日本大阪工业实验所的进腾昭男于1959年发明,但使用该技术并未制造出高性能的 PAN 基碳纤维。1963年,英国航空研究所的瓦特等人在预氧化的过程中施加张力,抑制原丝在热处理过程中的收缩,奠定了现在生产 PAN 纤维的工艺基础。1967年,日本东丽公司研制成功了聚丙烯腈共聚单体,它可加速预氧化,缩短碳化周期和提高碳纤维的拉伸强度。经过多年的改进和提高,目前 T300 的拉伸强度已经稳定在3.53 GPa,是全世界公认的通用级品牌,这种制造方法也是目前产量最高、品种最多、发展最快、技术最成熟的制造方法。

PAN 法生产碳纤维的流程如图4-5所示,用聚丙烯腈纤维制备碳纤维的制造工序大体分四步:预氧化、碳化、石墨化和表面处理。

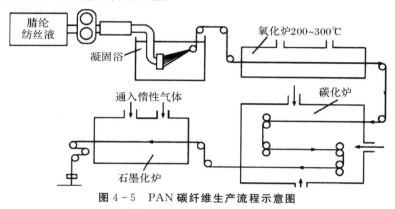

图4-5 PAN 碳纤维生产流程示意图

1. PAN 原丝的预氧化处理

PAN 纤维是线型高分子结构,它的耐热性较差,在高温下会裂解,不能经受高温碳化过程得到碳纤维。预氧化的主要目的是使热塑性 PAN 线型大分子链发生交联、环化、氧化、脱氢等化学反应,转化为非塑性耐热梯形结构,使其在碳化高温下不熔不燃,保持纤维形态,热力学处于稳定状态,最后转化为具有乱层石墨结构的碳纤维。

影响预氧化的因素有温度、处理时间、气氛介质及牵引力等,但预氧化程度主要由处理温度和处理时间两个参数决定。因此,可以通过热处理温度和时间的调整来找出最佳的预氧化条件。同一纤维在不同程度下用最佳预氧化程度制得的碳纤维,其强度并不完全一样。早期为了避免纤维的剧烈放热以及丝束中单丝的热积累而导致的局部过热、纤维间的相互融结,一般都是因为在较低温度下预氧化时间较长。后来,在纤维热稳定性不断提高的情况下,预氧化的温度逐渐提高,而预氧化时间大大减少。

热定型后的聚丙烯腈纤维在温度高于玻璃化转变温度后其纤维长轴方向上会发生收缩。预氧化过程前期为物理收缩,表现为取向度急剧下降,后期是化学收缩,其特征是纤维出现空洞。无论是物理收缩还是化学收缩,都会使纤维力学性能显著削弱。预氧化阶段施加张力的目的是使纤维中形成梯形结构取向。通过施加张力抑制收缩可以获得稳定的环化结构,提高梯形结构的取向度,最终使纤维的拉伸强度和弹性模量显著提高。

　　预氧化过程中纤维横断面上会出现皮芯结构,即外皮结构硬实、芯子结构柔软,外皮的稳定化程度较高而内芯的稳定化程度较低,因此碳纤维的强度与模量主要取决于外皮的体积。如果芯子体积较大,则在碳化过程中会形成中空或产生许多空洞。一般认为,表皮梯形结构达到 85% 以上才算预氧化已完成。

2. 预氧丝的碳化处理

　　碳化是预氧化纤维在高纯度的惰性气体保护和一定张力下、在 300~1 600℃ 的温度下进行的热解反应。通过该过程将结构中不稳定部分与非碳原子(如 N、H、O 等原子)裂解出去。惰性气体既有防止氧化的作用,又充当排除裂变产物和传递能量的介质。碳化过程中纤维进一步发生交联、环化、缩聚、芳构化等化学反应,最后得到碳含量达 92% 以上的碳纤维,结构向石墨晶体转化。

　　碳化的全过程可分为低温碳化和高温碳化两个阶段,前者的温度一般为 300~1 000℃,后者为 1 100~1 600℃,但标志性碳化温度在 700℃ 左右。

3. 碳纤维的石墨化处理

　　在碳化过程中获得的碳纤维属于乱层石墨结构,石墨层片沿纤维轴的取向也较低,导致其弹性模量不高。为获得高模量纤维,必须在碳化的基础上对它进行 2 000~3 000℃ 的高温处理,将取向较低的石墨化材料转化为三维石墨结构,这就是石墨化。碳材料分为难石墨化类和易石墨化类,PAN 介于两者之间。

　　石墨化温度对碳纤维的弹性模量、断裂伸长率、拉伸强度有重要影响。石墨化温度越高,碳纤维模量越大,但温度越高对设备材料的要求越苛刻,工业石墨化炉的炉温一般在 2 000℃ 以上。为了降低石墨化温度,可以通过催化剂催化,所用的催化剂可以是金属、金属化合物或者非金属及其化合物。用硼作催化剂,产品的弹性模量相同时可使石墨化温度降低 250~300℃。石墨化温度升高、拉伸强度降低、强度降低主要是由于在高温条件下进行石墨化处理时,碳纤维可能因表面的碳蒸发而产生不均匀缺陷。另外,由于碳纤维是皮芯结构,随着石墨化程度的增加,结构中原来的空隙尺寸增大,致使强度下降。由于聚丙烯腈纤维在碳化后结构已比较规整,故石墨化时间一般只需几十秒或几分钟。

4. 上浆与表面处理

　　碳纤维表面活性低,必须进行表面处理(氧化、上浆)以增加纤维表面活性,从而提高复合材料性能。上浆是制备碳纤维的最后一道工序,其功能是保护碳纤维,防止损伤与起毛,作为碳纤维与树脂的偶联剂。

4.2.2.3　沥青基碳纤维制备

　　沥青基碳纤维是一种以石油沥青或煤沥青为原料,经沥青的精制、纺丝、预氧化、碳化或石墨化而制得的碳含量大于 92% 的特种纤维。

　　沥青基碳纤维主要有两种类型:一是力学性能较低的通用级碳纤维,也称为各向同性沥青碳纤维;二是力学性能较高的中间相沥青碳纤维。两者结构与性能的差别主要取决于沥青原料的组成。因此沥青原料的调制是控制所得碳纤维性能的关键。

1.通用级碳纤维的制备

通用级碳纤维制备包含沥青调制、纺丝、稳定化处理、碳化处理、石墨化处理工序。

(1)沥青调制:调制方法包括溶剂萃取、加氢、吹气处理、添加适宜的化合物等工序。通过调制,沥青的化学组成和相对分子质量大小与分布能够满足制备碳纤维的要求,并使沥青具有一定的流动性。

(2)纺丝:纺丝温度一般比沥青的软化点高50~150℃,使沥青由玻璃态转变为黏流态,在黏流态下纺丝成型。纺丝方法有离心纺丝法、调控黏度的熔融纺丝法、具有凸柱体的喷丝板纺丝法和涡流纺丝。离心纺丝法主要制备短纤维。调控黏度的熔融纺丝法,其特点沥青黏度可调节。具有凸柱体的喷丝板纺丝法可以稳定,连续纺丝。涡流纺丝法可以纺制细直径沥青纤维。

(3)稳定化处理:沥青纤维在碳化之前必须经过不熔化处理,如果不经过不熔化处理直接碳化将会软化熔融,无法保持纤维形状,可以采用气相氧化和液相氧化进行不熔化处理。

(4)碳化处理:稳定化处理后的沥青纤维于惰性气体保护下在1 000~1 500℃进行碳化处理,去除H、N等非碳元素,结构转变成多晶石墨层片结构。

(5)石墨化处理:石墨化处理是采用超高温度加热或者高能量物质对其辐射,使碳纤维内部乱层石墨片层结构形成规整的三维石墨晶体结构,是制备高质量或高强度碳纤维的必要工艺。

2.中间相沥青碳纤维的制备

中间相沥青基碳纤维的制备过程包括调制可纺中间相沥青、沥青纺丝、氧化不熔化、碳化及石墨化等四大步骤,其中关键步骤是中间相沥青的精制调制和熔融纺丝过程。

(1)中间相沥青的调制:中间相沥青作为中间相沥青基碳纤维的前驱体,其精制工艺与各向同性沥青的相比更加复杂而且成本更高,但是由中间相沥青制备的碳纤维的性能超越通用级碳纤维很多,所以其对前驱体中间相沥青的要求也更高。中间相沥青的调制过程如图4-6所示。

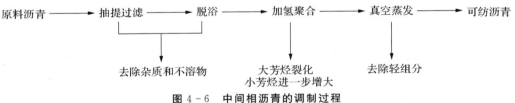

图4-6 中间相沥青的调制过程

(2)熔融纺丝:在熔融纺丝阶段,中间相大分子形成高度的定向结构,这样在后续的碳化和石墨化过程中微晶取向排列更好,因此决定了中间相沥青碳纤维具有更好的力学性能和更高的模量等。

(3)氧化不熔化:氧化不熔化过程的实质是通过氧化缩合反应将沥青分子固定在构成纤维的大分子网上,通过含氧基团这些大分子继续相互连接,最终形成不熔化的稳定结构。

(4)碳化:为了提高预氧化后沥青纤维的最终力学性能,需要进一步在惰性气氛中进行碳化处理。碳化的实质是沥青分子间发生一系列的脱氢、脱甲烷、脱水、缩聚和交联反应,这些反应过程使得中间相沥青纤维中的碳含量急剧上升,最终增加了单丝的模量和拉伸强度。

(5)石墨化:石墨化处理的目的主要是使中间相沥青基碳纤维在高温下形成,并不断完善类石墨片层结构。

4.2.2.4　碳纤维的结构和性能

1.碳纤维的结构

碳纤维具有较高的强度和模量与它的结构是分不开的。碳纤维的结构与石墨晶体类似。

石墨层片 $\longrightarrow$ 石墨微晶　$\longrightarrow$ 石墨原纤　$\longrightarrow$ 碳纤维
（乱层结构）　　　　（条带结构）

碳纤维的结构属于乱层石墨结构,如图 4-7 所示。

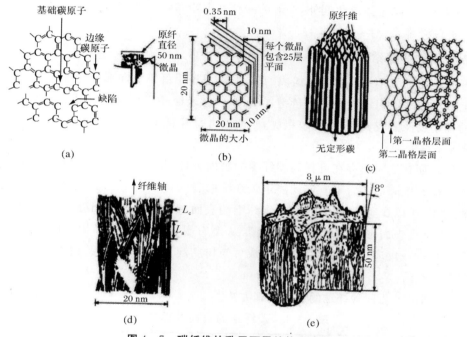

图 4-7　碳纤维的乱层石墨结构示意图

(a)石墨层片的缺陷及边缘碳原子;(b)石墨微晶;(c)原纤;(d)带状结构;(e)立体结构

一根直径为 $6\sim8~\mu m$ 的碳纤维由原纤组成。原纤是宽度约为 20 nm、长为几百纳米的细长条带结构,它是碳纤维的三级结构单元,能被高倍率电镜观测到。原纤由许多碳纤维的二级结构单元石墨微晶组成。石墨微晶是由数张到数十张石墨层片层与层平行叠合在一起组成的。石墨微晶不是三维有序的点阵结构,而是二维有序的乱层结构,层片之间的距离较理想晶体大。石墨层片是碳纤维的一级结构单元,是最基本的结构单元,

对于一根碳纤维(单丝)来说,其本身为皮芯结构。表层微晶尺寸大,原纤排列较整齐有序,定向程度高,取向角小。由皮层到内芯,微晶减小,原纤排列越紊乱、越稀疏,结构不均匀性越显著。

2.碳纤维的性能

(1)力学性能:碳纤维密度小,通常为 $1.5\sim2.0~\mathrm{g/cm^3}$,强度高,模量大,所以比强度和比模量高。碳纤维的模量随碳化过程处理温度的提高而提高,这是因为随碳化温度升高,结晶区

长大。碳六元环规整排列区域扩大,结晶取向度提高。碳纤维的强度随处理温度升高呈现先升高后下降趋势,这是因为超过一定温度(1 700℃)后,温度升高导致纤维内部缺陷增多、增大。

(2)热性能:碳纤维在400℃以下性能非常稳定,甚至在1 000℃时仍无太大变化。碳纤维的导热性能好,但呈现出明显的方向性,沿纤维轴向的热导率远大于垂直于纤维轴方向的热导率。碳纤维的热膨胀系数具有负的温度效应,即随温度的升高,碳纤维有收缩的趋势。

(3)氧化性:当温度高于200℃时,碳纤维在空气中开始被氧化,温度升高至400℃以上时,会出现明显的氧化,氧化物会以CO、CO_2的形式从表面散失。

(4)耐腐蚀性:除了强氧化剂外,一般的酸碱并不能和碳纤维发生反应,因此碳纤维的耐腐蚀性优于玻璃纤维。

3.碳纤维的表面结构与性能

碳纤维是由许多小纤维状晶体组成的多晶体,晶区沿纤维轴向形成连续或半连续晶束,在碳平面上,C—C之间以非极性的共价键连接,碳纤维表面还存在少量空洞和微裂纹。PAN基碳纤维的细条纹深度较大,表面比较粗糙,横截面常呈非圆形。沥青基碳纤维表面比较光滑,截面呈圆形。

碳纤维表面官能团的存在可提高碳纤维的表面极性,从而改善对复合材料基体的润湿性和黏结性。碳纤维表面的含氧官能团决定碳纤维的表面化学行为,但碳纤维表面的官能团活性表面积很小,所以在实际使用中,会对碳纤维的表面进行处理。表面处理的目的:①清除表面杂质,在碳纤维表面形成微孔和刻蚀沟槽,从类石墨层面改性成碳状结构以增加表面能;②引进具有极性或反应性的官能团以及形成可与树脂起作用的中间层,改善碳纤维和基体之间的黏结作用。

表4-4列出了几种碳纤维的表面处理方法。

表4-4 碳纤维的表面处理方法

表面处理方法		特点
高温热处理法		主要提高碳纤维模量
化学氧化法	干法(臭氧、二氧化碳)	操作方便,能连续生产;反应不易控制
	湿法(各种氧化性介质)	反应易于控制;操作烦琐,对环境污染严重
等离子蚀刻		对纤维损伤小,效果良好
表面化学涂覆		提高层间剪切强度,改善复合材料加工工艺性

4.2.2.5 碳纤维的发展与未来

随着科学技术的进步和碳纤维制造技术的不断提高,碳纤维性能不断提高,新品种不断问世,主要表现为商用大丝束碳纤维的广泛使用。

(1)产品性能不断提高,价格越来越低。高性能、廉价的碳纤维成为世界上碳纤维生产公司追求的目标。以日本东丽公司T300为例,T300在20世纪70年代初的拉伸强度为2 450 MPa;到80年代初,拉伸强度提高到2 940~3 140 MPa;在80年代中期拉伸强度为3 300~3 430 MPa;

从 1988 年起,拉伸强度稳定在 3 530 MPa 左右。像东丽公司 T300 这样的标准模量级的高强碳纤维占世界高性能碳纤维总量的 90%。另外,为了降低成本,东丽公司也在大力开发 18 K 和 24 K 的准大丝束碳纤维,大丝束碳纤维的价格要比小丝束碳纤维的价格低 30%~40%,而性能与小丝束相当。近年来,大丝束碳纤维由于在价格上的优势而得到了较大的发展。

(2)研究、开发不同热膨胀系数的碳纤维。碳纤维的高温抗氧化性能差和韧性较差,所以很少单独使用,而主要用作各种复合材料的增强材料。与碳纤维进行复合的树脂基体的种类多,其热膨胀系数变化较大,为了满足不同复合材料制备的需要,制备不同热膨胀系数的碳纤维是碳纤维研究和生产的一个重要方向。

4.2.3　硼纤维

1956 年,美国 TEI 最早制成硼纤维样品,1963 年,TEI 制成可用于复合材料的硼纤维。当时硼纤维主要用于制造树脂基复合材料和金属基复合材料,因其在航空和宇航技术中成功应用而辉煌一时。碳纤维出现后,因为碳纤维的制造工艺比硼纤维简单、成本低,性能和硼纤维相当,所以硼纤维逐渐被碳纤维取代。如今,硼纤维仍保留一定的生产量,因为硼纤维的模量及纵向压缩性能优于碳纤维。

硼是一种脆性材料,熔点在 2 000℃ 以上,脆而硬,很难直接制成纤维状。一般通过在超细的芯材上化学气相沉积硼来获得表层为硼、芯材异质的复合纤维,芯材通常选用钨丝或碳丝,也可用涂碳或者涂钨的石英纤维。

4.2.3.1　硼纤维的制备

硼纤维制备是将硼蒸气沉积到其他纤维上,硼纤维的制法按照硼蒸气的来源分为卤化法和有机金属法两种。

1. 卤化法

将 BCl_3 和 H_2 加热到 1 000℃ 以上,把硼(B)还原到钨(W)丝或碳纤维上制得连续单丝。芯材的直径一般为 3.5~50 μm。该工艺方法成熟,制得的 BF 性能好,但成本也高(因为钨丝价格贵,沉积温度高)。

(1)卤化法制备钨芯硼纤维工艺过程如下:

钨丝 ——→ 清洗室 ——→ 第一沉积室 ——→ 第二沉积室 ——→ 涂覆室 ——→ 硼纤维
(NaOH溶液)　H_2、1 200℃　BCl_3+H_2　　　BCl_3+H_2　　BCl_3、H_2、CH_4
　　　　　　　　　　　　1 120~1 200℃　　1 200~1 300℃

先将用作芯材的钨丝在 NaOH 中用电化学方法进行表面清洗及减小直径处理,控制钨丝直径在 12.5 μm,然后进入清洗室清除表面存在的氧化物等,然后进入 H_2 和 BCl_3 等量混合的第一沉积室中,使氢和三氯化硼混合物发生如下反应:

$$2BCl_3 + 3H_2 \longrightarrow 2B + 6HCl$$

反应产物硼沉积到钨丝上并向钨丝内部扩散,与钨发生反应形成硼化钨,在此阶段仅有少量硼沉积。然后将钨丝放入第二沉积室,温度升高,硼的沉积速度加快,最后制得硼纤维。为避免硼纤维增强金属时发生不良的界面反应,通常在纤维表面覆以 3 μm 的 B_4C 涂层。反应式如下:

$$4BCl + 4H_2 + CH_4 \longrightarrow B_4C + 12HCl$$

但实际上只有 2% 的 BCl_3 沉积在钨丝上，未反应的 BCl_3 要在 80℃ 冷凝下才能回收，可见生产成本是相当高的。此外，气相沉积速率不能太快，否则会在钨丝上形成晶状斑点，成为硼纤维的薄弱点，使拉伸强度低于 1 379 MPa。同样，速率太慢也会使拉伸强度降低。影响沉积速率的因素有反应物的速率、流量、副产物氯化氢的浓度及被涂物的温度。

(2)卤化法制备碳芯硼纤维工艺过程如下：

碳纤维 $\longrightarrow$ 裂解石墨室 $\longrightarrow$ 沉积室 $\longrightarrow$ 涂覆室 $\longrightarrow$ 硼纤维

H_2+CH_4、1 200℃　　BCl_3+H_2、1 350℃　　保护层

制造硼-碳芯纤维是将清洗室改为裂解石墨室，将直径为 33 μm 的煤沥青碳纤维通过裂解石墨室，在其上涂一层裂解石墨，然后碳纤维进入硼沉积室在表面沉积硼。由图 4-8 可见，制备碳芯硼纤维时，反应室温度高于制备钨丝硼纤维，沉积速率提高 40%，因此碳芯硼纤维成本降低。

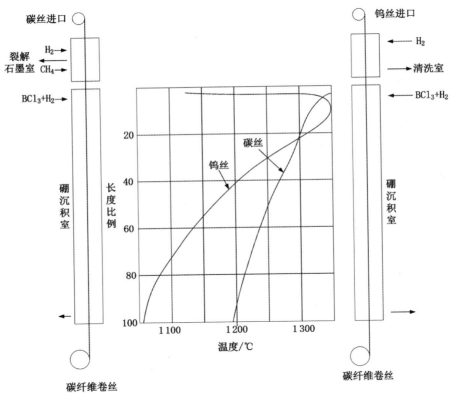

图 4-8　硼沉积流程图与反应室温度分布

2.有机金属法

有机金属法是将硼的有机金属化合物[如三乙基硼或硼烷系的化合物（B_2H_6 或 B_5H_{12}）]进行高温分解，使硼沉积到底丝上。因沉积温度低于 600℃，可采用 Al 丝作底丝，所以硼纤维成本大大降低，使用温度和性能也降低。

3.硼纤维的结构和形态

硼纤维是将硼蒸气沉积到钨丝或其他纤维上形成的一种复合纤维；其中心是钨丝，直径为 12～25 μm；钨丝外是 B-W 区，元素 B 向 W 表面扩散，反应形成 WB、W_2B_5、WB_4 等；外表是无

定形 B。钨芯硼纤维表面具有类似玉米棒的结构,表面很粗糙,呈瘤状形态,故与树脂具有较好的结合强度。硼纤维和其他纤维一样,在化学气相沉积(CVD)过程中都会产生内部残余应力,这些应力保留在硼的瘤状体内,是由沉积的硼和其中的钨丝芯具有不同的热膨胀系数引起的。

4. 硼纤维的性能

由于硼纤维中的复合组分、复杂的残余应力以及一些空隙或结构不连续的缺陷等,实际硼纤维的强度与理论值有一定的距离。碳芯硼纤维的密度为 $2.22\ \text{g/cm}^3$,而钨芯硼纤维的密度为 $2.59\ \text{g/cm}^3$。通常硼纤维的平均拉伸强度是 $3\sim4\ \text{GPa}$,弹性模量在 $380\sim400\ \text{GPa}$。商品化的硼纤维都有比较大的直径,一般在 $142\ \mu\text{m}$ 以上。

硼纤维在空气中低于 $200\,℃$ 时老化 $1\,000\ \text{h}$ 性能不变化;$330\,℃/1\,000\text{h}$ 老化后强度下降 70%;$650\,℃$ 下,几乎无强度。用硼纤维增强金属时,为避免在高温下产生不良的界面反应导致纤维性能劣化,需在纤维表面涂上保护层,通常以碳化硅或碳化硼为涂层。

4.3　人工合成有机纤维

玻璃纤维的弹性模量低,碳纤维的断裂伸长率小,所以需要一种韧性好、强度和模量都较高的纤维。有机纤维虽然韧性好,但强度和模量较低。后来发现芳香族聚酰胺纤维(芳纶)不仅模量高、强度高,而且韧性好、耐热性好,最具代表性的是杜邦公司生产的 Kevlar 纤维。芳纶纤维的问世,一方面满足了航空航天领域对耐热、高强、高模高分子材料的需要,另一方面开辟了高性能有机纤维的新领域。

以下几种纤维是性能优异且已商业化的高性能有机纤维:

刚性分子链有机纤维:①芳香族聚酰胺纤维(芳纶);②聚芳酯纤维;③聚对亚苯基苯并双噁唑(PBO,简称聚苯并噁唑)纤维。

柔性分子链有机纤维:①聚乙烯(UHMWPE)纤维;②聚乙烯醇纤维。

4.3.1　芳纶

芳纶分为间位芳香族聚酰胺纤维和对位芳香族聚酰胺纤维两种。对位芳香族聚酰胺纤维具有比间位芳香族聚酰胺纤维更高的强度和模量,杜邦公司生产的 Kevlar 纤维即属于对位芳香族聚酰胺纤维。三种类型的芳纶纤维化学结构如下:

聚间苯二甲酰间苯二胺[poly(zw-phenylene isophthalamide)]的结构为

聚对苯甲酰胺的结构为

聚对苯二甲酰对苯二胺的结构为

4.3.1.1 芳纶的制备

下面将以聚对苯二甲酰对苯二胺(PPTA,对位芳纶)的制备过程为例进行叙述。

对位芳纶的制备分为两步:缩聚和纺丝。

1.缩聚

缩聚就是使单体芳香族二胺和芳香族二酰氯发生聚合反应。常用的缩聚方法有界面缩聚、间歇缩聚、低温溶液缩聚。化学反应式如下:

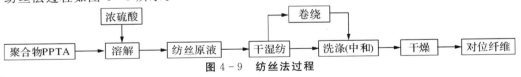

界面缩聚是将聚合的两种单体分别溶解在两个不相混溶的溶剂中,单体通过扩散在两相的界面发生聚合反应,反应发生在界面层里,因此界面的产生更新及单体的扩散速率等条件对聚合起了重要作用,对聚合物的相对分子质量影响很大。间歇缩聚是把聚合物的单体溶液放入反应器内,在氮气保护下进行缩聚,获得聚合物。这种方法采用间歇式工艺,设备利用率低,限制了其大规模生产。低温溶液缩聚法是将单体二酰氯和二胺在非质子极性溶剂中进行缩聚反应,反应条件温和,室温下即可进行,副反应发生较少,可以得到高相对分子质量的聚合物。

2.纺丝

纺丝法过程如图4-9所示。

```
                        ┌──────┐      ┌────┐
                        │浓硫酸│      │卷绕│
                        └──┬───┘      └─┬──┘
                           │           ↑ │
┌────────┐   ┌────┐   ┌────────┐   ┌────┐   ┌──────────┐   ┌────┐   ┌────────┐
│聚合物PPTA│→│溶解│→│纺丝原液│→│干湿纺│→│洗涤(中和)│→│干燥│→│对位纤维│
└────────┘   └────┘   └────────┘   └────┘   └──────────┘   └────┘   └────────┘
```

图4-9 纺丝法过程

纺丝原液制备:PPTA是刚性链高分子,不溶于大多数的有机溶剂,只有在少数强酸性溶剂中才能溶解成适宜纺丝的浓溶液。在工业生产中,PPTA的纺丝成型常以浓硫酸为溶剂,因为硫酸酸性强,溶解性能适中,比较经济。一般使用$99\%\sim100\%$的浓硫酸作为PPTA的纺丝溶液。

一般地,聚合物的相对分子质量越大,纺丝原液的浓度越高,黏度越低,越有利于纺丝加工成型。纺丝原液在温度低于80℃时呈固态。溶液纺丝要求凝固浴的温度低一些$(0\sim5℃)$,这样有利于大分子的取向状态的保留和凝固期纤维内部孔洞的减少。由于纺丝原液温度较高,喷丝头不能浸入凝固浴中,因此形成了干喷湿纺工艺。干喷湿纺工艺装置如图4-10所示。

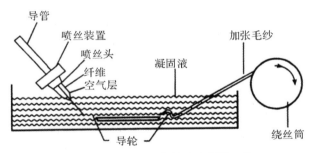

图4-10 PPTA液晶干喷湿纺工艺

纺丝原液经导管由喷丝头喷出,喷出的原液细流在空气层中进行进一步伸长取向,降温,然后进入凝固液中冷冻凝固成型,最后经绕丝筒卷绕成型。

4.3.1.2　芳纶的结构

芳纶纤维的结构和普通聚酰胺纤维有很大的区别。芳纶纤维大分子链刚性规整,呈棒状,液晶状态下纺丝的流动取向结果,使大分子沿着纤维的取向度和结晶度相当高,而与纤维垂直方向只存在分子间酰胺基团的氢键和范德华力。这个凝聚力是很弱的,因此大分子容易沿着纤维纵向开裂产生微纤化。图 4-11 所示为芳纶分子的平面排列图。

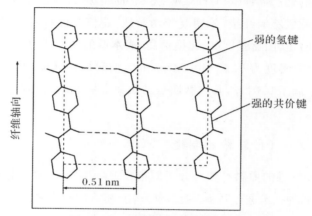

图 4-11　纤维分子的平面排列图

对于芳纶纤维的结构,有几种不同的理论模型,比较符合芳纶纤维结构模型的是 Prunsda 和李厉生提出的皮芯层模型。该模型图如图 4-12 所示,皮层和芯层具有不同的结构和性能,电子显微镜下的芳纶纤维皮层厚度为 0.1~0.6 nm,表现出类似小云母片的结构形态。观察芳纶单丝拉伸断口扫描电镜照片,可明显看到分层现象,单丝纵向开裂劈成许多更细的丝,称之为微纤。因此,芳纶纤维是由小云母片结构的皮层和具有微纤结构的芯层组成的。

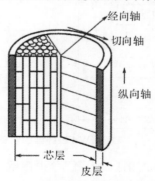

图 4-12　芳纶纤维的皮芯层模型

4.3.1.3　芳纶的性能

(1)力学性能。芳纶纤维分子具有刚性大分子链,再加上在纺丝工艺中形成的高度取向结构,使其具有超高的弹性模量和强度。芳纶的抗压性能、抗扭性能较低,这是因为分子间以次价键连接,分子链呈弯曲状,受压缩、扭转时易纵向分层。除此之外,芳纶纤维还具有高的韧性和抗冲击性。因为芳纶的韧性大,所以纺织性能好。

(2)热性能。芳纶是刚性分子链结构,其具有较高的尺寸稳定性,玻璃化转变温度高于300℃,不易发生高温分解,所以芳纶具有良好的热稳定性和良好的耐低温性。芳纶常作为耐高温材料,应用于航空航天领域。

4.3.2 超高相对分子质量聚乙烯纤维

超高相对分子质量聚乙烯纤维(UHMW-PE 纤维)也称为高强高模聚乙烯纤维。其原材料是超高相对分子质量聚乙烯纤维,采用凝胶纺丝法-超倍拉伸技术制得的。UHMW-PE 纤维是目前国际上最新的超轻、比强度高、比模量高、成本低的高性能有机纤维。

UHMW-PE 纤维的密度为 0.96～0.98 g/cm³,轴向拉伸强度为 3.4 GPa。UHMW-PE 是非极性材料,吸水率低于 0.01%,其耐磨性是已知聚合物中最高的,它还具有良好的介电性能和耐化学腐蚀性能。

4.3.2.1 UHMW-PE 纤维的制造

制备 UHMW-PE 纤维的原料是相对分子质量在 100 万以上的超高相对分子质量的聚乙烯,采用凝胶纺丝法-超倍拉伸技术进行制备。凝胶纺丝法-超倍拉伸技术制备 UHMW-PE 纤维的工艺如图 4-13 所示。

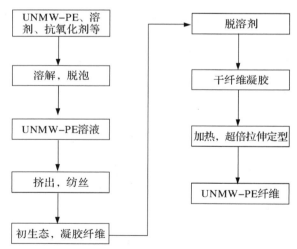

图 4-13 UHMW-PE 纤维的制备工艺

首先将 UHMW-PE 原料在良溶剂(如十氢萘)中溶解,这一步的目的是将其由初生态的折叠堆砌和分子链内及分子链间缠结等多层次的复杂结构转变成解缠大分子链在溶剂中充分伸展的形态结构,由此制成一定浓度的均质 UHMW-PE 凝胶溶液。在一定纺丝温度下,将凝胶溶液经喷丝头挤压进空气层,然后水浴冷却成型,形成初生态凝胶纤维,初生态凝胶纤维经脱溶剂干燥后形成干凝胶纤维。制得的干凝胶纤维强度很低,伸长大,结构不稳定,需要进行超倍拉伸定型,一般经过三个阶段。第一阶段:在 90～133℃下拉伸,拉伸倍数为 15,主要发生折叠链片晶和分离的微纤的运动;第二阶段:拉伸温度为 143℃,拉伸倍数上升,运动的折叠链片晶开始熔化,分离的微纤逐渐聚集;第三阶段:拉伸温度高于 143℃时,聚集的微纤分裂,熔化的折叠链片晶解体在拉伸力的作用下重排成伸直链结晶,最终获得 UHMW-PE 纤维。

4.3.2.2　UHMW-PE 纤维的表面处理

UHMW-PE 纤维是由聚乙烯分子组成的,聚乙烯分子无极性基团,表面能低,不易与树脂基体黏合。需对纤维表面进行处理,即在纤维表面引入极性基团和反应性基团,使之能与基体材料分子上的基团反应,从而增加纤维表面能,改善纤维的浸润型。表面处理法有以下两种:

(1)低温等离子体表面改性:在 N_2、O_2、Ar 等气氛下进行等离子处理,在纤维表面因部分 H 被夺取而形成活性点,并与空气中的 O_2 和 H_2O 等反应形成极性基团。该方法能有效提高纤维的表面能,对纤维表面产生刻蚀,增大纤维表面积,从而提高和改善纤维和树脂的结合能力,而且对纤维的性能损伤很小。

(2)表面等离子体聚合法:采用有机气体或蒸气通过其等离子态形成聚合物,在纤维表面形成涂层,达到改变纤维表面性能的目的。用丙烯胺等离子处理 UHMW-PE 纤维就是这种方法的一个例子。

4.3.2.3　UHMW-PE 纤维的应用

UHMW-PE 纤维具有强度高、耐冲击、耐化学腐蚀、耐磨、电性能优异的特点,但是其也存在不耐高温的缺点。在低温和常温领域,UHMW-PE 纤维作为复合材料的增强体,广泛应用于宇航、航天、航空、防御装备等领域。

UHMW-PE 纤维具有良好的耐腐蚀性,是用于海洋环境的理想材料。其可用在制作各种捻织编织的耐海水、耐紫外线、浮于水面的工具,广泛应用于拖、渡船和海船的绳缆。

UHMW-PE 纤维具有优良的耐冲击性、减震性能。常用其制作各类防弹背心、防护头盔、坦克的防碎片内衬等。因为 UHMW-PE 纤维的电性能优异,常用于制作雷达罩、X 射线室工作台等。

UHMW-PE 纤维除了可以用于防弹材料,而且可以用作防割破和防刺穿材料。UHMW-PE 纤维长丝纱可针织加工成防护手套和防切割商品,其防切割指数达到 5 级标准。

4.3.3　聚苯并噁唑(PBO)纤维

芳纶纤维虽然具有强度高、模量高、耐高温的特点,但其环境稳定性差,因此,人们需要寻找一种性能更加优异的有机高分子纤维。经过多年的探索和实验,在 20 世纪 80 年代合成出了芳杂环液晶高分子聚苯并唑类高分子聚合物,并最终开发出聚苯并噁唑(PBO)纤维。

4.3.3.1　PBO 纤维的制备

PBO 纤维的制备分为四部分:PBO 单体合成、PBO 聚合、纺丝、PBO 纤维后处理。

(1)PBO 单体是 4,6-二氨基间苯二酚,其制法如下:先将间苯二酚磺化得到 2,4,6-三磺酸基间苯二酚,然后硝化得到 2-磺酸基-4,6-二硝基苯二酚,该中间产物水解制得 4,6-二硝基间苯二酚,最后还原得到 PBO 单体——4,6-二氨基间苯二酚盐酸盐。

(2)PBO 单体聚合:将 PBO 单体 4,6-二氨基间苯二酚盐酸盐和对苯二甲酸以多磷酸(PPA)进行溶液缩聚。PPA 既是溶剂,也是缩聚催化剂。其反应如下:

(3)PBO 纺丝:PBO 纤维采用液晶相浓溶液的干喷湿纺法。干喷湿纺装置如图 4-14 所示。PBO 聚合物浓溶液经纺丝头喷出,在纺丝头和凝固浴之间设置空气层,使纤维在进入凝固液之前进一步拉伸取向,然后进入拉伸液中冷凝成型,从而得到 PBO 纤维。

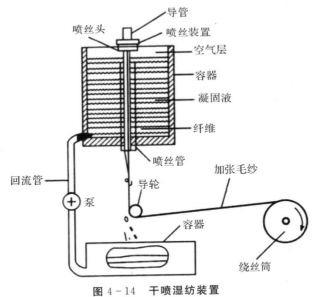

图 4-14 干喷湿纺装置

(4)PBO 纤维后处理:为了提升 PBO 纤维的力学性能,使其具有高模量、高强度,需要对上一步制得的 PBO 纤维进行热处理。未经热处理的 PBO 纤维由于结构缺陷的原因,在湿热条件下很容易发生分子链降解,导致性能急剧下降。

4.3.3.2 PBO 纤维的结构和性能

1.PBO 纤维的结构

PBO 分子是由苯环和芳杂环组成的,其链接角为 $180°$,且分子结构中无弱键,故为刚性棒状高分子。目前常用单斜晶胞结构来解释 PBO 纤维的结晶结构。

纺丝所得的 PBO 纤维主要由直径为 8～10 nm 的原纤组成,其最显著的特征是大分子链沿纤维轴向呈现几乎完全取向排列,具有极高的取向度。

2. PBO 纤维的性能

(1)力学性能:PBO 纤维为当今世界高性能纤维之冠,兼具强度高、模量高、耐高温、稳定性好的特点。刚性棒状的 PBO 大分子经过液晶态纺丝,分子链取向充分,拉伸强度和模量都很高。PBO 纤维在受冲击时纤维可原纤化而吸收大量的冲击能,是十分优异的耐冲击材料。

(2)热力学性能:PBO 纤维在 300℃下处理 100 h 后的强度保持率在 45%,在 400℃时还能保持为室温时强度的 40%,模量的 75%。PBO 纤维还具有相当高的耐热性,热分解温度达 650℃,在 1 000℃下仅分解 28%。

(3)化学稳定性:PBO 纤维具有优异的耐化学介质性,在几乎所有的有机溶剂及碱中都是稳定的,但能溶解 100% 的浓硫酸、甲基磺酸、氯磺酸。

(4)光电性能:PBO 在液晶态下制得的薄膜、纤维都具有高度的取向性,其电学性能也应具有方向性。PBO 分子链中存在很强的电子离域化作用和共振稳定作用,这些特性使 PBO 具有良好的导电性。

4.3.3.3　PBO 纤维的应用

(1)阻燃材料:PBO 纤维具有很好的阻燃性,接触火焰后碳化也很慢,安全性很高,作为消防服用衣料是比较合适的。利用其优良的难燃性,完全有可能成为制作消防服及耐热工作服、安全手套、安全靴等的材料。

(2)防弹抗冲击材料:PBO 纤维复合材料抗冲击性能极为优异,其能承受的最大冲击载荷和能量吸收远高于芳纶纤维和碳纤维。其可用于制作飞机机身、导弹的防护设备、防弹背心、防弹头盔等。

(3)增强和高拉力材料:PBO 纤维的拉伸强度和模量约为芳纶纤维的两倍。因此,PBO 纤维可以做光导纤维的增强部分,代替钢丝作为轮胎的增强材料,可用于绳索和缆绳等高拉力材料及赛船用帆布。

4.4　自　然　纤　维

自然纤维(natural fiber)是相对合成纤维(synthetic fiber)而言的,指的是自然界里存在和生长的纤维材料。自然纤维具有密度低、比性能高、绝缘、隔热、价廉、可回收、可降解、可再生等优点。自然纤维资源丰富、种类繁多,根据其来源、结构及形态分为矿物纤维、动物纤维和植物纤维。矿物纤维,如石棉是一种优良的耐火材料,在建筑工业应用较多。动物纤维的主要化学成分是蛋白质,所以又称蛋白质纤维,如羊毛、兔毛、蚕丝等,在纺织行业应用较多。植物纤维的主要化学成分是纤维素,所以又称纤维素纤维。目前在自然纤维复合材料中应用较多的是植物纤维,植物纤维根据来源又可分为韧皮纤维(如亚麻纤维、黄麻纤维、芝麻纤维、大麻纤维等)、种子纤维(如棉纤维、椰纤维等)、叶纤维(如剑麻纤维等)、茎秆类纤维(如木纤维、竹纤维以及草茎纤维等)等。韧皮纤维、木纤维和竹纤维是用作自然纤维复合材料增强体的主要材料。其中麻纤维和竹纤维的拉伸强度比其他自然纤维高,因此将其称为高性能自然纤维。自然纤维不仅具有强度和模量较高、密度小、价格低和来源丰富等优点,而且是生态环保的可再生资源。

4.4.1 矿物纤维

矿物纤维是从矿物中开采得到的一种自然无机纤维,主要组成物质为各种氧化物,如二氧化硅、氧化铝、氧化镁等,为重要的建筑原料之一,其主要来源为温石棉和青石棉等各类石棉。采用环氧树脂、酚醛树脂、有机硅树脂和石棉纤维能够制得石棉纤维增强树脂基复合材料,这种复合材料可以制作成各种截面的型材、板材、管材、片材。在腐蚀性环境中,应用这种新材料能够延长结构的使用寿命。

4.4.2 动物纤维

动物纤维是从动物的毛发或昆虫的腺分泌物中得到的纤维。从动物毛发得到的纤维有羊毛、兔毛、骆驼毛、山羊毛、牦牛绒等。从昆虫的腺分泌物得到的纤维有蚕丝、蜘蛛丝等。动物纤维主要用于纺织业,是优良的纺织原料,具有柔软舒适、保暖性强、吸湿等优点。羊毛等动物毛发纤维具有柔软、弹性好、吸湿性强、保暖性好等优点。蚕丝质轻而细长,属多孔性物质,透气性好,吸湿性极佳,织物光泽好,导热差,穿着舒适,手感滑爽丰满,主要用于织制各种绸缎和针织品。蜘蛛丝产生于蜘蛛体内特殊的分泌腺。蜘蛛丝纤维具有良好的力学性能,如高强度、高伸长、高抗压缩性等。蜘蛛制造的弹性丝纤维,其强度甚至优于钢的强度。用蜘蛛丝编织成具有一定厚度的材料进行实验,可发现其强度比同样厚度的钢材高 9 倍,且具有较高的弹性。由于蜘蛛丝纤维的韧性和弹性很好,人们也在研究蜘蛛丝纤维增强树脂基复合材料,蜘蛛丝可用于结构材料、复合材料和宇航员服装等高强度材料。

4.4.3 植物纤维

植物纤维是一种广泛分布在种子植物中的厚壁组织。它的细胞细长,两端尖锐,具有较厚的次生壁,它们在植物体中主要起机械支持作用。植物纤维的化学成分十分复杂,其组分大多是大相对分子质量的聚合物,主要包括纤维素、半纤维素和木质素及树脂、脂肪、腊、淀粉、果胶、色素、灰分等。纤维素是天然纤维中最重要的组分。自然纤维一般都要经过加工处理之后才能应用。自然纤维一般分为四个层次:一是未经处理的自然纤维,如原麻、木材等,它们之中含有大量木质素、果胶、半纤维素等物质;二是原麻经脱胶处理后得到的纤维素纤维;三是由纤维素纤维经水解和机械分离后得到的微原纤;四是微原纤中的结晶纤维素链。自然纤维的力学性能和它的处理工艺有很大关系,目前工业上应用较多的是经过脱胶处理后的纤维素纤维。自然植物纤维本身就是自然植物的复合材料。各种纤维具有各自的性能优势。

(1)木棉纤维。木棉纤维的主要成分是纤维素、半纤维素、可溶性糖类、蜡质、脂肪、灰分等物质,彩色棉还含有色素。木棉纤维的线密度为 0.4~0.7 dtex,是目前世界上最细的自然超细纤维。木棉纤维浮性好并且拒水,没有任何自然纤维比木棉纤维更适合做防水材料,因此其可以用来制造能够漂在水上的垫子。此外,木棉纤维还有较好的吸油性,从水中有选择地吸取油得益于木棉的疏水性。木棉纤维有良好的吸附能力,而且可以反复使用,使其在吸油领域应用广泛。木棉纤维特殊的大中空、薄壁结构,使其在吸声材料领域也有较好的应用。选用基体为乙烯-醋酸乙烯共聚物(EVA)粉末,增强材料为木棉纤维,使用热压法制得木棉/EVA 吸声复合材料,无论在低频、中频还是高频环境中,其均有优异的吸声性能。

(2)竹纤维。竹子是一种天然的富含木质纤维素的大型草茎植物,价格低廉、资源广泛并且再生性强,其主要成分是纤维素、半纤维素和木质素,目前已被广泛而有创造性地应用于许多领域。竹纤维材料具有如下特点:强度高、质量轻、韧性好,抗菌、抗紫外光性能突出,原料来源广、可再生,生产操作安全、低污染、低能耗,应用领域广(纺织、复合材料等),使用后可自然降解、绿色、环保。竹纤维在竹子中纵向排列,细长坚韧,纤维含量为 $10\%\sim50\%$。竹材自外而内纤维含量逐渐减少,因此,竹材的顺纹抗拉、抗压强度大,弹性好,但易劈裂。目前,竹纤维增强复合材料主要应用于非承力、次承力结构制品。竹纤维增强复合材料在飞机上主要作为内饰结构,如隔板、行李架、地板、天花板等。

(3)麻纤维。麻类纤维具有优良的性能,与玻璃纤维、碳纤维相比单纤维粗细不均匀、枝杈较多、具有亲水性等特点。同时,麻纤维是一种天然的、可再生(循环)的资源,比重小,可制成轻质结构材料,发生碰撞时,不产生锐利碎片,同时它还不易引起皮肤及呼吸道过敏反应。麻纤维复合材料可用来替代木纤维和玻璃纤维增强的复合材料,在重量相同的情况下,麻纤维增强材料制成的产品比其他增强材料强度提高了 $25\%\sim30\%$,并且具有优异的非脆性断裂特性。麻纤维增强复合材料主要用于汽车工业,如采用亚麻纤维、黄麻等作为增强材料,与热固性及热塑性聚合物树脂复合制备天然纤维聚合物复合材料制品作为汽车内饰物。在汽车上广泛应用地产品有门车顶盖、仪表盘、保险杠、饰板、座椅等。

4.5　纤维增强体结构形式及特点

纤维增强体在复合材料中广泛使用,不同结构形式的纤维增强体适合不同形式的复合材料结构件,根据纤维增强材料结构的不同进行复合材料的设计,可以提高复合材料制件的性能。按照纤维增强材料的形式可将其分为短切纤维、长丝纤维纱、单向织物、平面织物、三维织物。不同形式的增强纤维具有不同的特点、用途,下面将对不同形式的增强纤维进行介绍。

4.5.1　短切纤维和长丝纤维纱

短切纤维是在纤维的制造过程中利用短切机械将纤维切成一定长度形成的,纤维不连续,取向无规则,长度由 2 mm 到 25 mm 不等。短切碳纤维如图 4-15 所示。

图 4-15　短切碳纤维

短切纤维具有如下特点:①易被树脂浸透;②在复合材料中分散均匀;③可用于复合材料

的喷射成型;④制件性能不会表现出明显的方向差异;⑤适合于成型形状复杂的区域;⑥可用于手糊制件的修补。

长丝纤维纱是由一根根纤维丝合抱而成的,可以加捻,也可以不加捻。较粗的未加捻或捻度很小的纤维束称为粗砂,细纱直径较小而且通常有一定捻度。大多数高性能纤维的应用形式为单股或多股的连续纤维束。图4-16为玻璃纤维纱。

长丝纤维纱常用于制造各种纤维织物,也可以作为缠绕成型的圆筒件的增强材料,在某些制件预浸料的铺贴过程中,长丝纤维纱也可以作为三角区域的填充材料使用。

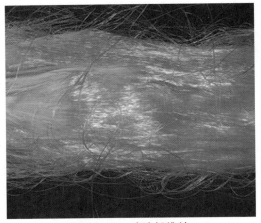

图4-16 玻璃纤维纱

4.5.2 平面织物

单向织物是一种具有方向性差异的增强织物,是将大量的碳纤维长丝沿一个主方向均匀平铺,形成较薄的、以主方向上纤维受力的碳纤维织物。热压罐成型常用的预浸料就是这种形式的增强材料,可以根据制件形式来进行铺层角度的设计,使制件的力学性能最优。图4-17为碳纤维预浸料实物图。

图4-17 碳纤维预浸料

在单向织物基础上,出现了双轴向织物,双轴向织物可以避免单向织物只在一个方向上受力的缺点,双轴向织物是经纱和纬纱以一定的规律交织而成,织物坚牢、耐磨、硬挺、平整,但弹性较小,光泽一般。其可分为双轴向机织物和双轴向针织物。双轴向机织物如图4-18所示,是在织机上按照一定规律垂直交织而成的织物。

平纹织物纤维弯曲点较多,在受拉伸过程中伸长率较高,平纹织物具有均匀对称性,结构上是完整的,拥有最佳的纤维稳定性和合理的孔隙率,但是这种织物具有非常高的褶皱率,削弱了约 15% 的纤维力学强度。

斜纹和缎纹织物具有与纤维束排布方向有一定夹角的斜向纹路,这是因为两轴向的纤维束没有按照一下一上的原则进行编织造成的。这种编织布具有很强的立体感,纤维弯曲程度小,最大限度地保留了纤维的强度和模量。

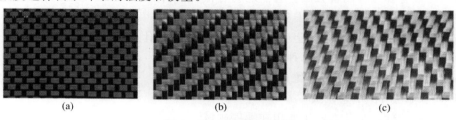

图 4-18　双轴向机织物

(a)平纹织物;(b)斜纹织物;(c)缎纹织物

平面织物最大的用途就是制作复合材料层合板类的构件,因为纤维增强体是一层一层地铺贴成整个构件的,所以复合材料制件在厚度方向上强度较低,易发生分层,因此便有了三维编织物。

4.5.3　三维织物

三维织物是在二维平面方向均匀铺设叠层增强,垂直方向使用连续纤维编织,通过特殊编织工艺、整体贯穿成一体所构成的三维立体织物。图 4-19 为使用三维编织工艺制造的碳纤维预制体。

图 4-19　碳纤维预制体

三维编织的纤维增强体制作的复合材料制件,在厚度方向具有优异的力学性能,不会出现二维增强体带来的分层现象。由于增强结构的整体性且贯穿于厚度方向的纤维束,因此具有极高的断裂韧性和抗分层能力,在冲击载荷下不发生分层现象并具有较高的冲击损伤容限。借助三维织造技术可以对特殊部位的异型结构件进行一次成型制造,避免因材料拼接而导致的结构缺陷。三维纺织结构复合材料在飞行器、高速车辆和弹道防护材料等涉及冲击加载或高频加载的极端加载场合中有极大的应用潜力。目前三维纺织结构复合材料是为数不多可以真正应用于工程设计制造的高性能复合材料之一。

习题与思考题

1. 增强材料在复合材料中的作用是什么？

2. 增强材料可分为哪几类？

3. 玻璃纤维有哪几种制备方法？它们之间有什么区别？选择一种简述其制备过程。

4. 按照原丝类型，可以将碳纤维分为哪几类？

5. PAN 基碳纤维制备过程中上浆和表面处理的目的是什么？

6. 硼纤维的特点是什么？有几种制备方法？

7. 为什么要对 UHMW-PE 纤维进行表面处理？

8. PBO 纤维应用在哪些领域？

9. 自然纤维的优点是什么？主要用在哪些领域？

10. 三维织物相比于平面织物有哪些优点？

第 5 章　纤维／树脂界面及其特征

5.1　概　　述

如本篇前两章所述,树脂基复合材料是由树脂基体与增强体组成的,整个材料体系除了具备原组分材料的一些性质以外,还能够发挥出 $1+1>2$ 的复合效应。复合材料的整体性能除了与组分材料自身的性能有关以外,还与由不同组分材料之间相互接触形成的界面项的性质有关。界面发挥着使不同材料结合成一个整体的重要作用,对整体的性能有着决定性的影响。

对于树脂基复合材料而言,存在着大量的表面及界面问题,树脂很多具备工程价值的功能,都是通过其表面与其他材料之间形成稳定的界面来实现的。如表面的黏结、密封、防护、润滑、防老化等技术都是与材料界面有关的。特别是在多组分树脂基复合材料中,多个组分之间相互构成了多个界面,这些界面之间的相互作用影响了材料的整体性能。因此想要充分发挥复合材料的优良性能,就需要对界面相关问题有着清晰的理解。

自从复合材料形成一门科学以来,界面就一直受到科学家和技术人员的关注与重视。为了设计出高性能的先进复合材料,除了开发具有优异性能的树脂基体与纤维增强体以外,也需要深入探究复合材料界面的奥秘。伴随着科学技术的发展,人们开发出了一系列先进的分析设备与表征手段,为深入研究界面的性能提供了强有力的工具,界面也越来越被研究人员所熟知,进而推动了复合材料科学与界面科学的发展。但是由于界面属于准微观的领域,不同材料之间界面的构成特征大不相同,界面的结构特性也极其复杂,迄今为止人们对复合材料界面的认识还不够深入,对界面的理解还不够完善,现有的理论和研究能够解释一些界面现象,但是将它们用在解释某些界面现象时则会令人感到束手无策。基于目前已有的对复合材料的认识,科家们还难以建立完备的复合材料界面理论,但是伴随着人们对复合材料界面的认识不断深入,必将能够更全面、更深入地认识界面现象。

5.2　纤维／树脂界面形成与理论

在树脂基复合材料的组分材料中,总有一相以溶液的流动状态与另一相发生接触,然后通过固化使得两相结合,形成复合材料。在复合材料的制造过程中,不同组分之间的界面相是如何形成的,界面处是通过怎样的机理相互作用的,这些内容一直都是界面相关的研究领域关心的问题。

5.2.1　界面相的形成

树脂基复合材料的界面相是一层具有一定厚度、结构随材料组分变化而变化、与基体之间存在明显差异的新相。界面相作为基体和增强体之间的"纽带",承担着传递应力及其他信息的重要作用。树脂基复合材料中界面的形成首先要求增强材料与基体之间浸润和接触,这是界面形成的第一阶段。

如果将不同种类的液体滴加在不同固体的表面上,有的液滴会聚集成球形,有的则会向四周扩展来覆盖固体的表面。对于后者,我们称为"浸润"或"润湿"。由浸润引起的界面结合是不同组分之间在原子尺度的、极短程范围的范德华力或酸-碱相互作用引起的。对于树脂基复合材料在制备过程的树脂浸渍阶段,基体对增强纤维的"浸润"是必要条件。"浸润"与否取决于树脂对纤维和树脂自身的吸引力的大小,当树脂对固体的吸引力大于树脂自身的吸引力时,就会产生浸润现象。

液体对固体的浸润程度可以由接触角 θ 来表征,如图 5-1 所示。

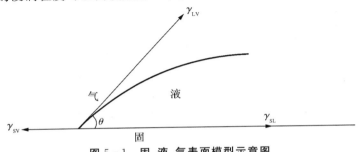

图 5-1　固、液、气表面模型示意图

图 5-1 中的 γ_{SV}、γ_{SL} 和 γ_{LV} 分别是固体-气体、固体-液体和液体-气体界面的表面自由能,θ 是固、液、气三相达到平衡时的接触角。当液滴在固体表面达到平衡状态时,满足以下表达式:

$$\gamma_{SV} = \gamma_{SL} + \gamma_{LV} \cos\theta \tag{5.1}$$

由式(5.1)可知:

(1)若 $\gamma_{SV} < \gamma_{SL}$,则 $\cos\theta < 0$,$\theta > 0°$,此时液体无法浸润固体,特别地,当 $\theta = 180°$ 时,液体呈现球状,表示完全不浸润。

(2)若 $\gamma_{LV} > \gamma_{SV} - \gamma_{SL} > 0$,则 $1 > \cos\theta > 0$,$0° < \theta < 90°$,此时液体能浸润固体。

(3)若 $\gamma_{LV} = \gamma_{SV} - \gamma_{SL}$,则 $\cos\theta = 1$,$\theta = 0°$,此时液体能完全浸润固体。

(4)若 $\gamma_{SV} - \gamma_{SL} > \gamma_{LV}$,则式(5.1)失效。

不同相之间的表面自由能与界面张力有关,因此改变体系中的界面张力,就可以改变接触角 θ,进而改变体系的浸润状态。在树脂基复合材料体系中,纤维与树脂的黏结效果取决于浸润性。如果浸润效果好,纤维与树脂分子之间就会发生紧密接触而产生吸附,在黏结界面处形成巨大的分子间作用力,同时能够排出纤维与树脂之间的气体,减少空隙率,提高黏结强度。纤维表面的润湿性能与其结构有关,改变纤维的表面状态,即通过改变其表面张力,就可以达到改变浸润效果的目的。

增强纤维与树脂基体之间界面形成的第二阶段就是纤维与树脂之间通过相互作用而使界

面固定下来,形成固定的界面层。界面可以看作是一个独立存在的相,但是界面又依赖于其两侧的相。界面两侧的相要相互接触,才可能产生界面,界面与两侧的相结合得是否牢固,对复合材料的力学性能起到决定性的作用。界面层的结构取决于界面黏合力的性质、界面层的厚度和界面层的组成。其中界面黏合力存在于两相之间,从微观角度看,界面结合力主要包含化学键和次价键,这两种键的比例取决于组分与表面性质,其中化学键结合是最强的结合,因此在制备复合材料时,要尽可能多地向界面引入反应基团,增加化学键的比例,以此来提高复合材料的性能。从宏观角度看,界面结合力主要是由裂纹及表面的凹凸不平而产生的机械咬合力,这主要与纤维表面的结构有关。例如,碳纤维的表面由石墨微晶结构组成,表面较为光滑,因此在许多研究中通过在纤维表面接枝其他纳米材料,提升纤维表面的粗糙度,进而提升纤维与树脂的结合能力。

界面相是由复合材料中基体表面与增强体表面的相互作用形成的,其性质不同于增强材料与基体材料。界面的组成、结构和性能是由增强材料与基体材料表面的组成及它们之间的反应性能决定的。界面相的作用是使树脂基体与增强纤维形成一个整体,并通过它传递载荷,同时控制着复合材料损伤的累积与演化。如果纤维与树脂之间结合较差,形成的界面不完整,将会明显地影响复合材料的力学性能。

5.2.2　界面相的作用机理

界面相的作用机理指界面发挥作用的微观机理。经过几十年的研究和发展,许多学者从不同的角度提出了多个纤维与树脂之间的界面作用理论,虽然对这些理论还有争论,还不存在公认的统一理论,但是它们均含有可取的观点。其中主要包括以下 4 种。

1. 化学键理论

化学键理论认为基体材料与增强体之间要形成化学键才能使界面产生有效的黏结,所以在基体相和增强体相的表面应含有能发生化学反应的活性官能团,通过官能团之间的反应形成化学键结合形成界面。若在两者表面不含活性官能团,则不能直接进行化学反应。也可以通过偶联剂等媒介进行化学键的结合。例如,无机增强材料的表面被硅烷偶联剂处理后,与聚合物基体材料间的黏结强度大大提高,因此在玻璃纤维/环氧树脂复合材料的制备过程中,硅烷偶联剂中的硅烷基团与玻璃纤维表面的羟基发生反应,另一端与树脂中的环氧基团发生反应,从而形成纤维与树脂之间的有效结合。这种化学键结合理论,也能够用于解释碳纤维表面进行氧化处理后能显著地促进碳纤维与许多不同树脂的有效界面结合。尤其重要的是,界面有了化学键,界面的抗潮湿和抗介质腐蚀的能力也会显著提高,同时界面化学键的形成对防止裂纹的扩展也有很大的作用。但是值得注意的是,化学键的形成必须满足一定的化学条件,不像次价键那样具有普遍性。次价键中的范德华力虽然键能小,但是键的密度很大,总和起来是很可观的。化学键的键能高,但是只能在活性基团之间发生化学反应成键,密度比较小。在讨论界面的结合过程与机理时,必须综合考虑各类力的作用,这样才能取得合理的结果。

2. 浸润吸附理论

浸润吸附理论认为树脂基体与纤维增强体之间的结合模式属于机械黏结与浸润作用。从微观上看,任意表面都是凹凸不平的,在形成复合材料的过程中,若树脂对增强材料的浸润性差,两相之间接触的只是一些点,接触有限;若浸润性好,则树脂基体与纤维增强体紧密接触而产生吸附,树脂能够扩展到纤维表面的凹坑中,因而两相之间的接触面积较大,在黏结界面形成很大的分子间作用力,同时能够排出两相表面吸附的气体,减少界面的空隙率,提高黏结强度。

浸润性的提升能够提高两相界面的黏结能力,但是浸润性不是界面黏结的唯一条件,实际上黏结过程是非常复杂的,受很多因素的影响。例如,环氧树脂对 E-玻璃纤维表面的浸润性好,但是黏结性却不好,界面抗潮湿性能也差,若用胺丙基硅烷处理 E-玻璃纤维,环氧树脂的浸润性会下降,但是界面的黏结性却提高了。因此,浸润吸附理论虽然对复合材料界面有一定的指导意义,但是很多界面现象仅用浸润吸附理论是很难解释的。

3. 扩散理论

扩散理论认为复合材料中增强体和基体的原子或分子越过两组分的边界相互扩散而形成界面结合,如图 5-2 所示。两相的分子链之间相互扩散、渗透、缠结,形成了界面层。界面的结合强度取决于扩散的分子数量、发生缠结的分子数和分子间的结合强度,扩散的过程与分子链的相对分子质量、柔性、温度等因素有关。扩散理论下形成的界面通常具有确定的宽度,有可测定的界面区域或界相区,在实质上是不同相在界面处发生了互溶,在两相之间出现了一个过渡区域,因此对黏结强度的提高有利。

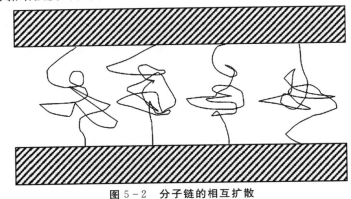

图 5-2　分子链的相互扩散

需要指出的是,扩散理论有很大的局限性,很多无机物与高聚物之间并不会出现界面的扩散现象,因此扩散理论不能用来解释这类界面的黏结。

4. 静电理论

静电理论认为若复合材料增强体与基体的表面带有不同的电荷,会引起两相之间的相互吸引,在接触时会发生电子转移而互相黏结。有人认为这种静电力是界面结合强度的主要贡献者。

图 5-3 是静电理论的示意图,静电理论虽然有一定道理,但是没有进行严格证明。由静电引力引起的界面强度决定于电荷密度,有人认为,只有当电荷密度达到每立方厘米 10^{21} 个电子时静电引力才有显著作用。但是实验测得的电荷密度为每立方厘米 10^{19} 个电子,因此即使存在界面静电作用,该作用对界面强度的贡献也是有限的。另外,静电理论也无法解释温度、湿度以及其他因素对界面黏结强度的影响。

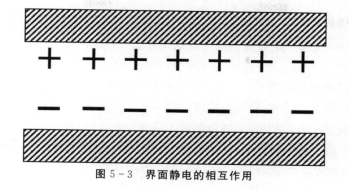

图 5-3　界面静电的相互作用

5.3　增强纤维的表面处理

树脂基复合材料是由增强材料与树脂两相组成的,两相之间存在着界面,界面也起到了将不同种类材料结合到一起的作用,使得复合材料除了具备组分材料的性能外还能具备其他性能。为了改善或提高复合材料的界面结合强度,常常要对增强体进行表面处理。例如,玻璃纤维增强树脂基复合材料,由于玻璃纤维的表面光滑且有水膜形成,所以与树脂基体的黏合性能很差,实用价值不高。因此,研究玻璃纤维的表面处理技术,已经成为发展玻璃纤维增强材料的关键所在。

对增强纤维的表面处理大体有如下作用:

(1)消除纤维表面的杂质,增大比表面积;

(2)提高对树脂基体的浸润性;

(3)在纤维表面引入官能团,与树脂之间形成化学键;

(4)在纤维表面接枝其他材料,形成界面过渡层。

纤维的表面处理有许多方法,下面介绍一些常用的增强纤维的表面处理理论与具体实施的方法。

5.3.1　表面清洁

碳纤维吸附性强,表面易吸附水分与其他污染物,影响与树脂基体的结合。对碳纤维进行表面清洁处理就是将碳纤维在惰性气体保护下加热到一定的温度并保温一定时间,从而达到清洁纤维表面的目的。经研究表明,在惰性气体中将碳纤维加热到 1 000℃以上,可以使纤维对基体的黏结强度提高近一倍。但也有文献报道称表面清洁处理无效,无法提升界面黏结强度,因此该方法存有争议。

5.3.2　偶联剂处理

偶联剂就是分子中含有两种不同性质基团的化合物,一端的基团能与纤维增强体表面发生化学作用或物理作用,另一端的基团则能和树脂基体发生化学作用或物理作用,从而使得纤维增强体与树脂基体能很好地偶联起来,实现良好的界面结合,改善复合材料的性能。

按化学组成,偶联剂主要可分为有机硅烷和有机铬两大类,此外还有钛酸酯类偶联剂等。

1. 有机硅烷偶联剂

目前工业上所使用的硅烷偶联剂的一般结构式为

$$R_n SiX_{4-n}$$

式中：R——能与高聚物反应的有机官能团，可带有碳碳双键、氨基或环氧基等反应性官能团；

X——可水解基团，如卤素、甲氧基、乙氧基等；

$n=1\sim4$，在复合材料中使用的硅烷偶联剂大多 $n=1$。

硅烷偶联剂常用于玻璃纤维和无机填料的表面处理，处理机理有以下四方面。

首先硅烷偶联剂水解形成硅醇：

$$X—\underset{\underset{X}{|}}{\overset{\overset{R}{|}}{Si}}—X \xrightarrow{H_2O} HO—\underset{\underset{HO}{|}}{\overset{\overset{R}{|}}{Si}}—OH + 3HX$$

然后硅醇之间进行缩合反应，形成低聚体：

$$HO—\overset{R}{Si}—O\cdots—O—\overset{R}{Si}—O\cdots—O—\overset{R}{Si}—OH \xrightarrow{-H_2O} HO—\overset{R}{Si}—O—\overset{R}{Si}—O—\overset{R}{Si}—OH$$

接着玻璃纤维的表面与硅醇之间形成氢键：

$$HO—\overset{R}{Si}—O—\overset{R}{Si}—O—\overset{R}{Si}—OH$$

玻璃纤维

最后硅羟基之间脱水形成共价键：

$$HO—\overset{R}{Si}—O—\overset{R}{Si}—O—\overset{R}{Si}—OH$$

玻璃纤维

这样，硅烷偶联剂与玻璃纤维表面进行结合，同时在玻璃纤维表面缩聚成膜，形成了有机 R 基团向外的结构。R 基可以与基体树脂发生反应，这样，就使得玻璃纤维的表面具有亲树脂的性质。

硅烷偶联剂一般要配制成溶液使用。一般用酒精和水配制成 $0.1\%\sim2\%$ 的稀溶液，也可以单独用水溶液，但是要先配制 0.1% 的醋酸溶液，来改善硅烷偶联剂的溶解性和促进水解。一般来说，当 pH 为 $4\sim6$ 时，偶联效果最好。但是，硅烷偶联剂的水解产物不稳定，会自发进行缩聚而沉淀失效，因此硅烷偶联剂水溶液配制后应在 12 h 内使用，放置过久将会失效。

目前在工业上采用硅烷偶联剂处理玻璃纤维表面的方法主要有 3 种：在清洁后的玻璃纤维表面涂覆硅烷偶联剂；在玻璃纤维纺丝的过程中就用硅烷偶联剂进行处理；在玻璃纤维增强树脂成型时，把偶联剂直接掺入树脂中，此时偶联剂的用量为树脂用量的 $1\%\sim5\%$，依靠偶联剂分子的扩散作用迁移到界面处来发挥偶联作用。以上 3 种方法相比,第三种的偶联效果较差,主要原因可能是硅烷偶联剂分子移动到纤维表面时就已经发生了水解,缩合成硅氧烷聚合物而失去偶联剂的作用,或是树脂的黏度较大,偶联剂分子不易迁移到纤维表面,导致效果降低。

2. 有机铬偶联剂

玻璃纤维常用的另一大类偶联剂为有机络合物,这类络合物通常是用碱式氯化铬与羧酸反应制成的。有机铬偶联剂是玻璃纤维最早使用的偶联剂,通式如下:

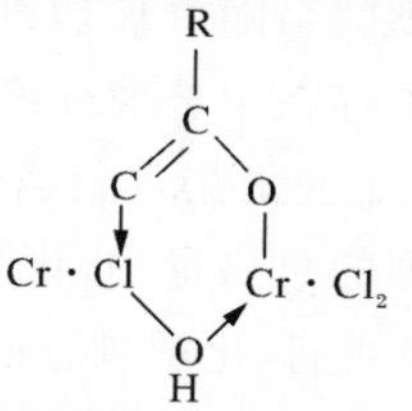

目前应用得较多的是甲基丙烯酸氯化铬盐,也叫作"沃兰"(Volan)。有机铬偶联剂的作用机理与有机硅烷类似,可表示如下:

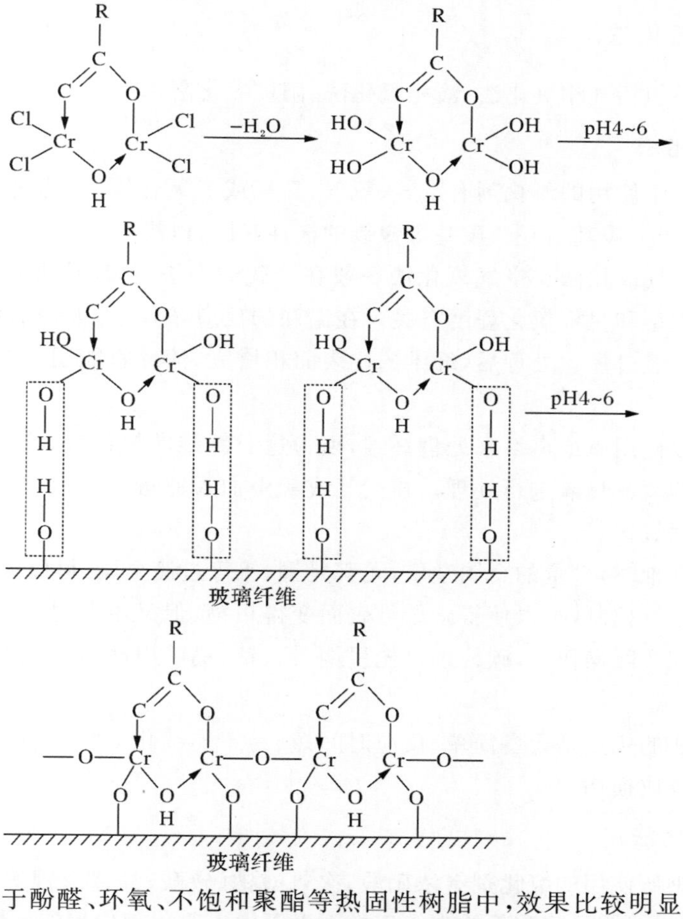

这类偶联剂常用于酚醛、环氧、不饱和聚酯等热固性树脂中,效果比较明显。研究表明,有机铬偶联剂处理后的纤维界面强度比未经处理的强度高出近一倍。

在使用有机铬偶联剂处理玻璃纤维时要调节处理液的 pH,这是因为提高 pH 将会增强处理效果,防止被处理物因对酸的敏感而发生性能降低和对设备的腐蚀。另外,水溶液羧酸的络合物一般在高 pH 时更加稳定。

对沃兰水溶液一般是用含氮化合物来调节 pH,调节剂一般是有机胺,如乌洛托品、氮什环己烷、三聚氰胺等,也常用氨水来调节 pH。

络合物与玻璃纤维表面的作用已经得到证明:玻璃纤维表面的每一个电负性位置上都吸附了一个络合物分子。开始处理时,铬只和玻璃纤维表面的负电位置接触,随着时间的延长,铬的聚集量会逐渐增大,复合物的强度就会随着玻璃纤维表面上铬含量的增加而提高。因此在应用时,既要控制化学键合的络合物存在于玻璃纤维的表面,也要尽量使物理结合的络合物存在于玻璃纤维表面。在玻璃纤维表面上聚集的铬含量可以通过调节溶液的 pH、温度和时间来控制。研究证明,在玻璃纤维表面的总铬量中,化学键合的仅占 35% 或更少些,但它所起的作用却超过了其余的 65%。作为偶联剂,化学键合的铬对界面的提升效果比物理结合的铬高出了 10 倍,并且高聚合度的络合物比低聚合度的更有效,所以,作为偶联剂,越是高度脱水聚合的络合物就越有效。

5.3.3 氧化法

氧化法主要包括气相氧化法、液相氧化法、阳极氧化法。

1. 气相氧化法

气相氧化法中使用的氧化剂有空气、氧气、臭氧或二氧化碳等,通过含氧气体处理纤维表面,使纤维表面产生羧基、羟基、羰基等含氧的极性基团,以提高纤维与树脂的结合能力。最常使用的方法为空气氧化法。空气氧化法一般在管式炉中进行,反应温度为 $350\sim600℃$,反应时间与纤维的类型和目标氧化程度有关。在温和的反应条件下,处理后纤维的抗拉强度可基本保持不变。在经过氧化处理后,纤维的比表面积增大,活性官能团变多,制成的复合材料剪切强度提高。

通常不直接使用氧或臭氧来处理纤维,因为这对纤维的损伤较大。更多的情况是在空气中加入一定量的氧或臭氧进行处理。在空气或氧中加入适量的二氧化硫、卤素或卤代烃能够防止纤维的过度氧化。

在处理碳纤维时,少量的金属杂质,尤其是铜、钒等过渡金属,可以加速石墨氧化。如果对这类催化氧化进行控制,可以使得碳纤维表面变得粗糙,但又不会过度刻蚀,以避免降低纤维的力学性能。在实际操作中,碳纤维可先浸铜、铅、钴、镉的甲酸盐或硝酸盐的水溶液,然后再进行气相氧化。

气相氧化法的优点是设备简单、反应时间短、易于连续化,缺点是反应难控制、重复性差,并且会对纤维造成损伤。

2. 液相氧化法

液相氧化法所使用的氧化剂有浓硝酸、次氯酸钠、磷酸、高锰酸钾等溶液或混合溶液。一般来说,处理的方式就是将碳纤维在一定的温度下浸入氧化剂中浸泡一段时间,然后再将纤维表面残存的酸液洗去。液相氧化法常用来处理碳纤维和超高相对分子质量聚乙烯纤维等。

　　液相氧化的难易程度与纤维的结构有关。一般来说,制造时热处理温度较低的高强纤维和低模纤维较易氧化,高温处理的高模量纤维氧化较难。研究表明,高强纤维氧化 1～2 h 表面氧化度的浓度急剧升高,高模纤维则相反,长时间处理氧化物增加也不多。在对高强纤维进行的处理过程中,一开始纤维的强度增加,长时间后,纤维强度明显降低,这是由于一开始高强纤维表面的损伤和细孔因氧化而消失,因此强度提高,长时间的氧化处理后,纤维直径变细,内部细孔增加,因而强度下降。对于高模纤维,在 60% 以上的硝酸中氧化 70 h 后,强度也没有明显的变化。

　　液相氧化法的效果比气相氧化法好,能够提高复合材料的层间剪切强度,并且对纤维的损伤较小。但是由于碳纤维吸附的酸不易洗净,操作繁复,难以与碳纤维生产线直接连接,还有“三废”治理难题,因此难以工业化。

3.阳极氧化法

　　对于碳纤维这样具有导电性的纤维,可以使用阳极氧化法进行表面处理。阳极氧化法也是目前工业上普遍采用的一种碳纤维表面处理方法。

　　阳极氧化法是以纤维作为阳极,石墨或其他电极作为阴极,用电解产生的初生态氧对碳纤维进行表面处理。阳极氧化的酸类电介质中硫酸、硝酸、磷酸的处理效果最好,但是用酸处理后的纤维难以洗净。碱类电介质中最常用的是氢氧化钠,其效果也最好。盐类电介质有氯化钠、硫酸钾、碳酸氢铵等,用铵盐作为电介质还可以在纤维引入含氮官能团,从而促进界面的黏结,并且用盐作电介质可在较低浓度下进行,有利于纤维处理后清洗。

　　阳极氧化法处理效果较好,均匀性好,层间剪切强度可提高 40%～80%,缺点是工序较多,需经过水洗、干燥等工序,并且处理后碳纤维的表面活性会伴随放置时间的延长而衰退。因此在工业上通常在处理后马上在碳纤维表面涂覆一层树脂,以解决退化问题。

5.3.4　化学气相沉积法(CVD)

　　化学气相沉积法指在高温及还原性的气氛下,使烃类、金属卤化物等以碳和碳化合物的形式在纤维表面形成沉积膜或生长出晶须,从而对纤维表面进行改性。该方法主要用于碳纤维的表面改性。

　　化学气相沉积过程的化学反应非常复杂,以沉积氮化硅为例,代表性的反应有以下四种。

热分解反应:

$$CH_4 \xrightarrow{\triangle} C\downarrow + 2H_2$$
$$表面沉积碳$$

氢还原反应:

$$SiCl_4 + 2H_2 \longrightarrow Si\downarrow + 4HCl$$
$$生长硅晶体$$

复合反应:

$$3SiCl_4 + 4NH_3 \longrightarrow Si_3N_4\downarrow + 12HCl$$

　　在高温晶须生长炉中,采用高温气相沉积方法,可以在碳纤维表面生长出碳化硅单晶晶须,反应如下:

$$SiCl_4 + 2H_2 + C(基材) \longrightarrow SiC\downarrow + 4HCl$$
$$生长晶须$$

在经化学气相沉积法处理的纤维上,沉积物通常垂直于纤维的轴向,因此改变了纤维表面的形貌、面积以及活性,并提高了树脂与纤维之间的黏结能力。化学气相沉积处理对纤维自身会有所损伤,但提高纤维与树脂之间的界面结合能力会有明显的提升。

5.3.5　电沉积与电聚合法

用电沉积或电聚合的方法将一些有机物或无机纳米材料沉积或聚合在碳纤维表面上后,可以针对性地改进纤维表面对某些树脂基体的黏附作用。

电沉积法是利用电化学方法是碳纤维的表面上生长出致密的沉积层,进而提高纤维表面对树脂的黏附作用。目前可以通过对沉积材料进行预处理,使其表面带有其他官能团,如羧基,可与树脂发生化学反应,在界面处形成很好的黏附作用,提高纤维与树脂界面的剪切强度。

电聚合法是以碳纤维作为电极,以一些单体溶解在溶剂中为电解液。单体可选用带有不饱和键的苯乙烯、丙烯腈、醋酸乙烯等。这些单体在电场的作用下聚合在碳纤维的表面。电聚合的过程很快,通常只需要几秒的时间就可在纤维的表面形成一层聚合物薄膜。采用电聚合的方法能够使复合材料的界面剪切强度、层间剪切强度、冲击强度以及韧性等力学性能得到全面提高。另外,电聚合法在纤维表面生成的涂层还可以对碳纤维起到补强作用,提高碳纤维本身的强度。

5.3.6　等离子体处理法

等离子体是一种全部或部分电离了的气体状态物质,其中含有原子、分子、离子亚稳态和激发态,同时内部正电荷物质与负电荷物质的含量大致相等,所以称之为等离子体。

等离子体有三种:高温(热)等离子体、低温(冷)等离子体、混合等离子体。在纤维表面改性中使用的一般是低温等离子体。低温等离子体的纤维表面处理可以使用空气、氧气、氮气、氩气等,处理时长从几秒到几十分钟不等,具体时间取决于气体的种类。

经过等离子体处理的碳纤维,其被浸润速度和浸润吸附量均有显著增加。另外,通过等离子体处理,还可以达到在碳纤维表面聚合接枝的目的,从而改善碳纤维的表面性质,并有效地提升复合材料的层间剪切强度、断裂韧性、弹性模量等性能。

等离子体处理纤维的表面活性会因放置时间延长而逐渐下降,这一现象称为退化效应。以氧等离子处理的碳纤维为例,在放置过程中,其毛细增重速度随放置时间的延长而减慢,表明其对水的浸润性随着放置时间的增长而衰减,表面活性逐渐发生退化。对表面活性衰减现象的一种解释是,等离子体改性材料表面时将活性基团引入表面,而这些活性基团是连接在分子链上的,它随分子链的自由旋转从表面潜入本体内,因此表现出表面浸润性随时间的推迟而衰减的现象。当前的研究中关于等离子体法处理纤维活性的衰减速度、衰减程度与哪些因素有关尚不清楚,有待深入研究。

5.4　复合材料界面的分析表征

复合材料界面性能的变化往往与界面结构的改变有关,而树脂基复合材料界面区尺寸微小,尤其是碳纤维增强树脂基复合材料(界面区尺寸一般在几十到几百纳米)更是如此。由于界面的复杂性,已有的界面力学分析缺乏纳米和分子尺度上的试验数据支持,更缺乏准确的定量依据。因此必须对界面的微结构和物理化学性质有深入的认识,以了解界面的形成和作用机制,发展界面性能的预测模型,并将该模型应用到复合材料性能分析中,提高复合材料的性能,并推动新型纤维复合材料的设计与开发。

5.4.1　界面成分分析

界面的成分分析指检测界面区域的化学元素的组成,包括某给定区域的元素组成和某给定元素在界面区域的分布。尤其是在对纤维进行表面处理后,纤维的表面组成发生了变化,产生了一些活性官能团,可通过官能团的化学反应增强纤维与树脂之间的界面结合。分析表征增强纤维表面的化学组分、官能团和化学反应,对于揭示复合材料界面的本质、探索复合材料界面的机理、丰富复合材料界面的理论有重要的意义。

1.X 射线光电子能谱法

X 射线光电子能谱(XPS)是测试材料表面化学组成的有效工具,从 20 世纪 70 年代初期开始就有相当多将 X 射线光电子能谱技术用于纤维表面官能团分析的研究。

XPS 是利用光电效应,将具有一定能量的入射光子照射到材料的表面上,入射光子把全部能量转换给原子中的某一个束缚电子,电子将一部分能量用来克服结合能,剩余的能量则作为动能将该电子发射出去,使之成为光电子。

各种化学元素的电子结合能都有特定的范围,相当于元素的指纹。因此可以通过判断XPS 谱中特定结合能范围的谱线是否出现来鉴别相应的元素是否存在,根据谱线的相对强弱可以确定该元素的含量。因此应用 XPS 技术可以定量测定材料表面的元素组成。

表 5-1 展示的是高相对分子质量聚乙烯纤维经各种表面处理后,用 XPS 测定的纤维表面氧元素和碳元素的含量比。从表中可以看到,经过表面处理,纤维表面的含氧量均有明显增加。含氧量的增加是复合材料界面性能提高的重要原因之一。

表 5-1　超高相对分子质量聚乙烯表面的$[O1s]/[C1s]$的值

处理方法	未处理	紫外辐射	电晕	铬酸氧化	等离子
$[O1s]/[C1s]$	0.207	0.402	0.427	0.402	0.54

又如,为提高碳纤维复合材料的抗剪切性能,可用硝酸对碳纤维表面进行氧化处理后再与环氧树脂复合。用 XPS 对碳纤维表面性能的改变与黏结性能进行研究,结果见表 5-2。

表 5-2　碳纤维表面性能与黏结强度的关系

氧化时间/min	XPS 分析 O/C	浸润性(25℃)	剪切强度/MPa
0	4.5	61	60.3
5	18.1	57	62.2
10	20.0	53	61.1
15	25.0	52	63.6

表 5-2 结果表明,碳纤维表面经化学处理后,其黏结强度的提高主要是由于 O/C 增加,改善了碳纤维与环氧树脂之间的浸润性。

2.红外光谱分析法

红外光谱分析法是通过红外光谱研究聚合物表面与复合材料界面的物理性能及化学性能

的一种分析方法。由于红外辐射的能量比较低,不会对聚合物本身产生破坏作用,因而成为一种常用的研究手段。红外光谱分析法的原理是在分子振动时引起偶极矩的变化而产生的吸收现象,红外光谱对分子极性基团与化学键比较敏感。红外光谱的横坐标为波长或波数,纵坐标为强度或者是其他随波长变化的性质,所得到的图谱就为试样中分子或原子团吸收了红外射线的特征图谱。红外光谱的灵敏度十分有限,因此用红外光谱进行分析增强纤维的表面较难得到有效结果。但是如果纤维表面产生了聚合物的接枝聚合,测试红外光谱则很有效。

现在已有很多方法可获得界面的红外光谱,比如透射光谱法、内反射光谱法、漫反射光谱法、反射-吸收光谱法等。其中傅里叶变换红外光谱(FTIR)技术已经成为在研究复合材料界面时经常使用的一种方法。这种光谱是非色散型的,用干涉仪将两束受干涉的光束经过试样,探测放大后,通过计算机的数学运算得到精确度较高的红外光谱。

图 5-4 展示了接枝聚丙烯酸的碳纤维与纯碳纤维 FTIR 的差谱。在测试前需要将碳纤维用沸水萃取,充分干燥后再进行测定,可以看到 3 300 cm^{-1} 和 1 720 cm^{-1} 附近羧羟基与羧羰基的吸收。此外,整个谱图也与聚丙烯酸相近,表明碳纤维上存在无法萃取的聚丙烯酸。

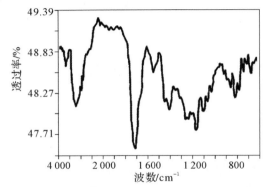

图 5-4 接枝聚丙烯酸碳纤维与纯碳纤维的 FTIR 差谱

5.4.2 界面形态的分析表征

复合材料界面尺寸微小,常规方法很难观察到它的结构,且复合材料界面依附于增强体和基体,在排除增强体和基体的影响后准确地观察到界面结构的难度就更大了。依据界面形貌,有时界面可能存在某种结晶态、无定形态和其他聚集态以及组成物等结构单元的信息或启示,也可能是与复合材料界面力学行为有关的问题,因此需要获得界面的微观结构资料来进行研究。

1. AFM 表征法

原子力显微技术(AFM)是近三十年来发展起来的具备很高应用价值的材料表面分析技术。AFM 可以对几纳米到几百微米区域的表面结构进行高分辨成像,可用于表面微观粗糙度的高精度和高灵敏度定量分析。由于原子力显微镜不需要对样品表面进行任何特殊处理,并可以在常温、常压下工作,成像精度高,且可以同时得到样品表面三维图像,已经广泛用于复合材料界面的研究。

AFM 是利用一个对力敏感的探针,探测针尖与试样之间的相互作用力来实现表面成像的。在原子力显微镜观测过程中,当原子力显微镜探针与被测样品表面接近时,针尖-样品表面之间的相互作用力主要由两方面因素决定:短距离的原子之间的相互作用力,以及长距离的范德华力的影响。通常情况下针尖与样品之间的作用力与针尖-样品的距离关系如图 5-5 所示。

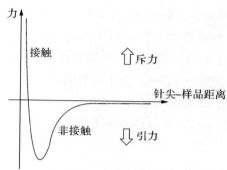

图 5-5　针尖-样品之间的作用力与距离变化曲线

在对样品进行扫描时,由于探针针尖与被测量样品之间的相互作用力,与探针相连的一个弹性微悬臂将会随样品表面高低形貌而偏移变化,通过检测悬臂的偏移来进行样品表面信息及物理特性的提取。

2. 电子显微镜法

常用的电子显微镜主要有透射电子显微镜(TEM)和扫描电子显微镜(SEM)。它们可以对树脂表面以及复合材料的断面进行研究。

TEM 是将经过加速、聚焦的电子束透射到样品(样品厚度一般小于 150 nm)上,电子与样品中的原子碰撞改变方向,产生立体散射角,其大小与样品的密度、厚度等有关,从而在荧光屏上形成明暗不一的图像。使用 TEM 可以研究树脂交联网络的交联程度、交联密度以及树脂的结晶形态等。对于碳纤维增强树脂基复合材料界面,TEM 表征的分析研究不多,这可以归结为以下 3 个原因:①碳纤维和树脂间悬殊的硬度、模量和热稳定性给制备 TEM 试样带来了很大困难,界面很难完成保存;②TEM 样品必须足够薄才能使电子束穿透样品得到形貌及结构信息;③目前 TEM 一般元素分析手段对轻元素的分析不敏感,很难定量。

与 TEM 相比,SEM 对试样的要求要简单得多,制样不需要进行薄片切割。先将表面进行适当处理,如磨平、抛光等,然后用适当的蚀镂剂侵蚀,再用真空法涂上 0.02 μm 厚的金属薄层以防止在电子束中带电。这样处理之后,即可将大块试样放入扫描电镜中进行观察。SEM 现已被广泛地应用于树脂基复合材料研究,可以通过观察复合材料破坏表面的形貌来评价纤维和树脂界面的黏结性能,以及结构和力学性能之间的关系。SEM 还可用于研究树脂、改性树脂的形态、表面断裂及裂纹发展形貌。

利用 SEM 观察复合材料断面时,如果观察到树脂黏结在纤维表面上,则表示纤维表面与基体之间有良好的黏结性;如果基体树脂与纤维黏结得不好,则可观察到纤维从基体中拔出,表面仅有很少树脂或很光滑,并且在断面上会留下空洞。还有一些学者用 SEM 观察纤维复合材料的断口形貌,研究不同增强纤维与树脂界面黏结情况对复合材料力学性能影响时发现,基体树脂能在玻璃纤维表面形成一层厚薄均匀的包覆层,复合材料的破坏主要发生在包覆层和基体树脂之间,而未处理的碳纤维增强材料则不同,其表面没有基体包覆层,破裂发生在碳纤维和基体之间。

5.4.3 界面力学性能表征

通过一种高效的实验手段来表征复合材料中纤维与树脂界面之间的结合程度与在特定载荷下的力学行为,是许多复合材料研究人员追求的目标。基于对界面性质的了解,能设计更好的设计复合材料,并且能够更合理地预估复合材料在制造及服役过程中可能出现的问题,比如湿热环境和疲劳等因素对界面性能的影响。由于真实复合材料纤维的体积分数高,材料内部存在复杂的纤维间的相互作用,界面性质也不可能均匀一致,在实验上也存在困难,通常使用单纤维复合材料来代替真实复合材料进行界面性质的研究。目前已经出现了复合材料界面力学行为研究的若干实验方法。

1. 单纤维拉出实验

单纤维拉出实验是出现最早,较为直观的方法,在复合材料发展的初期就获得应用。这种方法较为简单,只需要将纤维的一端包埋入基体,随后在纤维另一端加一载荷,将纤维从基体中拉出即可。拉出的纤维可以是单丝,也可以是一束纤维。由于纤维束拉出实验参数变化大,数据可对比性差,几乎已经不再使用,目前大多使用的是单纤维拉出实验。在 20 世纪 60 年代前就有人进行单纤维拉出实验,即将单丝包埋于纯净的树脂中,随后将其拉出,用以模拟复合材料界面的破坏过程。这种方法能够用于比较各种表面处理方法和不同包埋基体材料对复合材料性能的影响。

图 5-6 为单纤维拉出实验示意图。单丝在轴向被施以拉伸载荷,同时记录下载荷与位移的关系。通常单纤维拉出实验可以使用小型万用材料试验机进行。对透明基体材料,如果使用显微镜系统进行辅助,可以同时观察拉出过程中界面发生脱粘的情景。试样的制备方法与所选用的基体类型有关。对于热固性材料,常在室温条件下使用模具浇铸成型,随后加温固化制得;而对于热塑性材料,可以采用高温加压注塑,随后冷却硬化制得。

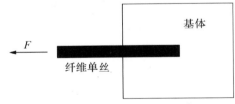

基体

F

纤维单丝

图 5-6 单纤维拉出实验示意图

图 5-7 为典型单纤维拉出实验的应力-位移曲线。可以将整个过程分为四个阶段,分别为线性部分至起始脱粘、部分脱粘至完全脱粘、完全脱粘到纤维拔出、界面摩擦。加载初期,应力伴随位移增大而增大,呈现线性关系。当纤维与基体之间发生脱粘或基体材料屈服时,应力急剧下降。此后,应力依靠界面的摩擦在纤维与基体之间传递。实验中测得的曲线形状比图5-7 所示的要复杂得多,其形状与多方面因素有关,包括纤维直径和埋入长度、基体与纤维的种类,以及试样制备过程的热学和力学因素。在拉出的初始阶段通常不是严格的直线,达到最大负载后与摩擦力相关的直线通常呈现锯齿状。

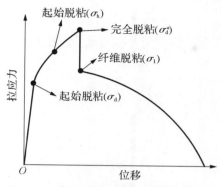

图 5-7　单纤维拉出实验应力-位移曲线

2.微滴包埋拉出实验

微滴包埋拉出实验是单纤维拉出实验的方式之一,只是将试样块状的基体改成微滴状基体,通过阻挡或推移微滴的方式来替代对基体的夹持。这种方法避免了单纤维拉出试样制备的困难。单纤维拉出实验中,如果包埋长度超过了纤维断裂的临界长度,纤维会在拉出之前发生断裂,而制备精准包埋长度的试样要求制样人员有丰富的经验和操作技巧。

图 5-8 是用于微滴包埋拉出实验的试样照片,使用的是碳纤维与环氧树脂。可以看到,在微滴的两端都有向外凸出的弯月形区域,其形状受树脂固化时纤维与树脂表面张力的影响。凸出区域沿纤维轴线的长度与被包埋纤维的长度有关。通常较长的包埋长度拥有较短的弯月形区域长度,因此大包埋纤维长度的微滴的形状更近似于准球状。弯月形区域的大小对微滴拉出实验的结果会产生影响。

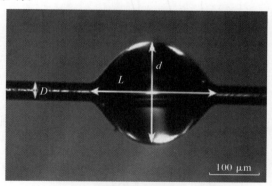

图 5-8　微滴包埋拉出实验试样照片

此实验试样制备方法较简单。对于热固性基体材料,首先将一定长度的纤维两端固定于纸板框或薄铝板框上。随后用注射器或尖针的端头,将一滴液态基体材料转移到纤维上,待其固化后即可获得用于实验的试样。对于热塑性基体材料,可用合适的溶剂将其溶解,随后用上述方法将溶液转移至纤维上。

微滴包埋拉出实验原理图如图 5-9 所示,微滴阻挡板(或刀片)固定于试样台上,两个阻挡板之间的间隙可以调节,具体根据弯月形区域的大小和纤维直径确定。调节试样台使纤维位于阻挡板间隙的中央,阻挡板的移动使负载施加于微滴上,移动速度可选取在 0.1 mm/min 左右,计算机将会自动记录负载和位移。实验前精确测定纤维直径和被包埋的长度。

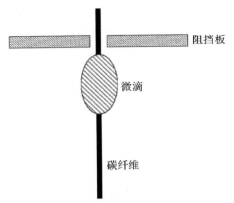

图 5-9　微滴包埋拉出实验原理图

　　微滴包埋实验典型力-位移曲线如图 5-10 所示,当微滴接触阻挡板后,负载呈直线型增大,直到最大值,随后急剧下降至摩擦负载。在负载最大处发生纤维与基体之间的界面破坏,在微滴脱粘后,微滴会沿着纤维移动,此时纤维与树脂之间的摩擦力基本保持不变。

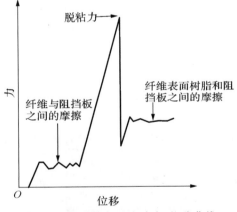

图 5-10　微滴包埋实验力-位移曲线

　　假设界面剪切应力沿整个界面均匀分布,而且纤维是圆柱形的,则界面剪切强度 τ_d 可以用下式计算:

$$\tau_d = \frac{F_d}{\pi\, d_f\, x} \tag{5.2}$$

式中:F_d——最大载荷;

　　　d_f——纤维直径;

　　　x——包埋长度。

　　式(5.2)是对应力分析的一种简化、近似的结果,它不是剪切应力沿界面真实状态的完整反映。从实验结果获得界面剪切强度的最简单方法是测得各个不同微滴包埋长度时的 F_d,随后应用式(5.2)计算 τ_d,再求这些值的平均值。

3.纤维压出实验

　　纤维压出实验使用的试样与前述的两种实验不同。在压出实验中,试样使用真实复合材料制造。将高纤维体积分数的复合材料沿着与纤维轴向垂直的方向切割成片状,将截面抛光,选定合适形状的压头,在纤维断面沿纤维轴向施压,直至发生截面脱粘和纤维滑移,记录纤维压出过程中的载荷与位移的关系,计算表征力学性能的各项参数。图 5-11 为纤维压出实验示意图。

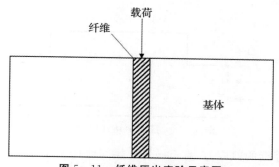

图 5-11　纤维压出实验示意图

图 5-12 为一典型的压出实验载荷-位移曲线。纤维压出过程中,界面脱粘随负载增大逐步发展,整个过程可以分为四个阶段。当载荷施加于纤维端面时,纤维发生弹性形变,相当于图 5-11 中的直线阶段,此时界面的剪切应力伴随载荷的增大而增大;当载荷达到 a 点时,脱粘开始,图中曲线斜率开始发生变化;当载荷达到 c 点时,引发纤维沿着整个长度的脱粘,纤维从基体中压出;载荷到达 d 点之后,纤维完全从基体中压出,纤维对载荷的抵抗来源于纤维与基体之间的摩擦力。

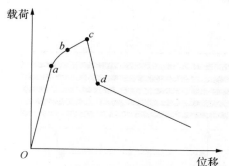

图 5-12　纤维压出实验典型载荷-位移曲线

设界面剪切应力沿界面均匀分布,则界面剪切应力 τ 可用下式表示:

$$\tau = \frac{F}{\pi d L} \tag{5.3}$$

式中:F ——施加的载荷;

　　d ——纤维直径;

　　L ——纤维长度。

显然,这是一个平均值。

任何表征界面的实验,其目的是获取关于界面性质的某些定量和定性的信息。从式(5.3)中计算得到的界面剪切引力是平均值,与真实情况下的界面剪切强度相比可能有很大差别。例如,由于纤维和基体之间残余应变的存在,试样断面附近界面产生很大的剪切应力,有时这一剪切应力会大到足以引起试样在未施加负载前就发生纤维脱粘。

4. 层间剪切强度实验

层间剪切强度有多种测试方法,这里介绍两种。

第一种是压剪法,参考 GB 1450.1—2005《纤维增强塑料层间剪切强度试验方法》。试样如图 5-12 所示。

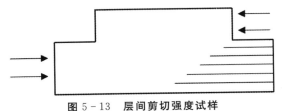

图 5-13　层间剪切强度试样

对试样施加均匀、连续的剪应力,直至破坏。层间剪切强度可按下式计算:

$$\tau_S = \frac{P_b}{b \cdot h} \tag{5.4}$$

式中:τ_S ——层间剪切强度;

　　P_b ——破坏载荷;

　　b, h ——受剪面的宽度和高度。

层间剪切强度另一测试方法是短梁弯曲法,参考 GB 35100—2008《纤维金属层板　短梁法测定层间剪切强度》。实验装置如图 5-14 所示。

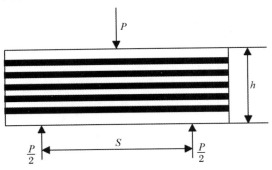

图 5-14　短梁弯曲实验示意图

连续加载直至试样发生破坏,最大剪切应力发生在试样的中间平面上,可以按下式进行计算:

$$\tau_S = \frac{3 P_b}{4bh} \tag{5.5}$$

式中:τ_S ——层间剪切强度;

　　P_b ——破坏载荷;

　　b, h ——受剪面的宽度和高度。

应注意,如果在剪切破坏之前发生了纤维由于拉伸引发的破坏,则实验失效;如果剪切破坏与拉伸破坏同时发生,则实验也失效。因此在完成实验之后,必须对断裂面进行仔细观察,以确保裂缝是沿着界面扩展而不是沿着树脂基体扩展。

习题与思考题

1. 请简要介绍复合材料界面起到怎样的作用。

2. 请简要介绍复合材料界面形成的第一阶段与第二阶段。

3. 复合材料界面作用的主要机理有哪些？各有何优缺点？

4. 请简要介绍纤维偶联剂处理的主要原理。常用的偶联剂分别有哪几类？

5. 请介绍经过化学气相沉积法处理后，纤维获得了怎样的性能。

6. 请介绍经过等离子体处理后的纤维性能发生了何种改变，举例说明退化效应的影响。

7. 请简要说明复合材料界面成分分析有哪些方法。

8. 请简要介绍 X 射线光电子能谱法的基本原理。

9. 请简要介绍红外光谱分析法的基本原理。

10. 请简要说明界面形态的分析表征有哪些方法。

11. 请简要介绍 AFM 表征的界面微观形貌的基本原理。

12. 常用的电子显微镜有哪两类？它们分别适用于哪些特征的表征？

13. 请简要概括相比于 TEM,SEM 有何优点。

14. 界面力学性能的实验有哪几类,请以图文结合的方式简要介绍。

15. 请结合应力-位移曲线介绍单纤维拉出过程的四个阶段。

16. 请简要介绍微滴包埋实验试样的制备方法。

17. 请以图文结合的形式介绍层间剪切强度实验的两种方法。

第三篇 树脂基复合材料成型基本原理

第二篇主要介绍了各类树脂基体、纤维增强体以及树脂与纤维结合界面的问题,本篇则重点介绍树脂基复合材料成型的相关原理。

无论对于哪种成型工艺,树脂基复合材料从原材料变化为零件都离不开两大主要过程,即树脂流动过程与树脂固化过程。不论是树脂流动还是树脂固化,都对最终生产产品的质量有着至关重要的影响:树脂流动过程控制着树脂对纤维的浸润,流动过程中树脂会将制件中的气体赶出零件,以确保零件的孔隙率以及最终成型质量,无论是使用干纤维原料注入树脂还是使用预浸料铺贴进行固化,都必须要考虑树脂在纤维间的流动行为;树脂固化行为复杂多变,在固化过程中,树脂会发生交联反应,状态也在不断改变,伴随着一系列物理和化学反应,在零件经历了升温固化与冷却后,零件内会产生残余应力,发生固化变形,严重时会影响零件的尺寸精度并导致零件力学性能受损。因此,对树脂流动行为和树脂固化行为的控制与研究,有利于提高复合材料的整体化设计水平和成型质量。

如果对树脂流动与树脂固化的控制不当,零件内部会或多或少出现一些成型缺陷。比如对树脂流动过程而言,模具设计或温度控制不当,会导致树脂无法完全浸润纤维,进而出现干斑或贫胶等缺陷;对树脂固化过程而言,在固化结束后产生的残余应力会导致树脂基体发生开裂,零件产生分层、翘曲或回弹等,固化变形则会影响零件的力学性能、外形和尺寸精度。除了上述缺陷外,复合材料零件中会出现其他缺陷类型。复合材料制品中存在缺陷十分正常,但是内部缺陷会在零件的使用过程中产生扩展,在外载作用下会加速零件的老化,大大影响零件的使用寿命。因此在复合材料零件制造过程中,需要严格控制制造环境,并对各类工艺参数进行控制;在制造完成后,则需要对其进行检测,以保证产品质量和使用安全。

本篇将主要对树脂的流动、固化以及复合材料零件缺陷的相关问题展开介绍。

第6章 树脂流动基本原理

树脂基复合材料因其优异的性能成为航空航天领域的战略材料,复合材料是由树脂基体和增强体复合而成的,因此,研究两相在成型过程中的相互作用,对于解析复合材料成型过程具有相当重要的意义。现有的复合材料成型工艺有热压罐成型、液态成型、拉挤成型、缠绕成型等,它们均涉及一个问题,即树脂在纤维体内的流动,合理控制树脂在纤维体内的流动,对复合材料制件的微观结构和力学性能具有重要影响。按照复合材料成型前的状态可将成型工艺粗略分为两类:一类是干纤维树脂注入,一类是预浸料铺贴。不管哪种方式都必须考虑树脂在纤维中的流动,本章将对树脂在纤维中的渗流行为进行叙述。

6.1 树 脂 黏 度

6.1.1 热固性树脂的黏度

热固性树脂在固化之前就已经将树脂和固化剂均匀混合,混合后的树脂会发生固化反应。树脂固化反应的进行受温度的影响,树脂的固化过程伴随着反应热的产生,反应热的产生又会影响反应速率,因此用固化度(α)来表征树脂固化反应进行的程度。

树脂固化反应过程中的化学反应速率常数与温度之间的关系满足阿伦尼乌斯方程,阿伦尼乌斯方程可以表示为以下形式:

$$K = A\exp(-E_a/RT)　\tag{6.1}$$

式中:A——指前因子;

E_a——固化反应的活化能;

K——化学反应速率常数;

R——摩尔气体常数;

T——绝对温度。

在复合材料成型过程中,随着固化温度的变化,树脂的状态在不断发生变化,其中最具代表性的就是树脂的黏度。树脂固化过程中的黏度有两方面作用,一是温度变化对树脂黏度的影响,二是反应程度对于黏度的影响。树脂的实际黏度是这两个因素综合作用的结果。初始时刻树脂的黏度一般较低,随着固化程度的增大而增大,当物质通过化学交联或物理变化(如相分离或结晶)而硬化时,黏度达到最大值。接下来的反应发生在固态,反应将使聚合物的模量在脱模前达到要求。因此,在成型过程中,树脂的充模过程必须在黏度较低时完成,然后进入固化阶段,该阶段能使树脂基体在脱模前达到一定的力学性能。

树脂黏度会明显地影响树脂的流动,进而影响制件最终的树脂含量。同时,树脂黏度还影响孔隙的迁移,并在一定程度上影响孔隙的形成和生长。作为多孔介质控制方程的重要参数,对于热固性树脂而言,树脂黏度受控于树脂的反应程度。

由上述可知,树脂的黏度与温度和时间有关,因此,热固性树脂流变性改变的模型可以用时间和温度的函数来表达。当树脂表现为一级固化动力学行为时,黏度和反应时间的唯象关系可以表示为

$$\eta(t) = \eta_0 \exp(kt) \tag{6.2}$$

式中:$\eta(t)$——t 时间的黏度;

$\quad \eta_0$ ——初始黏度;

$\quad k$ ——一级反应速率常数;

$\quad t$ ——反应时间。

Roller 假设初始黏度和式(6.2)中动力学量随温度的变化满足阿伦尼乌斯方程,并将树脂的热历史考虑到模型当中,有

$$\eta_0 = \eta_\infty \exp\left(\frac{E_\eta}{RT}\right) \tag{6.3}$$

$$K = K_0 \exp\left(\frac{-E_a}{RT}\right) \tag{6.4}$$

式中:η_∞——阿伦尼乌斯流体的指前因子;

$\quad K_0$——固化反应的指前因子;

$\quad E_\eta$——流体活化能;

$\quad E_a$——固化反应的活化能。

等温固化时,式(6.2)~式(6.4)可合并成双阿伦尼乌斯黏度模型:

$$\ln\eta(t,T) = \ln\eta_\infty + \frac{E_\eta}{RT} + K_0 \exp\left(\frac{-E_a}{RT}\right)t \tag{6.5}$$

对于非等温固化过程,树脂温度 $T = f(t)$,双阿伦尼乌斯模型可写为

$$\ln\eta(t,T) = \ln\eta_\infty + \frac{E_\eta}{Rf(t)} + K_0 \int_0^t \exp\left(\frac{-E_a}{RT}\right)t \tag{6.6}$$

尽管式(6.6)是用于表征一级固化动力学的树脂化学流变性的,但研究表明它对于一些非一级固化的环氧树脂也同样适用。

尽管双阿伦尼乌斯黏度模型对于选择最佳固化条件十分有用,但它却不能反映树脂的网状结构和性能。因为黏度模型以总的固化动力学为基础,所以模型的参数不是固定不变的,即参数随着树脂组成的改变而改变。

二级模型用独立测定的动力学数据将黏度与反应时间的表达式变为黏度与转化率的表达式。这一改变纠正了各种催化剂浓度和反应温度对反应速率的影响。典型的表达式如下:

$$\eta = \eta_\infty \exp\left(\frac{E_\eta}{RT}\right)\left(\frac{\alpha_{gel}}{\alpha_{gel} - \alpha}\right)^{f(a,T)} \tag{6.7}$$

式中：α_{gel}——凝胶转化率。

另一种途径是，Tajima 和 Crozier 用 WLF(Williams Landel Ferry)方程来描述树脂黏度随温度的变化，然后将 WLF 方程的参数和固化反应动力学联系起来。WLF 方程如下：

$$\log(\alpha_{\mathrm{T}}) = \log\left[\frac{\eta(T)}{\eta(T_{\mathrm{s}})}\right] = \frac{-c_1(T - T_{\mathrm{s}})}{c_2 + (T - T_{\mathrm{s}})} \tag{6.8}$$

式中：c_1, c_2　　——材料常数；

$\qquad T_{\mathrm{s}}$　　　——参考温度；

$\qquad \eta(T)$　　——温度 T 时的黏度；

$\qquad \eta(T_{\mathrm{s}})$——在参比温度 T_{s} 的黏度。

温度 T 和 T_{s} 间的力学或介电松弛时间的平移因子可近似为

$$\alpha_{\mathrm{T}} \approx \frac{\eta(T)}{\eta(T_{\mathrm{s}})} \tag{6.9}$$

式(6.8)又可以写为

$$\log\eta(T) = \log\eta(T_{\mathrm{s}}) + \frac{c_1(T - T_{\mathrm{s}})}{c_2 + |T - T_{\mathrm{s}}|} \tag{6.10}$$

Tajima 和 Crozier 将固化环氧树脂的聚合动力学代入式(6.10)，把参比温度看成胺固化剂浓度的函数和环氧基转化率的函数。由于玻璃化转变温度随着固化的进行而改变，所以有时可用玻璃化转变温度作参比温度。

Lee 和 Han 用这一方法来表征不饱和聚酯树脂的化学流变性。他们用几个经验公式将玻璃化转变温度和树脂转化率联系起来。

对于一些商业环氧树脂，人们发现在玻璃化转变温度处的黏度可用下式表示：

$$\log\eta(T_{\mathrm{g}}) = c_3 + c_4 T_{\mathrm{g}} \tag{6.11}$$

式(6.10)和式(6.11)合并成

$$\log\eta(T) = c_3 + c_4 T_{\mathrm{g}} + \frac{c_1(T - T_{\mathrm{g}})}{c_2 + (T - T_{\mathrm{g}})} \tag{6.12}$$

式中：c_1、c_2、c_3 和 c_4 是常数。式(6.7)将黏度和玻璃化转变温度联系起来可用于计算双马来酸亚胺树脂黏度随时间和温度的变化。式(6.12)中只有玻璃化转变温度随时间而改变，它随着树脂的固化而升高。

以转化率为基础的黏度模型广泛应用于逐步聚合中，但不能用于链增长聚合中。对于不饱和聚酯树脂，凝胶通常在低转化率(一般小于 1%)下发生，这使得黏度变化和树脂转化率很难联系起来。树脂的高官能度以及自由基聚合的特性(即反应受高活性自由基邻位的限制)致使分子内发生局部不均匀反应，现有的模型无法轻易模拟这些条件。在这些树脂的反应性加工过程中，人们提出了几个简化模型来确定体系的凝胶点。Gonzalez-Romero 和 Macnsko 假定凝胶时间 t_{gel} 等于阻聚时间，即

$$t_{\mathrm{gel}} = \frac{qC_{z0}}{2fC_{\mathrm{I}0}K_{\mathrm{d}}} \tag{6.13}$$

式中：q　——阻聚剂的效率；

$\qquad f$　——引发剂的效率；

C_{z0}——阻聚剂的初始浓度;

C_{I0}——引发剂的初始浓度;

K_d——引发剂分解速率常数。

这一模型估计的凝胶时间比实际凝胶时间大很多,因此 Muzumdar 和 Lees 提出了一个半经验模型:假定凝胶作用在已确定自由基浓度下发生,该自由基浓度依赖链引发和链阻聚动力学,在不同温度和固化剂浓度下,该模型满足实验测定的凝胶时间。但是上述自由基浓度需要实验测定,并且它随树脂种类的不同而不同。

6.1.2　热固性树脂的黏度确定方法

树脂的流变特性用于描述树脂黏度与温度、时间之间的关系。因此,测量树脂在固化过程中的黏度对于流变特性的确定非常重要。按照操作方式,测量树脂黏度的方法可分为毛细管式、旋转式和振动式3种。

(1)毛细管式黏度计。毛细管式黏度计分为品氏、平氏、乌式、奥式4种。品氏黏度计是实验室常见的一种,装置原理图如图6-1所示。其测量原理是:从粗管口向管内灌注测量流体,等流体充满小球3后停止加注,确保液面不超过刻度线5;然后将粗管口堵住,用打气筒通过左侧开口2向管内充气,右侧细管中的液面会上升,等右侧细管中的液面没过刻度线7时停止充气;最后将左侧开口打开,液体会从右侧细管流入左侧粗管,记录下液面流过刻度线7和5所用的时间差(样品黏度越大,这段时间越长)。因为毛细管4的长度和横截面积已知,这样就可以算出流经毛细管内液体的黏度。

(2)旋转式黏度计。如图6-2所示为实验室常用的旋转式数字显示黏度计。它主要包括底座、支撑架、控制电机、转子等。其测量原理是将转子置入待测液体中,转子被电机带动,以一定速度在液体中转动,转动时因为液体的黏度转子会受到黏阻力(液体黏度越大,黏阻力越大),该黏阻力会由传感器检测到,然后系统进行液体黏度的计算,并最终显示到显示屏上。根据所测液体的黏度,可以选择合适的转子进行测量,这种测量方法的好处是可以实时读取液体的黏度,使用方便。

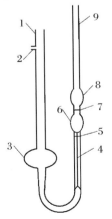

图 6-1　品氏黏度计原理图

1—粗管;2—左侧开口;3、6、8—小球;
4—毛细管;5、7—刻度线;9—细管

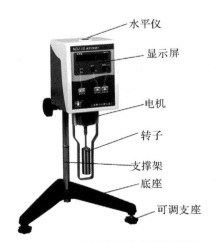

图 6-2　旋转式数字显示黏度计

（3）振动式黏度计。图 6-3 为振动式黏度计的原理图。这种黏度计的工作原理是：处于流体内的物体振动时会受到流体的阻碍作用，此作用的大小与流体的黏度有关。常用的振动式黏度计为超声波黏度计，其探测器内有一个弹片，在受脉冲电流激励时，弹片产生超声波范围的机械振动。当弹片浸在被测样品中时，弹片的振幅与样品的黏度和密度有关；在已知密度的情况下，可从测出的振幅数据求得黏度数值。

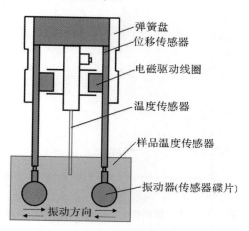

图 6-3　振动式黏度计

上述三种黏度测量装置中，毛细管式的黏度计价格便宜，测量时步骤较烦琐，数据处理工作量大，可以根据所测流体的黏度选定不同规格的品氏黏度计进行测量；旋转式黏度计，靠转动头在流体中旋转来实时测量流体黏度，使用方便，可以直接读出黏度数值，如果将盛有流体的容器放入可控温度的水浴加热装置中，这种类型的黏度计就可用来测量不同温度下流体的黏度，但这种黏度计价格较高；振动式黏度计具有最高的准确度，同时价格也最高。

对于一般的黏性流体，黏度随温度上升显示出下降的趋势，图 6-4 为某型树脂黏度随温度变化的曲线图。

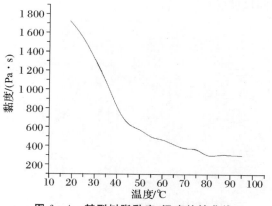

图 6-4　某型树脂黏度-温度特性曲线

在成型过程中，树脂和固化剂进行充分混合后，置于一定温度条件下，进行固化反应，最终得到满足一定力学性能的复合材料制件。图 6-5 为某型树脂随温度变化发生固化反应时的黏度变化曲线。在此过程中有两个过程存在：一个是温度上升使得树脂黏度下降；另一个是随着温度上升,树脂和固化剂发生交联反应,使黏度上升。在开始阶段,树脂黏度显示出下降趋势,这是因为开始阶段树脂反应程度较低,受温度影响较大,黏度下降;中间阶段黏度比较稳定,这是因为温度对树脂黏度的影响程度和树脂反应的程度相当,黏度变化不大;温度上升到100℃之后,树脂反应程度加大,此时树脂黏度主要受反应程度影响,因此,该阶段树脂黏度急剧增大。

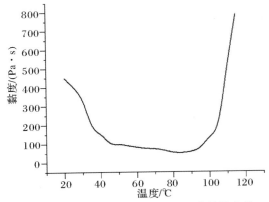

图 6-5　某型树脂固化时黏度-温度特性曲线

6.2　多孔介质渗流行为

6.1.1　多孔介质特征

纤维增强体就像多孔介质一样,内部的孔隙极其微小,树脂在纤维内部以渗流方式流动,多孔介质可用不同的尺度表征,如图 6-6 所示。一般而言,多孔介质包括小尺度 a,它表征组成介质的颗粒和孔隙,还有大尺度 c,它决定介质的整个长度。若多孔介质包含多个尺度的颗粒时,也可能存在一些中间尺度(b)。

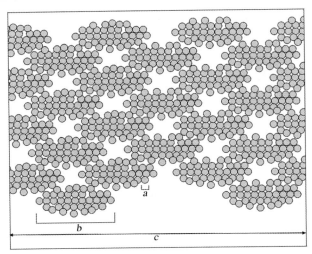

图 6-6　含有多尺度纤维的多孔介质示意图

本书中,宏观尺度 c 表示介质的整体大小;微观尺度 a 表征最小单元,如单根纤维或纤维间的孔隙;b 表示介观尺度,指组成介质的丝束大小。

液态树脂在纤维中的流动行为可以用无压缩流动的 Navier-Stokes 流体力学方程表示:

$$\rho \frac{\mathrm{d}\boldsymbol{v}}{\mathrm{d}t} = -\nabla p + \mu \nabla^2 \boldsymbol{v} \tag{6.14}$$

式中:左侧表示流体速度矢量的微分。由于复合材料加工过程中液体流动相当慢,上述等式可以直接简化,甚至对于结构树脂注射成型(SRIM),可忽略包含在微分中的非线性动量因素,得到 Stokes 流体方程:

$$\boldsymbol{0} = -\nabla p + \mu \nabla^2 \boldsymbol{v} \tag{6.15}$$

实际纤维结构对应的多孔介质表面形状非常复杂,数值求解要受到非滑动边界条件的影响。解决复杂几何形状的多孔介质中流动行为的传统方法是通过体积平均化进一步简化等式(6.15)。平均体积利用中尺度 b(见图 6-6),它小到足以涵盖大多数实际应用的信息,如工艺设计,但也大到消除许多几何上的复杂性。倘若标量 B 的体积平均定义为

$$\langle B \rangle = \frac{1}{V} \int^V B \, \mathrm{d}V \tag{6.16}$$

式中:V 是平均体积,且 $V \propto b^3$,类似的关系也可以定义矢量和张量的性质,所以动量等式(6.15)可实现体积平均化。当实施上述转变并假设多孔介质尺度上是无限的,那么得到 Darcy 关系式为

$$\langle \boldsymbol{v} \rangle = \frac{\boldsymbol{K}}{\mu}(\nabla p) \tag{6.17}$$

式中,$\boldsymbol{K}$ 为渗透率张量,它仅依赖于多孔介质体积平均化后的几何形状。计算几何形状复杂的多孔介质中的具体流动行为比较困难,所以用包含未知量 $\boldsymbol{K}$ 的等式计算多孔介质的平均流动行来代替。因为未能准确知道这些多孔介质的几何尺寸,实际上多孔介质的 $\boldsymbol{K}$ 是未知的。对典型多孔介质或重新构建的多孔介质的 $\boldsymbol{K}$,在简单的实例中可以计算出分析解,而对于复杂的情况可以得到数值解。

6.2.2　渗透率的理论模型

6.2.2.1　达西定律

达西定律(Darcy's law)描述饱和土中水的渗流速度与水力坡降之间的线性关系的规律,又称之为线性渗流定律。该定律 1856 年由法国工程师 H. P. G. 达西通过实验总结得到。1852—1855 年,达西进行了水通过饱和砂的实验研究,发现地下水运动服从下式的线性基本规律:

$$Q = K \cdot A \cdot J \tag{6.18}$$

式中:Q——渗透流量;

A——渗透断面面积;

J——水力坡度,$J = (H_1 - H_2)/L$;

K——渗透系数,其值等于水力梯度为 1 时水的渗透速度。

达西定律的实验装置如图 6-7 所示,装置主体是一横截面积为 A 的直立圆筒,其上端开

口,在圆筒左侧装有两支相距为 L 的测压管。在距离 L 的段内,直立圆筒中装有颗粒均匀的沙土。水由右侧上端进口注入,然后渗透过砂层经右侧下端管道流出进入量筒,以此来计算渗流量 Q。

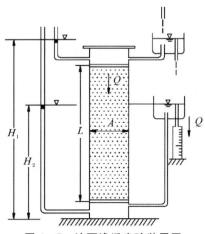

图 6-7 达西渗透实验装置图

在树脂基体的渗流过程中达西定律可表述为:流过试样界面的树脂体积流量 Q 与界面面积 A 和试样上的压力差 Δp 成正比,与试样流动方向上的长度 L 和树脂黏度 μ 成反比,即

$$Q = K \frac{A}{\mu} \frac{\Delta p}{L} \tag{6.19}$$

实际上,在树脂充入并流经纤维之间的空间过程中,有很长一段时间处于纤维、树脂和空气共存的三项流动状态,用一个精确的模型去描述流动过程是非常困难的。常用的达西定律的表达式为

$$v = -\left(\frac{K}{\mu}\right) \cdot (\nabla p) \tag{6.20}$$

式中:v ——渗流速度,$v = Q/A$;

μ ——树脂黏度;

K ——预成型体渗透率。

6.2.2.2　渗透率

渗透率是模拟树脂在纤维预制件中流动的一个重要输入参数。大多数增强材料是由纤维集合成束再经缝制或编织而成的纤维织物或预制件,纤维预制件具有多尺度、多层次的特点。多孔介质允许流体通过相互连通的微小孔隙流动的性质称为渗透性,多孔介质均具有一定的渗透性,且渗透率的大小与多孔介质的结构形式有关。纤维的网格参数、形状特征、纤维体积分数、孔隙大小和分布等因素都会对渗透率大小产生影响。

经典的渗透率模型 Carmen-Konzeny 模型适用于计算各向同性的多孔介质,但它并不适用于计算各向异性的多孔介质,在此基础上考虑各向异性的因素改进出了许多模型,但效果有限。这些模型的局限性可能是由各种结构纤维结合造成更多样的微观尺度造成的。因此,一个能够预测多孔介质渗透率的模型不仅需要知道纤维体积分数,还需要考虑纤维结构,同时实验和模拟的结果表明,纱线的自身结构在确定渗透率时也起着重要的作用。因此,渗透率在不同尺度上与增强材料的结构特点有关,直接用结构预测渗透率是重要的研究课题。

1. Carmen-Konzeny 模型

一些研究者总结了牛顿流体通过各种多孔介质和纤维层的渗透率模型。最简单的模型是将多孔介质看作毛细管束。模型的一般形式为

$$K = \frac{\varphi^3}{\tau^2 A_v^2} \tag{6.21}$$

式中:K ——渗透率;

　φ ——孔隙率;

　τ ——曲率;

　A_v ——单位体积的表面积。

由于曲率的确定有许多主观因素,因此这一模型应用较为困难。Konzeny 最早发现渗透率和多孔介质中孔的结构之间具有关联性,他提出用具有一定长度的不同截面的流道来表征多孔介质,建立了压差和流体速度之间的关系式,并在渗透率的计算公式中引入表征多孔介质中粒子形状的系数 C。在此基础上,Carmen 得出与达西定律形式相似的牛顿液体在多孔介质中流动的关系式,得到了著名的 Carmen-Konzeny 公式,即

$$K = \frac{\varphi^3}{CA_v^2 (1-\varphi)^2} \tag{6.22}$$

式中:C ——常数;

　K ——渗透率;

　φ ——孔隙率;

　A_v ——单位体积的表面积。

Carmen-Konzeny 公式适于各向同性多孔介质的渗透率预测,它可应用于各向同性的短切纤维毡或单向纤维预制件中沿着纤维束方向的渗透率计算。但是 Carmen-Konzeny 公式并不适用于描述流体垂直于纤维方向流动的低孔隙率预制件,而实际预制件的纤维体积分数往往较高。

2. Gebart 模型

纤维束是由非扭曲、规则排列的纤维丝构成的。Gebart 在 Carmen-Konzeny 模型基础上,假定纤维按四方密排和六方密排(见图 6-8),同时纤维单丝不可渗透且平行排列,得到如下渗透率模型:

$$K_x = \frac{8r_f^2 (1-V_f)^3}{B_1 V_f^2} \tag{6.23}$$

$$K_z = B_2 \left(\sqrt{\frac{V_{f,max}}{V_f}} - 1\right)^{5/2} r_f^2 \tag{6.24}$$

式中:K_x ——平行于纤维方向上的渗透率;

　K_z ——垂直于纤维方向上的渗透率;

　r_f ——纤维半径;

　V_f ——纤维体积分数。

参数 B_1、B_2 和 $V_{f,max}$ 随纤维的排列而定,具体参数见表 6-1。

表 6-1 Gebart 模型参数表

排列方式	B_1	B_2	$V_{f,max}$
四方排列	57	$16/(9\pi\sqrt{2})$	$\pi/4$
六方排列	53	$16/(9\pi\sqrt{6})$	$\pi/2\sqrt{3}$

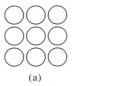

图 6-8 纤维束内单丝的排列

(a)四方密排;(b)六方密排

尽管上述理论模型足以用来描述流体在排列规整的理想纤维层中的流动,但它们在实际织物增强体中的应用却十分有限。这是由于模型中并没有考虑到实际纤维层中孔隙的不均匀性及表面效应。许多织物增强体,如无规纤维毡,很难模拟其真实的孔结构。因此,目前多数评估预成型体渗透率的方式是用流体流动实验来测定其渗透率,然后把结果代入经验公式。同时,实验方法也可预测非饱和流动和预成型体中的非稳态流动。

目前常用的测定多孔介质渗透率的方法有单向流方法、径向流方法和层间流方法 3 种。其中单向流方法或径向流方法常用来测定面内渗透率,层间流方法用来测定横向(厚度方向)渗透率。单向流实验允许用非饱和流动数据直接与饱和流动数据进行比较,提供希望看到的成型过程中的流动与纯粹基于流动行为的渗透率的区别。通过径向流实验可以快速得到面内渗透率张量的两个分量,但仅限于非饱和流动。

6.2.3 渗透率的数值计算方法

大多数增强材料的渗透率都具有方向性,在层合板的三维方向上渗透率不相同,因此渗透率的计算一般按维数来分类,分为一维、二维和三维计算。从状态上又可以分为动态和稳定态测定、恒压和恒定流速测定。测量计算的基本公式是达西定律公式。

1.孔隙率的计算

孔隙率是与渗透率关系密切的参数,增强材料的孔隙率是增强材料体积分数的函数:

$$\varphi = 1 - \frac{V_f}{V_M} \tag{6.25}$$

式中:V_f——增强材料的体积;

V_M——模腔的体积。

又由于增强材料的体积:

$$V_f = M_f/\rho_f \tag{6.26}$$

式中:M_f——增强材料的质量;

ρ_f——玻璃纤维的密度。

故可以得到增强材料的孔隙率为

$$\varphi = 1 - \frac{M_f}{\rho_f V_M} \tag{6.27}$$

2.一维渗透率的计算

一维渗透率的计算可用来确定面内单向的渗透率,也可用来确定沿厚度方向的面外渗透率 K_z,计算方法有以下几种:

(1)稳态渗透率的计算。由一维流动的达西定律公式可得

$$v = \frac{Q}{A} = -\frac{K\Delta p}{\mu L} \tag{6.28}$$

式中:v ——液体表面流动速度;

$\quad Q$ ——液体体积流速;

$\quad A$ ——模腔的截面积;

$\quad \mu$ ——流体的黏度;

$\quad L$ ——整个流动的长度。

利用实验中的数据 Q 和 Δp 作出 $Q-\Delta p$ 图,图中直线的斜率即为该预制体体积分数下的渗透率。

(2)动态渗透率的计算。流动前沿位置随时间 t 变化,将达西定律公式的左右两边对时间求导,可以得到动态测定渗透率的计算公式:

$$\frac{\mathrm{d}l}{\mathrm{d}t} = \frac{K\Delta p}{\mu\varphi(t)} \tag{6.29}$$

式中:l ——流动前沿在 t 时刻的位置;

$\quad \Delta p$ ——注射口与流动前沿之间的压力差;

$\quad \varphi(t)$——增强材料预制件的孔隙率。

(3)恒压渗透率的计算。在压力保持不变的情况下计算渗透率,是实际测量渗透率常用的计算方法,在 $t=0$、$l=0$ 的初始条件下对方程式(6.29)进行积分,可得到恒压状态下的达西定律:

$$l^2(t) = \frac{2K\Delta p}{\mu\varphi}t \tag{6.30}$$

$$\Delta p = p_{\mathrm{in}} - p_{\mathrm{out}} - p_{\mathrm{c}} \tag{6.31}$$

式中:p_{in}——恒定的入射口压力;

$\quad p_{\mathrm{out}}$——排气口压力;

$\quad p_{\mathrm{c}}$ ——毛细管压力。

通过 l^2 对 t 作图就可以求出渗透率 K 的值。

(4)恒定流速的渗透率的计算。对方程式(6.29)在 $t=0$、$l=0$ 初始条件下积分可以得到

$$\frac{l^2(t)}{2} = \frac{K}{\mu\varphi}\int_0^l \Delta p\,\mathrm{d}t \tag{6.32}$$

在恒定流速的实验中,用 $Qt/\varphi A$ 代替 $l(t)$ 可以得出渗透率的表达式:

$$K = \frac{\mu Q^2 t^2}{2\varphi A^2\left[\int_0^l p_{\mathrm{in}}\mathrm{d}t - (p_{\mathrm{out}} + p_{\mathrm{c}})t\right]} \tag{6.33}$$

3.二维面内渗透率的计算

面内渗透率张量的形式是

$$K = \begin{bmatrix} K_{xx} & K_{xy} \\ K_{yx} & K_{yy} \end{bmatrix} \qquad (6.34)$$

在渗透率张量的矩阵中，$K_{xy} = K_{yx}$。由于方程的连续性和液体的不可压缩性，Darcy 定律可以写成

$$\nabla \cdot (K \cdot \nabla p) = 0 \qquad (6.35)$$

液体刚进入二维各向异性织物流动时流动前沿是圆形，随后流动前沿以椭圆方式径向流动，如图 6-9 所示。图中，X、Y 分别表示织物的径向和纬向，R_1、R_2 分别表示流动前沿长轴和短轴的长度，θ 表示 R_1 和 X 轴之间的夹角。

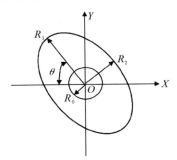

图 6-9　各向异性织物流动

下面分别讨论各向同性织物、正交各向异性织物和各向异性织物的渗透率计算。

（1）各向同性织物。各向同性织物的渗透率张量退化为一个标量 K，$K = K_x = K_y$，则方程式（6.35）的解为

$$F = (R_f/R_0)^2 [2\ln(R_f/R_0) - 1] + 1 = 4K\Delta pt/(\mu\varphi R_{x0,e}^2) \qquad (6.36)$$

式中：R_f ——t 时刻流动前沿的半径；

$\quad\quad \Delta p$ ——压力梯度；

$\quad\quad \mu$ ——树脂黏度；

$\quad\quad \varphi$ ——纤维织物孔隙率；

$\quad\quad R_0$ ——注射口半径。

通过 F 对 t 作图，可以得到一条通过原点的直线，由这条线的斜率可以求出渗透率 K 的值。

（2）正交各向异性织物。θ 为零的正交织物的流动前沿是椭圆形，渗透率张量的矩阵式（6.34）中只有对角线元素 K_{xx} 和 K_{yy} 存在。由方程式（6.35）得到正交织物方程为

$$K_{xx} \frac{\partial^2 p}{\partial^2 x} + K_{yy} \frac{\partial^2 p}{\partial_y^2} = 0 \qquad (6.37)$$

此方程可以转换成等效各向同性坐标系。在变换中，点 (x,y) 通过下列变换转变成等效点 (X_e, Y_e)。

$$y = \left(\frac{K_y}{K_x}\right)^{\frac{1}{2}} x \qquad (6.38)$$

$$K_e = (K_x K_y)^{\frac{1}{2}} \qquad (6.39)$$

$$X_e = \left(\frac{K_y}{K_x}\right)^{\frac{1}{4}} x \qquad (6.40)$$

$$Y_e = \left(\frac{K_x}{K_y}\right)^{\frac{1}{4}} y \qquad (6.41)$$

由实验获得在相同时间的每一组数据,用 R_x(椭圆短轴)对 R_y(椭圆长轴)作流动前沿图,通过原点作一直线,其斜率为

$$m_1 = \left(\frac{K_y}{K_x}\right)^{\frac{1}{2}} \qquad (6.42)$$

用式(6.40)可把 R_x 及 t 数据变成等效各向同性坐标系内的值,即

$$R_{Xe} = \left(\frac{K_y}{K_x}\right)^{\frac{1}{4}} R_x \qquad (6.43)$$

由式(6.43)把注射口 R_0 转变成在 X 轴上的等效注射口半径,等效树脂口半径的表达式为

$$R_{X0,e} = \left(\frac{K_y}{K_x}\right)^{\frac{1}{4}} R_0 \qquad (6.44)$$

把式(6.43)和式(6.44)代入式(6.36)中得到

$$F = (R_{Xe}/R_{X0,e})^2 \left[2\ln(R_{Xe}/R_{X0,e}) - 1\right] + 1 = 4K\Delta pt/(\eta\varphi R_{X0,e}^2) \qquad (6.45)$$

通过 F 对 t 作图,得到通过原点的直线,由斜率

$$m_2 = 4K_e\Delta p/(\eta\varphi R_{X0,e}^2) \qquad (6.46)$$

可以求出 K_e,再由式(6.39)和式(6.42)两式即可解出 K_x 和 K_y:

$$K_x = \frac{K_e}{m_1} \qquad (6.47)$$

$$K_y = m_1 K_e \qquad (6.48)$$

(3)各向异性织物。当织物为各向异性时,渗透率张量坐标系主轴与材料坐标系轴的夹角为 θ,由此可以得到各向异性织物面内渗透率张量的 4 个分量为

$$\left.\begin{aligned} K_{xx} &= \frac{K_x + K_y}{2} + \frac{K_x - K_y}{2}\cos 2\theta \\ K_{yy} &= \frac{K_x + K_y}{2} - \frac{K_x - K_y}{2}\cos 2\theta \\ K_{xy} &= K_{yx} = \frac{K_x - K_y}{2}\sin 2\theta \end{aligned}\right\} \qquad (6.49)$$

4.三维渗透率的计算

在制备纤维增强复合材料的过程中,纤维增强材料通常是数层同种或不同种的织物叠加铺放而组成的多铺层织物结构。有些特别要求的纤维增强复合材料制品,如其局部需要更高的强度和刚度,此时还需要对其某些特定区域多铺放不同的纤维增强织物,以达到制品的性能要求;有时又对纤维增强复合材料制品的厚度有特定要求,需要在制品的某一区域增加或减少纤维织物的铺放层数。

树脂在增强材料中的流动是在三维空间中进行的,要真实地反映这种情况,特别是树脂在形状复杂的预制件中的流动,三维渗透率的计算是十分必要的。经过坐标转换可以描述渗透率与树脂在三维方向上的流动关系式。根据达西定律,经过数学推导建立的 3 个坐标上的渗透率近似表达式为

$$K_x = \frac{\mu a^2 (1-\varphi_f)}{6\Delta pt}\left[2\left(\frac{x}{a}\right)^3 - \left(\frac{x}{a}\right)^2 + 1\right]$$

$$\left.K_y = \frac{\mu b^2 (1-\varphi_f)}{6\Delta pt}\left[2\left(\frac{y}{b}\right)^3 - \left(\frac{y}{b}\right)^2 + 1\right]\right\} \qquad (6.50)$$

$$K_z = \frac{\mu c^2 (1-\varphi_f)}{6\Delta pt}\left[2\left(\frac{z}{c}\right)^3 - \left(\frac{z}{c}\right)^2 + 1\right]$$

式中：Δp ——入射口与流动前沿处的压力差；

x、y、z——t 时刻流动前沿的位置坐标；

a、b、c ——虚设的半椭球入射口的主轴，为方便起见 a、b、c 一般被简化处理成近似等于树脂入口的半径。

6.2.4 树脂充模流动

复合材料成型过程中，对树脂在增强纤维中的流动常基于达西定律进行建模，达西定律只涉及牛顿流体在多孔介质中的饱和流动，而不涉及液态成型过程中流动前沿的前进和变化，为了模拟充模过程，有以下假设：

（1）由于达西定律仅对雷诺数与孔径比不大于1的牛顿流体的饱和流动有效，通常认为预先放置在模具中的织物增强体在充模过程中固定不动；

（2）由于树脂流动的雷诺数很小，其惯性效应可以忽略不计，而且和主要的黏滞力相比，表面张力也可以忽略；

（3）通常还假定模具的型腔比织物增强体的孔隙大很多。

在上述假设的基础上，可以用描述流体流过多孔介质的达西定律来代替动量方程。在直角坐标系下的三维流动体系中，速度矢量是由对应着 x、y 和 z 三个方向上的 v_x、v_y 和 v_z 组成的，于是达西定律可以表示为

$$\begin{bmatrix} v_x \\ v_y \\ v_z \end{bmatrix} = -\frac{1}{\mu}\begin{bmatrix} K_{xx} & K_{xy} & K_{xz} \\ K_{yx} & K_{yy} & K_{yz} \\ K_{zx} & K_{zy} & K_{zz} \end{bmatrix}\begin{bmatrix} \dfrac{\partial p}{\partial x} \\[6pt] \dfrac{\partial p}{\partial y} \\[6pt] \dfrac{\partial p}{\partial z} \end{bmatrix} \qquad (6.51)$$

式中：$K_{ij}(i,j=x,y$ 或 $z)$ 是渗透率张量。对于不可压缩流体（稳态流体），可以用质量守恒定律描述其连续性方程：

$$\nabla v = 0 \qquad (6.52)$$

亦可表示成

$$\frac{\partial v_x}{\partial x} + \frac{\partial v_y}{\partial y} + \frac{\partial v_z}{\partial z} = 0 \qquad (6.53)$$

结合方程式（6.20）可得到以树脂压力定义的控制方程为

$$\nabla \cdot \left(\frac{K}{\mu} \cdot \nabla p\right) = 0 \qquad (6.54)$$

渗透率张量通常用来表征织物增强体的各向异性。因为测定织物增强体的渗透率一般都在它的主轴方向上，因此必须把渗透率张量从纤维毡的主轴方向上转换到特定的坐标轴方向

上。假设 x、y 和 z 为任意局部坐标轴，x_i、y_i 和 z_i 为织物增强体的三个主轴方向上的坐标，通过变换可得

$$\begin{bmatrix} K_{xx} & K_{xy} & K_{xz} \\ K_{yx} & K_{yy} & K_{yz} \\ K_{zx} & K_{zy} & K_{zz} \end{bmatrix} = \begin{bmatrix} l_{11} & l_{12} & l_{13} \\ l_{21} & l_{22} & l_{23} \\ l_{31} & l_{32} & l_{33} \end{bmatrix} \begin{bmatrix} K_{11} & 0 & 0 \\ 0 & K_{22} & 0 \\ 0 & 0 & K_{33} \end{bmatrix} \begin{bmatrix} l_{11} & l_{21} & l_{31} \\ l_{12} & l_{22} & l_{32} \\ l_{13} & l_{23} & l_{33} \end{bmatrix} \tag{6.55}$$

这里 l_{ij} 是局部坐标轴 x、y、z 与织物增强体主轴 x_i 夹角的余弦值。由式(6.55)可得出任意坐标系内的渗透率张量。

方程式(6.54)的边界条件是自由流动前沿末端压力为 0，如果模具壁没有泄露，模具壁法向速度分量为 0。对于各向异性介质此边界条件可变为

$$n \cdot \left(\frac{K}{\mu} \right) \cdot \nabla p = 0 \tag{6.56}$$

式中：n 为模具壁法向的分量。此外，注胶口处的压力或者流速可预先指定。后一条件转化为流速的某些测定，或者借助方程式(6.20)转化为压力梯度。

1. 二维结构的树脂流动

在许多复合材料制件中，材料厚度方向的尺寸远小于平面的尺寸，因此可以将树脂在纤维增强体内的流动看作二维流动，也就是说，任意坐标系的 z 轴和模腔厚度方向一致。实际上，局部坐标系由位置决定，坐标系实际上是曲线的，但如果全面进行有限元离散，生成局部正交系统也是没有问题的。由于厚度方向上的压力梯度和其他方向上比较起来很小，所以认为 z 轴方向上的压力为常数。假设压力仅为 x 和 y 轴的函数，则式(6.20)可写成二维形式：

$$\begin{bmatrix} v_x(x,y,z) \\ v_y(x,y,z) \end{bmatrix} = -\frac{1}{\mu(x,y,z)} \begin{bmatrix} K_{xx} & K_{xy} \\ K_{yx} & K_{yy} \end{bmatrix} \begin{bmatrix} \dfrac{\partial p(x,y)}{\partial x} \\ \dfrac{\partial p(x,y)}{\partial y} \end{bmatrix} \tag{6.57}$$

为了消除式(6.57)中的常量 z，在 z 轴方向上将速率平均，可得到

$$\begin{bmatrix} v_x(x,y,z) \\ v_y(x,y,z) \end{bmatrix} = -\frac{1}{h_x} \int_{-h_z/2}^{h_z/2} \frac{1}{\mu(x,y,z)} \begin{bmatrix} K_{xx} & K_{xy} \\ K_{yx} & K_{yy} \end{bmatrix} \begin{bmatrix} \dfrac{\partial p(x,y)}{\partial x} \\ \dfrac{\partial p(x,y)}{\partial y} \end{bmatrix} \mathrm{d}z$$

$$= \begin{bmatrix} \overline{K_{xx}} & \overline{K_{xy}} \\ \overline{K_{yx}} & \overline{K_{yy}} \end{bmatrix} \begin{bmatrix} \dfrac{\partial p(x,y)}{\partial x} \\ \dfrac{\partial p(x,y)}{\partial y} \end{bmatrix} \tag{6.58}$$

$$\begin{bmatrix} \overline{K_{xx}} & \overline{K_{xy}} \\ \overline{K_{yx}} & \overline{K_{yy}} \end{bmatrix} = \frac{1}{h_z} \int_{-h_z/2}^{h_z/2} \frac{1}{\mu(x,y,z)} \begin{bmatrix} K_{xx} & K_{xy} \\ K_{yx} & K_{yy} \end{bmatrix} \mathrm{d}z \tag{6.59}$$

式中：h_z ——制件厚度；

K_{ij} ——黏度和渗透率在厚度方向上取平均时的流动系数。

任意坐标系中的式(6.58)的边界条件为

$$\frac{\partial p}{\partial n} \Big|_{\text{wall}} = 0, \quad p \big|_{\text{front}} = 0, \quad p \big|_{\text{gate}} = p_0 \ \text{或} \ \overline{v} \big|_{\text{gate}} = \overline{v}_0 \tag{6.60}$$

在成型过程中，若树脂注射压力很大，纤维增强体可能在模腔内发生变形，这种现象可能

在充模时大大改变树脂的流动方式和入口压力。Han 等人模拟了复合材料液态成型时引起的纤维层变形的流动情况。该模型把纤维层看作弹性柱,作用在其上的负荷引起其发生变形。在用达西定律计算发生形变的纤维层的压力和速度场时,润滑近似条件通常简化为无纤维区域树脂流动方程。

2.干斑对树脂压力的影响

若充模时有干斑形成,则干斑内气体的压力和浸润区域的树脂压力都应计算。干斑内的气体压力取决于干斑周围浸润区域的压力。如果考虑上毛细管压力,那么气体压力为

$$p_a = p_r + p_c \tag{6.61}$$

式中:p_a——干斑内气体的压力;

p_r——干斑周围浸润区域的树脂压力;

p_c——毛细管压力。

如果充模时毛细管压力可以忽略,那么干斑内气体的压力可用理想气体方程来估算:

$$p_a = \frac{m_a}{V}RT \tag{6.62}$$

式中:m_a——干斑内空气的质量;

V——干斑的有效体积(即干斑内纤维毡的孔隙),m^3;

R——气体常数。

气体质量可由干斑形成前的气体压力和体积得出,即

$$m_a = \frac{p_0 V_0}{RT} \tag{6.63}$$

式中:p_0——环境压力,假定为一个大气压(atm,1 atm=101.325 kPa);

V_0——干斑的初始有效体积。

干斑内气体的压力可用下式计算:

$$p_a = R\frac{m_a T}{(V_{old} - \Delta V_{flow})} \tag{6.64}$$

式中:V_{old}——最终的干斑有效体积;

ΔV_{flow}——从干斑周围浸润区域流入干斑的树脂体积。

6.3 织物对树脂流动的影响

6.3.1 宏观流动和微观流动

对于树脂在多孔介质中的流动,实际上是把树脂流过预成型体当作黏性流体(树脂)通过多孔连续介质(预成型体)来建模的。但是在实际情况下,预成型体并不是严格定义下的连续介质。微观结构的尺寸(通常为纤维纱的直径)并不比最小的整体尺寸(通常为其厚度)小很多。事实上,纤维纱直径和厚度的区别通常为一个数量级,有时它们甚至是同一数量级。对于这个问题,大量的实验结果表明,将预成型体看作连续介质是符合实际情况的。

可得到的预成型体结构通常包括机织、编织或缝纫在一起的纤维纱以及未填充区(通道和

孔隙)构成的网络,这些可以定义为预成型体的宏观结构,同时也是一个多孔介质。然而,纤维纱并非一个实心的增强体,而是由大量排列整齐的纤维组成,中间包含了相当大体积分数的孔隙。纤维纱内的排列称为微观结构。

树脂会率先流过宏观结构的通道和孔隙。然而,除宏观流动之外,树脂还会充满并流过每个纤维束,这种作用(微观流动)也是需要考虑的。但是,可以肯定微观流动对孔隙形成有很大贡献,并使渗透率测量变得复杂,其中微观流动的影响会控制宏观流动的特征。

因此,树脂在预成型体中的流动呈现一种明显的双尺度特征。此种影响如图 6 - 10 所示。求解等效渗透率张量 K 必须考虑实际结构中的宏观流动和微观流动。

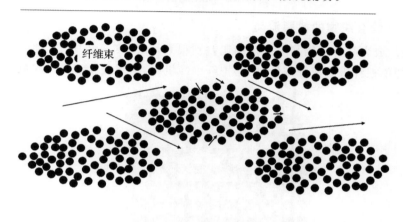

图 6 - 10　机织纤维预成型体中的双尺度示意图

一般来说,流动主要依赖宏观结构,不管纤维纱中发生什么情况,它都不会对流动产生太大影响。但这个结论不能延伸到孔隙形成等其他领域。根据预成型体的类型甚至可以将其当成单尺度结构(单向纤维、无规毡)。但在计算渗透率张量 K 时,必须将预成型体的变形考虑在内。

6.3.2　织物结构对树脂流动的影响

纤维预成型体中宏观结构和微观结构随着预成型体的变形而改变,在计算渗透率张量 K 时必须将预成型体变形考虑在内。

1.无规织物的树脂流动

无规纤维毡是最简单的预成型体,它的结构如图 6 - 11 所示。这种结构是均匀的,典型尺寸是纤维直径。纤维长度与纤维直径相比(长径比)通常很大。大多数情况下,预成型体厚度远大于纤维直径,材料在其厚度尺度上表现为连续介质,可以毫无疑问地将此种材料当作多孔介质。

另外,纤维层特性在预成型体面内未必改变,这意味着相对于流体在预成型体面内流动,材料表现出各向同性。唯一的难点是纤维优先取向导致渗透率张量在厚度方向存在差异。大多数无规毡不容易剪切,故面内变形及其对渗透率的影响是不存在的。然而,当纤维体积分数较小时,结构的横向压实程度将会大大增加,所以不能完全忽略预成型体变形对渗透率的影响。此时渗透率的测量值将依赖于预成型体的压实程度和初始纤维体积分数。

图 6-11　无规毡的结构

2.机织物和缝合织物的树脂流动

典型的机织或者缝合织物与无规毡相比差别很大,如图 6-12 所示。预成型体可分成两步制备:首先把单根纤维集成纤维纱;然后把纤维纱机织、编织或缝纫在一起成为预成型体。

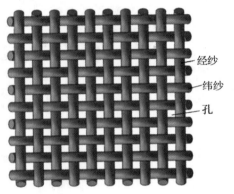

经纱

纬纱

孔

图 6-12　简单织物

预成型体里的单束纤维的尺寸变化很大,常用的是每束 1 K~100 K(1 000~100 000 根/束)的纤维纱。这就产生了前面所述的双尺度结构,单束纤维纱本身也是多孔介质,这样连续介质假设就变得合理。然而,由于纤维纱机织、编织或缝纫生成的宏观结构会存在额外的复杂性,除一些缝合预成型体以外,纤维纱会表现出很大程度的波浪式起伏,这就使这种结构的描述变得极为困难。纤维纱之间的空间通常都是通孔或者通道组成的连续网络,并将吸引大部分流动,渗透率预测分析都必须描述这种网状结构。这种网状结构的尺寸与整体厚度相比,差别一般不大于一个数量级,这可能导致连续介质假设不适用。

(1)纤维纱内的微观流动。纤维纱几乎是一个理想的多孔介质。沿纤维的流动已被广泛研究,建模也很容易。必须清楚的是这种介质的渗透率是各向异性的。如果纤维纱的变形忽略不计,渗透率张量可看作是横观各向同性的,但纤维方向的主值比横向的值大。很明显,这种模型比 Darcy 流动复杂,但实际应用中不必考虑如此复杂。

(2)开放通道中的流动。假设流速很低(更精确地说是低雷诺数),在通道空间结构中的流动可看作是流经复杂区域的 Stokes 流(指"不可压缩流体的低雷诺数流动")。运用适当的量纲分析可把前述问题简化为 Stokes 方程。对这种流动的分析有两个关键的问题:首先,对于一个任意预成型体,很难找到某种"有代表性的"几何特征;其次,纤维束表面的边界条件也不确定。尽管可以应用类似于模具表面的无滑移边界条件,但实际上这种边界条件与纤维束里的 Darcy 流动并不一致。

6.3.3　织物变形对树脂流动的影响

预成型体内流动取决于它的宏观结构和微观结构。在预成型阶段,预成型体的结构历经很大的变化:①纤维纱之间的角度随着预成型体在模具表面的铺覆而改变;②合模(或者抽真空)过程预成型体厚度减小很多;③沿模具尖锐边缘可能会留下孔隙,预成型体不能精确地沿模具表面铺覆。这些变化对渗透率张量大小和主方向影响很大。

1. 面内变形

典型的机织预成型体包括两类纤维纱,分别叫作经纱和纬纱。一开始经纱和纬纱在织物内相互垂直并在织物中等间距分布,如图 6 - 12 所示。如果将织物铺覆在模具表面,然后假定模具表面为不可展曲面,织物的几何形状将会发生改变。显而易见,纤维纱仅允许很小的拉伸变形,但根据预成型体结构可发生两种模式的变形,如图 6 - 13 所示。第一种为剪切变形,表现为经纱和纬纱夹角的变化;第二种为纤维纱间的滑移,表现为相邻纤维纱间距的局部变化。

可变形量依赖于预成型体结构。非常紧密的预成型体仅允许很小的变形,而松散的预成型体剪切变形可超过 40°。通常都认为纤维纱间滑移是不太重要的变形方式,但以现有实验经验可知,一旦纤维纱间滑移变形在剪切变形量耗尽时发生,就不能再忽略不计。

这两种变形对流动的影响有两方面。首先,变形减小了通道和孔隙网络的尺寸以及纤维纱内的纤维间隙,这就减小了渗透率,同时旋转改变了渗透率的主方向。其次,变形也增加了纤维体积分数。

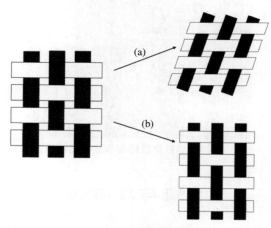

图 6 - 13　机织物面内变形

(a)纤维-纤维剪切;(b)纤维-纤维(或纱-纱)滑移

2. 横向压实

将预成型体放进模具之后,需要用刚性块或真空袋合模。任何一种合模方式都会对预成型体产生横向压力。此压力用于充模过程保持预成型体的位置。如果采用刚性块合模,用现有的分析手段无法预测刚性块施加在预成型体上的压力,如果假设模具是刚性的,则可估计预成型体的最终厚度,这时预成型体的厚度通常都比压实前要薄很多。

在压实阶段会有两种变形机理起作用,如图 6-14 所示。各单层被压实,同时相邻各层之间还会相互侵入,预成型体厚度减小,此时可能并没有发生任何变形。这两种变形机理的出现增加了实验测量的复杂性,目前用于预测预成型体压实的模型仅限于定向纤维铺层和各种无规毡。用于预测机织物预成型体的模型则很少,目前还没有第二种变形机理的预测模型,同时实验数据也极少。这两种机理既减少了宏观结构的孔隙,也减少了微观结构的孔隙,这种压实对预成型体渗透率的降低程度仍未知。

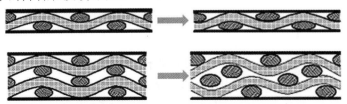

图 6-14 横向压实的变形机制

3.边缘突流

第三个问题与预成型体有限的抗弯刚度及其制备的精确性有关。模具边缘和拐角会留下孔隙,如图 6-15 所示。也有可能故意制造这样的技术来加速充模过程,如前面介绍的一样,这会导致孔隙处的流动比模具的其他部分快。

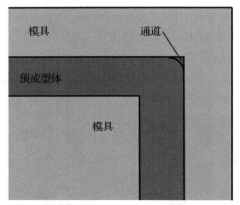

图 6-15 导致突流的模具拐角处的通道

习题与思考题

1.什么是树脂的固化? 树脂的固化反应与哪些因素有关?

2.请简述树脂黏度随温度的变化规律,并介绍一种树脂黏度的测量方法。

3.纤维织物的渗透率和什么因素有关?

4.三维渗透率的计算模型是什么? 各个参数分别代表什么?

5.织物对树脂流动的影响可以从哪些角度进行分析? 影响包含哪两类?

6.机织物的树脂流动包含哪些方面? 它们对树脂流动的影响分别是什么?

7.织物变形过程的哪些行为会对树脂流动产生影响?

第7章 树脂固化基本原理

固化(cure)是指线型树脂分子在固化剂作用或者加热的条件下,发生化学交联反应而转变为不溶不熔、具有体型结构的固态树脂的全过程。在固化过程中,树脂由黏流态转变为橡胶态,最后转变为玻璃态。树脂从黏流态到橡胶态的转化点称为凝胶点,固化状态超过凝胶点后,树脂失去流动性。树脂从橡胶态到玻璃态的转化点称为玻璃化点,超过玻璃化点后,树脂的固化性质趋于稳定。树脂的固化既是化学反应过程,又是物理状态和性质的变化过程,本章将从物理性质方面出发,重点讲述树脂固化过程中的基本固化原理。

7.1 树脂的黏弹性行为

7.1.1 黏弹性概述

研究物体在外部因素作用下的应力、应变和位移关系时,需要考虑平衡微分方程、几何方程以及材料的本构关系。其中,平衡微分方程和几何方程与材料的性质无关,它们不能确定物体在载荷作用下的应力和应变状态。本构关系反映材料宏观力学响应,是根据工程实际和实验研究所得材料行为并且加以抽象化的数学表达。通常说的本构关系,是指描述物体的应力-应变-时间-温度关系的方程式,所以又称之为本构方程。

可将大多数常见的材料归类为基本的弹性固体和黏性流体。其中,弹性材料具有特定的构形,对突加载荷和动载荷的响应都是瞬时的,卸载后没有残余应力并能够完全恢复原形,且在静载作用下它们的应力和应变都不随时间改变。从能量观点上看,外力在弹性体变形过程中所做的功,全部以弹性势能方式储存,且能在卸除外载过程中释放出来。理想弹性体的弹性服从胡克定律,以一维情况为例,弹性材料的力学行为可以用一根弹簧来模拟,其应力 σ 与应变 ε 的关系为

$$\sigma = E_0\varepsilon \tag{7.1}$$

式中:E_0——弹簧的模量。

黏性流体是无定形材料,没有确定的形状(它的形状取决于容器的形状),外力作用下形变随时间的推移而发生变化,产生不可逆的流动。黏性流体不能产生瞬时应变,卸载后变形完全不可恢复,其应力和应变关系都随时间发生变化。从能量的角度来看,黏性流体在变形过程中将外力做的功部分用来克服分子间摩擦力,即以热的形式耗散掉了。理想流体的黏性服从牛顿流体定律,其力学行为可以用一个黏壶表示,应力和应变速率关系为

$$\sigma = \eta \frac{d\varepsilon}{dt} \tag{7.2}$$

式中：η——黏性流体的黏度。

　　复合材料树脂基体为高聚物材料,在外力作用下力学行为一般既不符合胡克定律也不符合牛顿流体定律,树脂同时具有弹性和黏性两种不同机理的变形,综合体现了弹性固体和黏性流体两者的特性。树脂的变形与时间和温度有关,但不呈线性变化,材料的这种性质称为黏弹性。如果黏弹性是理想弹性和理想黏性的组合,则称之为线性黏弹性,否则称之为非线性黏弹性。如果以胡克弹性固体(理想线弹性)和牛顿流体(理想黏性)为两端来构成材料谱系,则介于这两者之间的材料均属线黏弹性材料,线黏弹性材料在任一时刻的应力与应变之间仍然具有线性的关系。如果物质呈现非线性弹性或者非理想的黏性牛顿流体变形,或同时出现非线性弹性和非牛顿流体的特点,那么这种物质即为非线性黏弹性材料。非线性黏弹性比较复杂,且用它来模拟和预测树脂在固化过程中固化行为的难度较大,因此,本章以下提到的黏弹性均指线性黏弹性。

　　树脂的黏弹性能依赖于温度、加载时间、加载速率和应变幅值等条件,其中,温度和加载时间的影响尤其明显。通常,根据聚合物性能依赖于温度和时间的特性,把非晶态聚合物分为几种力学状态:玻璃态、黏弹态(介于玻璃态和橡胶态)、高弹态(橡胶态)和黏流态。这些状态有不同机理的流变行为,构成描述非晶态聚合物力学性能的基础。树脂在固化过程中的力学状态随着固化度(表征树脂的固化程度)的增大而发生变化,树脂的力学状态在固化过程中经历了黏流态、橡胶态到玻璃态的转变。当树脂处于橡胶态时,其模量较小,在外力作用下变形较大,当树脂处于玻璃态时,树脂的模量变大,在相同的外力作用下,树脂会产生小的变形。一般认为材料处于橡胶态-玻璃态转变区域,材料黏弹性非常明显,介于橡胶态和玻璃态之间的力学状态被称为黏弹态。由于树脂的黏弹性能特别突出,故把它也称为黏弹性材料。

7.1.2　黏弹性材料的力学行为

　　黏弹性理论主要研究黏弹性材料的应力、应变之间的关系及与黏弹性材料相关的问题。树脂的黏弹性受时间、温度、应变幅值、加载速率、压力及其他环境因素的影响,主要表现出下列4个主要特点:

　　(1)蠕变:在载荷不变的情况下,变形逐渐增加。

　　(2)应力松弛:在应变不变的情况下,应力逐渐降低。

　　(3)迟滞:树脂的应变响应滞后于应力,从而使一个加卸载循环中出现迟滞回线,即应力与应变之间存在一定的相位差,当以一个加载和卸载循环中的应变为横坐标,应力作为纵坐标时,应力-应变曲线形成一个滞回环,该滞回环的面积就代表损耗能量的多少。

　　(4)应变率敏感性:树脂的杨氏模量、剪切模量、泊松比等物理量与应变速率有关,对于黏弹性材料而言,最大应变相同而应变速率不同时,应力的历程不一样。

　　树脂及其复合材料的黏弹性能包括准静态力学性能和动态力学性能。相应地,对力学性能的实验考察也分为两类:准静态条件下加载以考察材料的蠕变行为、应力松弛行为、载荷速率效应及温度依赖性;稳态谐振条件下加载以考察频率相关性能及一定温度范围内动态力学性能的变化。

7.1.2.1　黏弹性材料的准静态力学行为

为了描述材料的黏弹性行为,首先研究最简单的应力、应变随时间变化的现象。在一定的载荷作用下,弹性固体的应变或应力为一定值,不随时间变化;对于理想黏性流体,其变形则以等应变率随时间而增加。黏弹性物质受一定应力作用后会或多或少地继续产生变形,在一定的应变条件下应力幅值将随时间而减小。蠕变和应力松弛行为反映的就是材料的这种静态黏弹性。

1. 蠕变

在恒定载荷(或应力)作用下,应变随时间而逐渐增加的过程或现象称为蠕变。通常,不同的材料或某种材料在不同条件下的蠕变并不相同,聚合物尤为明显。图 7-1(a)表示在突然施加后保持恒定应力 σ_0 作用下的一种蠕变曲线 ABC,应变 $\varepsilon = f(\sigma,t)$,其中 t 表示时间。蠕变过程中应力的数学表达式为

$$\sigma = \begin{cases} 0 & 0 \leqslant t < t_0 \\ \sigma_0 & t_0 \leqslant t \leqslant t_1 \end{cases} \tag{7.3}$$

在这样的应力作用下,被测试样中的应变变化如图 7-1(a)所示。在 $t = t_0$ 时,试样产生瞬时应变,表现出普弹性,应力-应变之间满足胡克定律,即

$$\varepsilon_1 = J_0 \sigma_0 \tag{7.4}$$

式中:J_0——普弹性柔量,是常数。

随时间的增加,试样的应变逐渐增加,但增长速率越来越慢,此过程中应变为

$$\varepsilon_2 = \sigma_0 J_e \psi(t) \tag{7.5}$$

式中:$\psi(t)$——蠕变函数。

若所测试样为线性非晶高分子材料,在更长的时间以后,试样表现出牛顿流动,服从牛顿流动定律,即

$$\varepsilon_3 = \sigma_0 \frac{t}{\eta} \tag{7.6}$$

因此,蠕变过程中应变的数学表达式为

$$\varepsilon = J_0 \sigma_0 + \sigma_0 J_e \psi(t) + \sigma_0 \frac{t}{\eta} \tag{7.7}$$

从分子运动和变化的角度来看,蠕变过程包括以下 3 种形变[见图 7-1(a)]:①普弹形变(OA)。当聚合物材料受到外力作用时,立即发生高分子链内的链角、链长的变化,这种形变是在外力施加时瞬时完成的,当外力去除后,立即恢复原状,与外力作用的时间无关。该形变服从胡克定律,这种形变量很有限,称为普弹形变,是可逆形变。②高弹形变(AB)。蠕变过程中随后发生的是卷曲的高分子链通过外力产生单链内旋转和构象变化,分子链逐渐伸展,这种形变比普弹形变要大得多,称为高弹形变,也是可逆形变,但需要一定时间。③永久形变(BC)。当高分子链间没有化学交联时,蠕变过程中还可发生高分子链之间的相对滑移,即黏性流动。这种形变在除去外力后是不能恢复的,是一种不可逆的形变,称为永久形变。

在较低应力水平下,固体材料的应变可能达到某一稳态值。受较大载荷时或在较高温度下,材料会发生蠕变破坏,破坏曲线如图 7-1(b)所示,材料与结构的蠕变过程呈现出瞬时蠕变(应变率随时间增加而减小,图中 OF 段)、稳态蠕变(应变率几乎为常值,图中 FG 段)和加

速蠕变(应变率随时间迅速增加,图中 GH 段)三个阶段。可以看出,材料的蠕变程度反映了材料的尺寸稳定性,在材料作为承力结构时,总是希望零件在一定负载下长期使用而不改变形状,为了保持构件和机械零件的形状尺寸,不能采用易产生蠕变的材料,研究蠕变现象对指导材料工程应用有实际意义。

若在某一时刻卸去载荷,弹性固体将恢复原样,如果不考虑惯性,则应变瞬时恢复为零。对于黏弹性材料,在 t_1 时刻除去外力[见图 7-1(a)],则在瞬时弹性恢复(CD)后,有一个逐渐恢复的过程(DE)。这种蠕变—恢复现象,有时称为滞弹性恢复或延迟恢复。留存于物体中不可恢复的应变,由恢复曲线 DE 段的渐近值确定。

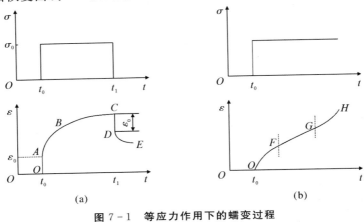

图 7-1　等应力作用下的蠕变过程

(a)蠕变—恢复过程;(b)蠕变过程

蠕变测量非常简单、实用,因此在评价高分子材料黏弹性的领域得到了广泛的应用。图 7-2给出了一种简单的蠕变测试装置示意图。将立方体试样固定在实验台和铝板之间。在被测试样达到热平衡的条件下,放置适当砝码于砝码盘中,记录砝码盘相对位置的变化。由所得砝码盘位移数据和试样的原始尺寸,就可以很容易地计算试样的切应变,对试样的拉伸应变应用此装置也可以很容易地测量。

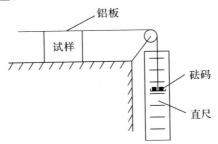

图 7-2　一种简单的蠕变测量装置原理图

2.应力松弛

在恒定应变下应力随时间延长而减小的现象或过程,称为应力松弛。图 7-3表示一般的应力松弛过程,开始时应力较快地衰减,而后应力逐渐降低并趋于某一恒定值。从流变机理的相关模型看,黏性流动经过一段时间后将使应力较快地衰减至趋于零。因而,在一定应变条件下,应力较快地降低并最后趋于零的物质是黏弹性流体;而经过较长的时间后应力衰减至某一定值的物质则为黏弹性固体。对于高分子聚合物,其中未交联高分子材料的内应力可最终衰减至零,而交联试样的内应力衰减至某一平衡值。

应力松弛过程中,在 $t = t_0$ 瞬时,使试样产生一个固定应变 ε_0,之后保持恒定不变[见图 7-3(a)],因此,应力松弛过程中,应变的数学表达式为

$$\varepsilon = \begin{cases} 0 & 0 \leqslant t < t_0 \\ \varepsilon_0 & t \geqslant t_0 \end{cases} \tag{7.8}$$

为了维持这一恒定应变,黏弹性材料内部的应力从初始值快速下降,然后缓慢趋于一个极限状态[见图 7-3(b)],因此,应力松弛过程中,应力的数学表达式为

$$\sigma = \sigma_e + \sigma_0 \Phi(t) \tag{7.9}$$

式中:σ_e ——平衡应力,对于交联高分子材料,$\sigma_e \neq 0$,对于线型非晶高分子材料,$\sigma_e = 0$。

$\Phi(t)$——松弛函数。

对于高分子聚合物材料,产生应力松弛的原因是,材料在变形时内部的应力由于分子链结构的各向异性而有一个由不均匀分布到均匀分布的演变过程,这个过程是通过分子链的变形、移动、重新排列而实现的,需要一定时间。另外,由于高分子聚合物材料黏度较大,应力松弛的时间可能较长。对于未交联高分子,分子链通过移动、重新排列,可将其中应力一直衰减至零。对于交联高分子,因分子链形成网络,不能任意移动,最后应力只能衰减到与网络变形相应的平衡值。对于树脂来说,未固化的树脂应力能够衰减至零,对于开始固化以后的树脂,应力只能衰减到一个趋于稳定的非零值,且固化程度越高,应力衰减到的非零值越大。

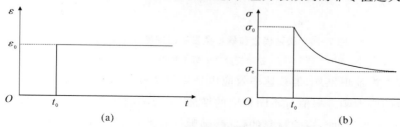

图 7-3　等应变作用下的应力松弛过程
(a)施加恒定应变;(b)应力松弛过程

应力松弛实验和蠕变实验都是研究高分子材料黏弹性力学行为的标准实验,但由于应力松弛更容易用黏弹性理论来解释,所以应力松弛实验在研究高分子材料黏弹性理论和分子结构与性能间关系方面比蠕变实验更有意义。图 7-4 给出了一种应力松弛实验的简单装置示意图。实验时,先将被测试样夹在上夹具上,然后调节平衡重物使秤杆相对于支点左右平衡。之后,用下夹具夹住试样,在热平衡的条件下,通过测微仪对试样快速施加应变,在砝码盘中加入砝码使秤杆再次平衡。通过简单计算即可得到图 7-3(b)的应力变化曲线。图 7-4 所示装置为给定应变下试样拉伸应力松弛的测量装置,也可以通过修改此装置的夹具很容易地测量试样剪切应力松弛。

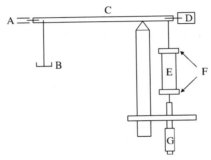

A—秤杆限位栓;B—砝码盘;C—秤杆;D—平衡重物;E—试样;F—夹具;G—测微仪

图 7-4　一种简单的应力松弛测量装置原理图

　　根据应力松弛和蠕变过程中的应力和应变的变化规律,可以得到松弛模量 $E(t)$（材料应力松弛过程中任意时刻应力与应变的比值）和蠕变柔量 $D(t)$（材料蠕变过程中任意时刻的应变与应力的比值）在加载过程中随时间的变化规律,如图 7-5 所示。从图中可以看到,在加载过程中,松弛模量随着时间的增加而逐渐减小,其中未固化树脂的松弛模量可以减小到零,而固化树脂的松弛模量会趋近于一个非零的恒定值。蠕变柔量随着时间的增加而逐渐增大。

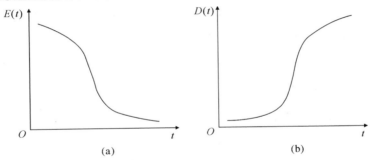

图 7-5　松弛模量和蠕变柔量随时间变化曲线图
(a)松弛模量;(b)蠕变柔量

　　除了蠕变、应力松弛现象外,加载速率效应也是黏弹性材料的重要特征之一。随着应变率的增高,一般材料的应力响应幅值有不同程度的增加,聚合物的应变率敏感性通常比金属材料更为明显。加载速率通常也会影响材料的强度,黏弹性材料的屈服应力幅值一般随应变率的增大而增大。

7.1.2.2　黏弹性材料的动态力学行为

　　树脂的另一种典型黏弹性行为是动态变形下的力学损耗行为。这是在交变的周期性外力作用下,应变与应力响应的不同步造成变形能量损耗的力学松弛行为。许多树脂基复合材料是在交变载荷作用条件下使用的,研究材料的动态力学损耗,就能够了解在正常使用条件下,复合材料因长期动态变形出现的性能变化和寿命长短,这具有重要意义。

　　当交变周期性应力作用到弹性固体上时,应变随应力同相地作周期性变化[见图 7-6(a)],此时没有能量损耗;对于理想黏性流体,从应力-应变关系 $\sigma = \eta \dot{\varepsilon}$ 可知,应变滞后时间为 $\pi/2\omega$,其中 ω 为频率,如图 7-6(b)所示;对于一般黏弹性物体,谐波应力下的应变响应介于弹性固体和黏性流体之间,用 δ 表示应变滞后相位差,则 $0 < \delta < \pi/2$,滞后时间为 δ/ω,如图7-6(c)

所示。材料在稳态谐振条件下表现出的黏弹性行为,有时习惯地称为黏弹性动态力学性能。通常采用振动试验研究频率相关的黏弹性动态行为。

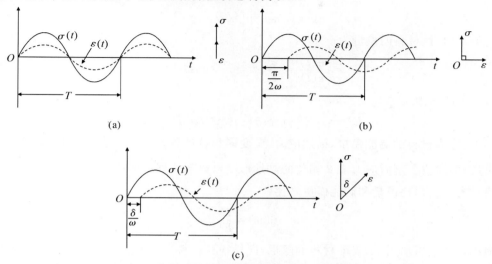

图 7-6　不同物体在相同交变应力作用下的应变响应

(a)弹性固体的应变响应 ;(b)理想黏性流体的应变响应;(c)黏弹性物体的应变响应

材料的动态力学行为是指材料在交变应力(或应变)作用下的应变(或应力)响应。动态力学分析(DMA)中最常用的交变应力是正弦应力,以动态拉伸为例,正弦交变拉伸应力可表示为

$$\sigma(t) = \sigma_0 \sin\omega t \tag{7.10}$$

式中:σ_0——应力振幅;

　　ω——角频率。

试样在正弦交变应力作用下做出的应变响应随材料的性质而发生变化,对于理想的弹性体,应变对应力的响应是瞬时的,因此,正弦交变应力作用下的应变响应与应力具有相同的相位,应变响应的函数为

$$\varepsilon(t) = \varepsilon_0 \sin\omega t \tag{7.11}$$

式中:ε_0——应变振幅。

对于理想的黏性流体,应变滞后相位为 $\pi/2$,可得应变响应函数为

$$\varepsilon(t) = \varepsilon_0 \sin(\omega t - \pi/2) \tag{7.12}$$

对于黏弹性材料,应变滞后应力一个相位角 δ($0 < \delta < \pi/2$),因此,应变响应函数为

$$\varepsilon(t) = \varepsilon_0 \sin(\omega t - \delta) \tag{7.13}$$

展开式(7.13)可得

$$\varepsilon(t) = \varepsilon_0 (\cos\delta\sin\omega t - \sin\delta\cos\omega t) \tag{7.14}$$

可见,应变响应包含两部分,第一项与应力同相位,体现材料的弹性,第二项比应力滞后 $\pi/2$,体现材料的黏性。同理,对黏弹性试样施加一个正弦交变应变:

$$\varepsilon(t) = \varepsilon_0 \sin\omega t \tag{7.15}$$

可得到超过应变一个相位角 δ 的应力响应函数:

$$\sigma(t) = \sigma_0 \sin(\omega t + \delta) \tag{7.16}$$

材料的拉伸模量是应力与应变之比,由于黏弹性材料的应力与应变之间存在一个相位差,

所得模量是复数。为了计算方便,将应力与应变函数都写成复数形式,即

$$\varepsilon(t) = \varepsilon_0 \exp(i\omega t) \tag{7.17}$$

$$\sigma(t) = \sigma_0 \exp[i(\omega t + \delta)] \tag{7.18}$$

因此,黏弹性材料的模量为

$$E^* = \frac{\sigma(t)}{\varepsilon(t)} = \frac{\sigma_0}{\varepsilon_0} e^{i\delta} = \frac{\sigma_0}{\varepsilon_0}(\cos\delta + i\sin\delta) \tag{7.19}$$

式(7.19)可改写为

$$E^* = |E^*|(\cos\delta + i\sin\delta) = E' + iE'' \tag{7.20}$$

其实部 E' 称为材料的储能模量,描述应力、应变同相位的弹性形变储存的能量,虚部 E'' 称为损耗模量,描述应变落后应力 $\pi/2$ 相位的黏性形变以热形式损耗的能量。$|E^*| = \sqrt{E'^2 + E''^2}$ 称为绝对模量。损耗模量和储能模量之比:

$$\tan\delta = \frac{E''}{E'} \tag{7.21}$$

称为损耗正切或阻尼因子,表征材料的阻尼,同样描述材料在动态变形下的力学损耗行为。

DMA 方法有多种实验模式,可以在固定频率下测试黏弹性材料在一定温度范围内的动态力学性能,也可以在固定的温度下测试黏弹性材料在一定频率范围内的动态力学性能。DMA 方法的形变模式也有多种选择,如拉伸、压缩、剪切、弯曲和扭转等,还可以进行多种变量组合在一起的复杂实验。

聚合物动态力学性能随着温度的改变而发生改变,其随温度的变化称为动态力学性能温度谱,简称 DMA 温度谱。聚合物结构复杂,品种繁多,不同的聚合物 DMA 温度谱各不相同。非晶态聚合物典型的 DMA 温度谱如图 7-7 所示。

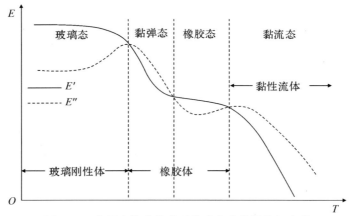

图 7-7　非晶态聚合物典型的动态力学性能温度谱

非晶态聚合物模量随温度变化的典型曲线包括四个阶段,对应于聚合物的四种力学状态:玻璃态、黏弹态、橡胶态和黏流态。各物态的基本特性和所对应的分子运动如下所述:

(1)玻璃态:材料表现为硬而脆,分子链及其链段的运动处于“冻结”状态,链段通过内旋转改变其构象的运动在短时间内是很小的,仅能在固定位置作热振动,分子运动的能量很低,不足以克服主链内旋转的势垒。随着温度升高,热运动的振幅增大,分子链因相斥而有所松动,可望出现与侧基或主链上个别链节运动相对应的次级松弛转变,但相对于整个分子链的构象

影响不大,引起的模量变化也不大。

（2）黏弹态：进入玻璃化转变区,材料具有延性。在此区段内,尽管分子链的整体运动仍不可能,但因热振动加剧,自由体积将逐步增大,链段已开始由短程的扩散运动转变为自由移位。

（3）橡胶态：随着温度继续升高,材料进入橡胶态,或称为高弹态。在此区段内,作短程扩散运动的链段数增多,且扩散运动速度加快,松弛时间变短。分子热运动的能量已足以克服内旋转的势垒,链段的运动可不断改变构象,甚至可使部分链段产生滑移,但高分子链之间仍存在局部的范德华交联,分子链的整体长距离运动尚难进行。

（4）黏流态：当温度继续升高时将出现一个模量急剧下降的区段,这是由于更激烈的热运动使得高分子链间的局部相互作用已不足以阻止分子的移动,链段运动的松弛时间缩短了,而且整个分子链移动的松弛时间也缩短到与实验观察的时间同一数量级。从而分子链可以整体运动,所能承受的应力很低,但应变可以很大且不可回复,材料表现出熔融特性。

玻璃态与橡胶态之间的转变称为玻璃化转变,转变温度称为玻璃化转变温度 T_g,玻璃化转变是聚合物材料的一个重要转变。达到玻璃化转变温度时,聚合物宏观上表现出由玻璃态向橡胶态的转变,在微观本质上是分子链段运动由"冻结"状态到自由移位的转变。聚合物在由玻璃态转变到橡胶态的过程中,物理性质和力学性能等都发生了很大的变化。玻璃化转变温度是材料的重要参数,是材料保持刚性的最高温度,对于热固性树脂而言,是材料使用的最高温度。

在 DMA 中,有 3 种定义玻璃化转变温度的方法。第一种是切线法,如图 7-8(a)所示,将储能模量曲线上折点所对应的温度定义为 T_g;第二种是将损耗模量峰值所对应的温度定义为 T_g,如图 7-8(b)所示;第三种是将损耗因子 $\tan\delta$ 峰值所对应的温度定义为 T_g,如图 7-8(c)所示。由 3 种方法获得的 T_g 值依次增大。在进行动态力学分析时,原则上可以使用其中任何一种方法来定义 T_g。但在比较一系列聚合物的性能时,应固定一种定义方法。大多数情况下建议将损耗模量峰值所对应的温度定为 T_g,它定义的 T_g 值介于中间。习惯上,在以表征结构材料的最高使用温度时,用第一种方法定义 T_g,因为只有这样才能保证结构材料在使用温度范围内模量不出现大的变化,从而保证结构件的尺寸与形状的稳定性;而在研究阻尼材料时,常以损耗因子峰值对应的温度作为 T_g。

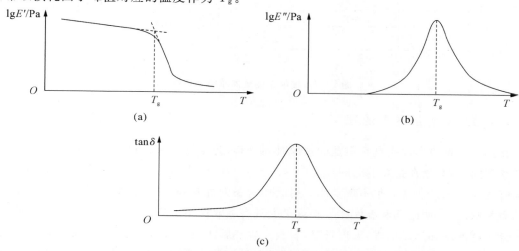

图 7-8　从 DMA 温度谱上确定玻璃化转变温度的方法

(a)切线法 ;(b)损耗模量峰;(c)损耗因子峰

7.1.3　玻尔兹曼叠加原理和时温等效原理

黏弹性材料受恒温恒力的情况比较少见,在固化过程中工艺温度、载荷等都随时间发生变化。另外,树脂的固化过程所需时间比较多,为了缩短固化研究的过程,研究树脂和复合材料的黏弹性还需要借助两个重要的原理:玻尔兹曼(Boltzmann)叠加原理和时温等效原理(Time Temperature Superposition,TTS)。

7.1.3.1　玻尔兹曼叠加原理

玻尔兹曼叠加原理表示树脂的黏弹性行为历史上各载荷对材料产生的效果是独立的,各载荷的总效果是各载荷独立效果的线性叠加。树脂的黏弹性行为的历史效应包括两个方面的内容,其一是先前载荷历史对树脂性能的影响,其二是多个载荷共同作用于树脂时,其最终效果与各载荷作用的关系。对于树脂固化过程中的应力松弛过程,每个时间段应变是变化不定的,将 $\varepsilon(t)$ 微元化,在每个微元 $\mathrm{d}t$ 的时间段内将应变看作是恒定的,每个微元段可以看成一个应力松弛过程—— $\sigma(t) = E(t)\varepsilon$,然后再将每个微元里应力的结果线性叠加,可得整个固化时间段的应力-应变关系为

$$\sigma(t) = \int_0^t E(t-\tau)\frac{\partial \varepsilon(\tau)}{\partial \tau}\mathrm{d}\tau \tag{7.22}$$

式(7.22)是玻尔兹曼叠加原理的积分形式,也被称为遗传积分。玻尔兹曼叠加原理表明,在线性范围内:①聚合物应力松弛是整个载荷历史的函数,或者说在时刻 t 所观察到的应变除了正比于时刻 t 施加的应力外,还要加上时刻 t 以前曾经承受过的各应力在时刻 t 相应的应变(见图7-9);②各个载荷所产生的变形是彼此独立的,可以互相叠加以求得最终变形,或者说几个独立载荷所产生的变形之和等于这几个载荷相加得到的总载荷所产生的变形。

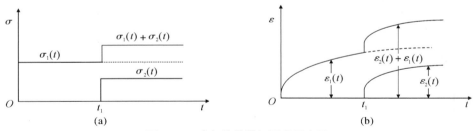

图7-9　玻尔兹曼叠加原理示意图

7.1.3.2　时温等效原理

黏弹性材料力学性质具有很宽的弛豫时间分布,为了得到某温度下完整的应力松弛曲线或者蠕变曲线,必须在很宽的时间尺度($0 < t < \infty$)内连续测量模量或者形变,但通过实验测量完整的应力松弛曲线是很不现实的。树脂作为黏弹性材料,在不同频率或温度下能显示相同的力学状态,表明时间和温度在某种意义上具有等效作用。从微观结构看,树脂材料性能决定于分子链网络和运动活性,温度升高,材料产生热膨胀,自由体积增多,分子链运动能力被激活,导致其黏度下降且松弛速度加快。对黏弹性材料的分子运动来讲,升高温度与延长作用时间具有相同作用效果,即时温等效。

实验中,通过改变交变应力作用频率,增加或缩短作用时间,可使黏弹性材料滞后响应的力学现象表现出来,即对黏弹性材料的力学行为的测定,延长作用时间与升高温度具有等效性。这个等效性可以借助平移因子(转换因子)来实现,即通过平移因子可以将某一温度和时间下测定的数据,经过转换后得到另一个温度和时间下的数据,此为时温等效原理。

根据时温等效原理,黏弹性材料在不同温度下的应力松弛模量曲线可以沿着时间轴平移而叠合在一起,构成某一参考温度下的松弛模量主曲线。如果在保持曲线形状不变的条件下,将相应于 T 温度的曲线沿时间坐标轴平移至相应于 T_0 温度的曲线,并叠合,需要移动的量记为 a_T ,则有如下关系:

$$E(T,t) = E\left(T_0, \frac{t}{a_T}\right) \tag{7.23}$$

式中: T ——测试温度;

　　　t ——时间;

　　　E ——模量;

　　　T_0 ——参考温度;

　　　a_T ——平移因子。

式(7.23)表明 T 温度下 t 时刻的模量可以用 T_0 温度下 t/a_T 的数值来表示,对松弛模量来说, $T > T_0$ 时, $a_T < 1$, $T < T_0$ 时, $a_T > 1$ 。平移因子 a_T 实际上反映的是温度和松弛时间的关系,即 $\tau(T) = \tau(T_0)a_T$,其中, $\tau(T)$ 为温度为 T 时的松弛时间, $\tau(T_0)$ 为温度为 T_0 时的松弛时间。

通常采用时间 t 的对数坐标讨论黏弹性力学行为的时间温度换算法则,不同温度的黏弹性曲线具有相同的几何形状,选择其中一个温度作为参考温度,将其他各温度下的曲线沿水平方向平行地左右移动一定的距离 $\lg a_T$,与参考温度下的黏弹性曲线重合,即可以得到参考温度下的主曲线,称这一移动量 $\lg a_T$ 为该温度相当于参考温度的平移因子。平移因子仅与温度有关。显然,这样得到的主曲线时间范围远远超过实测时间范围,而是由不同温度条件下的测定结果按照时间-温度换算法则换算得到的,这时的特征函数时间历程并非实验测定经历的真实历程,通常将其称为换算时间。

图 7-10 为固化好的树脂在 DMA 测试仪上得到的应力松弛测试数据,即在不同的温度下保温相同的时间,测量得到的树脂松弛模量。

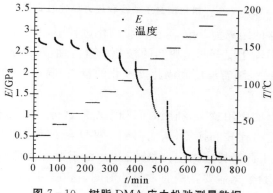

图 7-10　树脂 DMA 应力松弛测量数据

对松弛时间取对数,由于每个温度下应力松弛时间是相同的,所以不同温度下的松弛时间取对数后值是一样的,因此,可以得到不同温度下松弛模量与松弛时间对数的关系,如图 7 - 11 所示。

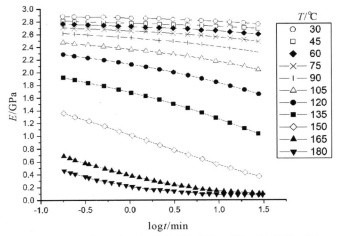

图 7 - 11　不同温度下松弛模量与松弛时间对数的关系图

选择参考温度,以图 7 - 11 中 30℃为例,将 30℃作为参考温度。在 E-$\log t$ 图中 30℃对应的曲线不动,将 45℃的曲线左右平移至与参考温度的曲线重合,按照温度从低到高,依次将各温度对应的曲线进行左右平移与上一个温度对应的曲线进行重合,最后得到的松弛模量主曲线如图 7 - 12 所示。

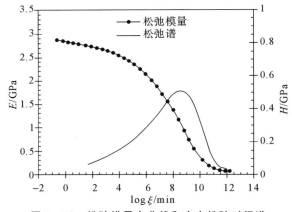

图 7 - 12　松弛模量主曲线和应力松弛时间谱

每个温度下曲线平移的距离为 $\log a_{\mathrm{T}}$,在树脂固化过程中,$\log a_{\mathrm{T}}$ 不只与温度有关,还与树脂的固化度有关。在不同固化度下测量树脂的松弛模量主曲线,得到 $\log a_{\mathrm{T}}$ 与温度 T 的关系(见图 7 - 13),所以,$\log a_{\mathrm{T}}$ 是随着温度和固化度变化的量,在确定的固化度下,$\log a_{\mathrm{T}}$ 仅与温度有关。

时温等效原理有重要的应用意义,利用时间和温度的这种对应关系,可以对不同温度或不同频率下测得的黏弹性进行比较和换算,从而得到一些实际过程中不可能直接测量的实验结果。例如,要在低温环境下测量树脂的应力松弛行为,由于温度太低,应力松弛过程进行得非常缓慢,要得到完整的实验数据需要花费非常长的时间,这在实际中是不可能实现的。利用时温等效原理,测量较高温度下的应力松弛数据,就可以换算为所需低温下的应力松弛数据。再如将时温等效原理用于线性黏弹性材料,通过时温等效原理得到的平移因子 a_{T} 可以把不同温度下的黏弹函数曲线转换为参考温度下的黏弹函数主曲线,从而得到更宽时间范围或频率范围内的黏弹性能。

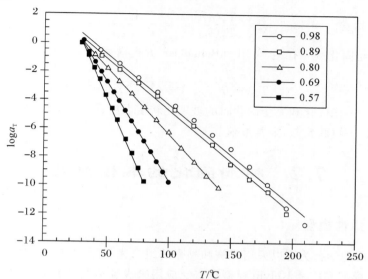

图 7 - 13　不同固化度下 $\log a_{\mathrm{T}}$ 与温度 T 的关系图

一般采用 WLF(Williams Landel Ferry)方程描述 a_{T} 与温度 T 的关系:

$$\log a_{\mathrm{T}} = \log\left[\frac{\tau(T)}{\tau(T_{\mathrm{ref}})}\right] = \frac{-C_1(T - T_{\mathrm{ref}})}{C_2 + (T - T_{\mathrm{ref}})} \tag{7.24}$$

式中: C_1 , C_2 ——材料常数;

　　　T_{ref} ——参考温度。

考虑温度对树脂模量的影响和式(7.22)得

$$\sigma(t) = \int_0^t E\left[\xi(t) - \xi'(t')\right]\frac{\partial \varepsilon(t')}{\partial t'}\mathrm{d}t' \tag{7.25}$$

式中: $\xi(t)$, $\xi'(t')$ ——缩减时间。它们与 a_{T} 的关系为

$$\xi(t) = \int_0^t \frac{1}{a_{\mathrm{T}}}\mathrm{d}t , \quad \xi'(t') = \int_0^{t'} \frac{1}{a_{\mathrm{T}}}\mathrm{d}t' \tag{7.26}$$

温度高于玻璃化转变温度时采用 WLF 方程表示 a_{T} 与温度的关系是合理的,而温度低于玻璃化转变温度时,Arrhenius 活化能方程更合适:

$$\log a_{\mathrm{T}} = \frac{\Delta E}{\ln(10)R}\left(\frac{1}{T} - \frac{1}{T_{\mathrm{ref}}}\right) \tag{7.27}$$

式中: ΔE ——活化能;

　　　R ——普通气体常数(8.314 J/kmol)。

一般采用 Vogel 方程将 WLF 方程和 Arrhenius 方程结合起来表示 a_{T} ,即

$$\log a_{\mathrm{T}} = \log\left[\frac{\tau(T)}{\tau(T_{\mathrm{ref}})}\right] = \frac{C}{T - T_\infty} - \frac{C}{T_{\mathrm{ref}} - T_\infty} \tag{7.28}$$

式中: C ——材料常数。

WLF 方程适用时, $T_\infty = T_{\mathrm{g}} - C_2$, C_2 为式(7.24)中的 C_2 ;Arrhenius 方程适用时, $T_\infty =$

0 K 是绝对温度。

当以玻璃化转变温度 $T_g(\alpha)$ 为参考时,位移函数的形状与固化程度无关。在参考固化度 $\alpha_{ref} = 1$ 并且 $T_{ref} = T_g(\alpha_{ref})$ 情况下,可以得到以温度和固化度为变量的转换因子 $a_{T,\alpha}$:

$$\log a_{T,\alpha} = \log\left\{\frac{\tau[T, T_g(\alpha)]}{\tau[T_{ref}, T_g(\alpha_{ref})]}\right\} = \frac{C}{T - T_\infty} - \frac{C}{T_g(\alpha) - T_\infty} \tag{7.29}$$

式中,T_g 的取值与固化度 α 有关,采用 DiBenedetto 方程描述:

$$\frac{T_g - T_{g0}}{T_{g\infty} - T_{g0}} = \frac{\lambda\alpha}{1 - (1-\lambda)\alpha} \tag{7.30}$$

式中:T_{g0},$T_{g\infty}$ ——未固化和完全固化时的玻璃化转变温度;

λ ——材料常数,通常取值 0.43。

7.2 树脂固化的本构模型

7.2.1 黏弹性模型

黏弹性材料的力学行为可以采用弹簧和黏壶的组合来表示,其中由多个弹簧和黏壶组成的广义 Maxwell 模型和广义 Kelvin 模型被广泛应用来表征树脂及其复合材料的黏弹性。采用广义 Maxwell 模型可以很好地描述黏弹性材料应力松弛现象,一般都是采用广义 Maxwell 模型(见图 7-14)描述树脂及其复合材料在固化过程中的黏弹性行为。

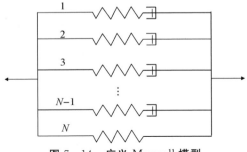

图 7-14 广义 Maxwell 模型

对于单个 Maxwell 单元,Maxwell 单元总的应变率等于弹簧和黏壶应变率之和,由式 (7.1) 和式 (7.2) 可得

$$\frac{d\varepsilon}{dt} = \frac{1}{E_0}\frac{d\sigma}{dt} + \frac{\sigma}{\eta} \tag{7.31}$$

式中:E_0 ——弹簧的模量;

η ——黏性流体的黏度。

在恒应力 σ_0 作用下,式 (7.31) 对时间 t 积分得 t 时刻应变为

$$\varepsilon(t) = \frac{\sigma_0}{E_0} + \frac{\sigma_0}{\eta}t \tag{7.32}$$

在恒应变 ε_0 作用下,对式 (7.31) 求解常微分方程可得 t 时刻应力为

$$\sigma(t) = E_0\varepsilon_0 e^{-t/\tau} \tag{7.33}$$

式中,$\tau = \eta/E_0$ 为松弛时间。通常,用松弛模量表示黏弹性材料的应力松弛特性,即

$$E(t) = E_0 e^{-t/\tau} \tag{7.34}$$

对于由 N 个 Maxwell 单元组成的广义 Maxwell 模型,每个 Maxwell 单元的应变是相等的,注意到广义 Maxwell 模型中第 N 个 Maxwell 单元只有一个弹簧,其弹性模量为 E^∞,表示完全松弛后的模量(橡胶态模量),因此,用广义 Maxwell 模型表示的应力松弛模量为

$$E(t) = E^\infty + \sum_{i=1}^{N-1} E_i e^{-t/\tau_i} \tag{7.35}$$

由式(7.35)得,广义 Maxwell 模型的初始模量 E^0(玻璃态模量)为

$$E^0 = E^\infty + \sum_{i=1}^{N-1} E_i \tag{7.36}$$

式(7.35)可以改写为

$$E(t) = E^\infty + \sum_{i=1}^{N-1} W_i (E^0 - E^\infty) e^{-t/\tau_i} \tag{7.37}$$

式中,$W_i = E_i/(E^0 - E^\infty)$ 为第 i 支 Maxwell 单元的权重系数,表示第 i 支 Maxwell 单元的弹簧模量与 $(E^0 - E^\infty)$ 的比值。考虑温度对松弛模量的影响,由式(7.23)和式(7.37)得树脂在固化过程中不同温度下的松弛模量:

$$E(t) = E^\infty + (E^0 - E^\infty) \sum_{i=1}^{N-1} W_i \exp\left(-\frac{t}{a_T \tau_i}\right) \tag{7.38}$$

特定固化度下的应力松弛模量主曲线如图 7 - 11 所示,在图 7 - 11 中可以得到此固化度下未松弛的玻璃态模量 E^0 和完全松弛的橡胶态模量 E^∞。

7.2.2　Path-dependent 模型

Path-dependent 模型是一种简化的黏弹性方程,在该模型中,黏弹性模型中与材料速率相关的参数被与材料状态相关的参数替代。在 Path-dependent 模型中,树脂及其复合材料在玻璃态和橡胶态阶段的材料性能为常数,在温度达到 T_g 时性能发生变化,即

$$E = \begin{cases} E^\infty & T \geqslant T_g(\alpha) \\ E^0 & T < T_g(\alpha) \end{cases} \tag{7.39}$$

7.2.3　CHILE 模型

CHILE(Cure-Hardening Instantaneously Linear Elastic)模型是在线弹性模型的基础上发展而来的,该模型认为在固化过程中任何时刻,树脂及其复合材料均表现出线弹性,瞬时树脂模量与温度和固化度有关。CHILE 模型可分为 CHILE(α)和 CHILE(T_g)模型。

CHILE(α)模型认为树脂模量与固化度 α 呈线性关系,固化过程中树脂的模量为

$$\left. E = \begin{cases} E^\infty, & \alpha \leqslant \alpha_{c1} \\ (1-\alpha_{mod})E^\infty + \alpha_{mod}E^0 + \gamma\alpha_{mod}(1-\alpha_{mod})(E^0 - E^\infty), & \alpha_{c1} < \alpha \leqslant \alpha_{c2} \\ E^0, & \alpha > \alpha_{c2} \end{cases} \right\} \tag{7.40}$$

$$\alpha_{mod} = \frac{\alpha - \alpha_{c1}}{\alpha_{c2} - \alpha_{c1}}$$

式中:α_{c1},α_{c2}——固化度 α 的边界值,类似于玻璃化点和凝胶点时的固化度;

γ　　　　——应力松弛和固化硬化两个相互竞争因素的因子。

E^∞ 的值一般较小,近似取值 $E^\infty = E^0/1\,000$ 。

CHILE(T_g)模型认为树脂性能与 T_g 有关,固化过程中树脂的模量为

$$E = \begin{cases} E^\infty, & T^* \leqslant T_{c1} \\ E^\infty + \dfrac{T^* - T_{c1}}{T_{c2} - T_{c1}}(E^0 - E^\infty), & T_{c1} < T^* \leqslant T_{c2} \\ E^0, & T^* > T_{c2} \end{cases} \tag{7.41}$$

式中,$T^* = T_g(\alpha) - T_{g0}$,T_{c1} 和 T_{c2} 表示 T^* 的边界值,是通过实验数据拟合而来的。

7.3 树脂固化反应动力学模型

7.3.1 固化反应动力学实验技术

差示扫描量热(DSC)技术是研究树脂固化反应动力学最主要的方法之一,其主要通过反应过程中反应热的变化情况获取树脂的反应过程,通常采用 DSC 技术研究树脂的固化反应动力学,通过动态测试和恒温固化实验确定固化反应动力学参数。DSC 曲线反映固化反应放热速率 $\mathrm{d}H/\mathrm{d}t$ 与温度 T 的关系。采用 DSC 技术研究固化反应动力学时,假设固化反应放出的热量与反应程度成正比,DSC 的放热峰相当于固化反应放热,在任何时刻和温度下,峰左边的面积对应于已经反应了的物质的量。树脂基体的反应程度用固化度 α 来表示,基于树脂反应放热对固化度进行定义:

$$\alpha = \frac{H(t)}{H_u} \tag{7.42}$$

式中:α ——固化度;

$H(t)$ ——反应开始到某一时刻 t 时放出的热量;

H_u ——固化反应放热时放出的总热量。

对于完全未固化材料,$\alpha = 0$,对于完全固化材料,$\alpha = 1$ 。将式(7.42)对时间进行微分:

$$\dot{H} = \frac{\mathrm{d}\alpha}{\mathrm{d}t}H_u = \frac{\mathrm{d}H(t)}{\mathrm{d}t} \tag{7.43}$$

式中:$\mathrm{d}\alpha/\mathrm{d}t$ ——固化反应速率。若固化反应速率已知,则材料内任一点的固化度可通过下式计算得到:

$$\alpha = \int_0^t \frac{\mathrm{d}\alpha}{\mathrm{d}t}\mathrm{d}t \tag{7.44}$$

为了建立固化反应动力学模型,必须知道固化反应速率与温度和固化度的依赖关系。将反应速率 $\mathrm{d}\alpha/\mathrm{d}t$ 与反应程度函数 $f(\alpha)$ 联系起来的基本方程有很多,对于非自催化反应,常用的经验动力学模型(又称 n 级反应模型)为

$$\frac{\mathrm{d}\alpha}{\mathrm{d}t} = kf(\alpha) = k(1-\alpha)^n \tag{7.45}$$

式中:k ——反应速率常数。

k 的取值遵循 Arrhenius 公式:

$$k = A\exp[-\Delta E/(RT)] \tag{7.46}$$

式中：ΔE——表面活化能；

　　R　——气体常数；

　　T　——反应温度；

　　A　——频率因子。

对于动态实验，反应速率可以表达为

$$\frac{d\alpha}{dt} = \frac{A}{\beta} f(\alpha) \exp[-\Delta E/(RT)] \tag{7.47}$$

式中：A——频率因子；

　　β——升温速率。

对于恒温实验，反应速率可以表达为

$$\frac{d\alpha}{dt} = Af(\alpha) \exp[-\Delta E/(RT)] \tag{7.48}$$

对于多步反应，与转化率相关联的固化反应动力学模型可以与重量系数相联系，即

$$f(\alpha) = \sum y_i f_i(\alpha) \tag{7.49}$$

根据树脂类型的不同，描述树脂固化反应动力学的模型还有其他的形式：

$$\frac{d\alpha}{dt} = A\exp[-\Delta E/(RT)](\alpha_m - \alpha)^n \tag{7.50}$$

其中，α_m 是给定恒温下反应最大的固化度，其与恒温反应温度成线性关系为

$$\alpha_m = a + bT \tag{7.51}$$

式中：T　——恒温反应温度；

　　a，b——常数。

同时考虑自催化行为和 n 级反应的 Kamal 模型方程对于一些树脂来说更加精确可靠，方程为

$$\frac{d\alpha}{dt} = k\alpha^m (1-\alpha)^n \tag{7.52}$$

式中：k　——反应速率常数，遵循 Arrhenius 公式；

　　m，n——反应级数。

对不同的树脂基体可以有不同的固化反应动力学模型，但多数固化反应动力学模型是在上面提到的几种固化反应动力学模型的基础上改进的，固化反应动力学方程的各个参数也可通过不同的方式和途径获得。由于 Kamal 模型方程同时考虑了自催化行为和 n 级反应，能够更加准确地描述树脂的固化反应历程，因此可以选择 Kamal 模型方程为统一的基础模型方程，并通过修正 Kamal 模型使其更加精确可靠。

7.3.2　等温固化反应动力学模型

在等温固化反应过程中，任一时刻的固化度已经由式（7.42）给出，固化反应速率 $d\alpha/dt$ 可以表示为

$$\frac{d\alpha}{dt} = \frac{dH(t)}{dt} / H_u \tag{7.53}$$

固化反应的总反应热 H_u 可由动态固化反应热求得，只有在动态固化反应中树脂才可以

完全固化。一般取不同升温速率下的动态固化反应热的平均值作为 H_u。固化反应过程可用 Kamal 模型方程来描述。

在等温固化反应过程中，随着固化反应的进行，反应由化学控制过程转变为分子扩散控制过程。在固化反应的后阶段，树脂基体的玻璃化减弱了分子的热运动，在所设定的温度范围内，等温固化反应在结束时不能达到完全固化，因此有必要引入最大固化度 $\alpha_{max} = H_T/H_u$。最大固化度为温度 T 下等温固化反应的最大固化度，H_T 为温度 T 下等温固化反应热。相应的固化反应动力学模型方程可以修正为

$$\frac{\mathrm{d}\alpha}{\mathrm{d}t} = k\alpha^m (\alpha_{max} - \alpha)^n \tag{7.54}$$

其中，α_{max} 可以近似看作温度 T 的线性函数，以 α 为自变量、$\mathrm{d}\alpha/\mathrm{d}t$ 为因变量对式（7.54）进行数据拟合，可以得到各反应温度下参数 k、m 和 n 的值。由 Arrhenius 公式线性化得到 $\ln k = \ln A - \Delta E/RT$，以 $\ln k$ 对 $1/T$ 作图得到一条直线，直线斜率为 $-\Delta E/R$，截距为 $\ln A$，由此可以得到反应活化能 ΔE 和频率因子 A，反应级数 m 和 n 可以近似看作与温度 T 成线性关系。

实验验证表明，由恒温固化反应动力学方程计算得到的固化度与实测固化度有较大的差异，这主要是由各树脂基体的复杂性、恒温实验的特殊性以及仪器本身的限制等原因造成的，部分中温固化实验和低温固化实验的恒温实验反应放热量很难全部采集，从恒温 DSC 固化曲线无法精确获取反应热与时间的关系，进而影响了固化反应动力学方程的准确性。

7.3.3 动态固化反应动力学模型

由于等温固化反应动力学模型的特殊性，其预测的固化度数据与实测固化度数据有较大差异，针对此问题，可以采用动态固化反应动力学模型确定固化反应动力学参数。由于在动态固化反应中样品完全固化，因此由 Kamal 方程可得

$$\frac{\mathrm{d}\alpha}{\mathrm{d}t} = k\alpha^m (1-\alpha)^n = A\exp[-\Delta E/(RT)]\alpha^m (1-\alpha)^n \tag{7.55}$$

进一步变换可得

$$\exp[\Delta E/(RT)] \frac{\mathrm{d}\alpha}{\mathrm{d}t} = A\alpha^m (1-\alpha)^n \tag{7.56}$$

动态固化反应的活化能 ΔE 可按照基辛格（Kissinger）方法进行求解，以 α 为自变量、$\exp[\Delta E/(RT)]\mathrm{d}\alpha/\mathrm{d}t$ 为因变量对式（7.56）进行数学拟合，可求得各个升温速率下的参数 A、m 和 n 的值。一般取各个升温速率下的参数平均值作为 A、m 和 n 的最终值。求取固化反应动力学参数的基本方法如下。

按照 Kissinger 方法求得动态固化反应的活化能 ΔE。Kissinger 方程为

$$E\varphi/RT_m^2 = A\exp(-\Delta E/RT_m) \tag{7.57}$$

式中：φ ——升温速率；

T_m ——动态 DSC 曲线的峰值温度，即最大固化反应速率处的温度。

将式（7.57）线性化可得

$$\ln(\varphi/T_m^2) = \ln(AR/\Delta E) - \Delta E/RT_m \tag{7.58}$$

以 $\ln(\varphi/T_m^2)$ 对 $1/T_m$ 拟合，直线的斜率为 $-\Delta E/R$，由此求得动态固化反应活化能 ΔE。然后，对式（7.56）进行数据拟合即可求得不同升温速率下 A、m 和 n 的值，对不同升温速率下

的参数值取平均值即为参数 A、m 和 n 的最终值。

7.4　影响树脂固化的工艺参数及工艺参数确定

7.4.1　影响树脂固化的工艺参数

影响复合材料性能的因素有很多,如纤维、基体、界面等,在材料选定之后,成型工艺就是影响复合材料固化后性能的关键因素。成型过程中对复合材料性能有影响的因素有纤维体积分数、树脂的分布、复合材料内部气泡的含量等。在固化过程中,影响树脂固化的工艺参数包括温度、压力、时间等。

7.4.1.1　温度

固化温度影响树脂与固化剂反应的快慢。对于热固性树脂,固化反应以固化剂分子为中心,固化反应由中心向四周辐射发展,固化剂中心交联密度大,其他地方交联密度小,最终形成固化交联网络。如果先在较低温度下进行预固化,由于温度较低,固化反应较慢,树脂分子有一定的活动能力,固化剂可以充分地与周围的树脂分子发生反应,形成的固化反应中心多,结构均匀,固化之后的网络交联密度也比较均匀。直接在高温固化,固化反应速率快,固化剂被已经交联的树脂分子包裹,无法与较远位置的树脂分子发生基团反应,会导致结构固化不均匀,网络交联密度相差较大,从而造成树脂内部应力较大,影响复合材料的使用。因此,树脂基复合材料的固化,采用低温和高温分段的固化制度(见图 7-15)。在低温阶段树脂部分固化,反应速率慢,有利于形成均匀的交联网络结构,在高温时固化反应完全,能提高基体的力学性能和耐热性。

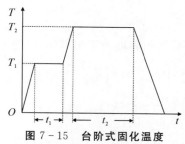

图 7-15　台阶式固化温度

另外,随着温度的升高,树脂的黏度降低,同时随着固化反应的进行,分子间形成交联网络结构,树脂的黏度又会增大。开始的升温阶段,树脂还未发生大规模的交联反应,随着温度的升高,树脂的黏度会下降。随着反应的继续,升温导致的黏度下降的数值没有固化交联反应带来的黏度增加的数值大,树脂的黏度会逐渐增加,所以,在整个固化过程中,树脂的黏度是先下降、后上升的趋势。因此,在升温过程中,在树脂黏度最小的时候保持温度不变,有利于树脂基体充分浸润纤维,排出界面附近的气泡,进一步完成浸润过程,这也是设计台阶式固化温度的原因之一。

7.4.1.2　压力

在固化过程中加压,是为了使制件密实,排出纤维之间的气泡和交联反应过程中产生的低分子物,加速树脂与纤维之间的浸润,并控制制件的纤维体积分数。

复合材料成型过程中最重要的就是加压时机的控制。加压过早,树脂流动性大,树脂会流失而导致制件贫胶;加压过晚,树脂已经凝胶,树脂黏度大,无法流动,气泡排不出去,导致复合材料不密实,层间黏结力不够,孔隙率大,纤维体积分数小。一般希望在树脂凝胶前加压,利用少量流动的树脂带走气泡和反应过程中产生的低分子物,同时压实材料。

对于厚度相对较薄的复合材料制件,树脂固化过程中有足够的树脂在压力作用下从厚度方向流出,将孔隙冲刷出层合板,得到无孔隙的制件。随着复合材料应用于主承力结构件,复合材料制件变得更大、更厚,内部残留的气泡和水不能够完全排出,生产出来的复合材料层合板开始越来越多地出现孔隙,造成很高的零件报废率。孔隙最常出现的地方就是铺层界面处,由于铺层递减、纤维桥接、颗粒架桥、褶皱等因素,铺层界面处可能分布着一些空气孔隙,这些空气孔隙中的压力较小,在随后的加压和压实的过程中将被压溃。但是,如果有水蒸气扩散到孔隙中,或者孔隙中只有水蒸气:对于纯水孔隙,则在每一个温度下均会有一个平衡水蒸气压;对于水-空气孔隙,则有一个水蒸气分压,使得在总体积不变的情况下孔隙中的总压力超过纯空气孔隙的压力。若孔隙压力等于或者超过周围树脂的静水压力与表面张力之和,孔隙就是稳定的,此时,如果有温度作用在孔隙上,孔隙会在温度的作用下膨胀长大。对于纯水孔隙,根据 Clausius-Clapeyron 方程,孔隙内水的蒸气压与温度存在以下关系:

$$\frac{\mathrm{d}p_{H_2O}}{\mathrm{d}T} = \frac{\Delta H_V}{T(V_g - V_L)} \tag{7.59}$$

式中:p_{H_2O}——水蒸气压;

$\quad T$ ——温度;

$\quad \Delta H_V$——蒸发热;

$\quad V_g$ ——气态水体积;

$\quad V_L$ ——液态水体积。

假设,蒸发热 ΔH_V 是常数,蒸气相表现为理想气体,可得到如下蒸气压与温度的关系式:

$$p_{H_2O} = \left[p'_{H_2O} \exp\left(\frac{\Delta H_V}{RT_0}\right) \right] \exp\left(\frac{-\Delta H_V}{RT}\right) \tag{7.60}$$

式中:T_0 ——1 atm 下水的沸点(373 K);

$\quad p'_{H_2O}$——1 atm 时水沸腾的蒸气压;

$\quad \Delta H_V$——蒸发热(9 720 cal/mol);

$\quad R$ ——理想气体常数[1.987cal/(mol·K)]。

代入数据后可得

$$p_{H_2O} = 4.962 \times 10^5 \times \exp\left(\frac{-4\,892}{T}\right) \tag{7.61}$$

在树脂黏度变得足够大,黏度效应变得重要之前,孔隙内外的压力实际上是相等的。当树脂逐渐达到凝胶状态时,孔隙内的压力可以上升到显著高于树脂压力。对于空气/水孔隙,假定开始只含有干燥空气,在孔隙中是空气/水混合物的情况下,干燥空气的摩尔分数为

$$y_{air} = \frac{p_0 T}{p T_0} \left(\frac{d_{B_0}}{d_B}\right)^3 \tag{7.62}$$

式中:y_{air}——干燥空气的摩尔分数;

p　——树脂中的总压力；

d_{B_0}　——孔隙的初始直径；

p_0　——树脂中的初始压力；

T_0　——树脂中的初始温度。

空气/水孔隙内部水的分压为

$$p_{H_2O} = (1 - y_{air})p \qquad (7.63)$$

对于纯水孔隙,水的分压等于总压力,即 $p_{H_2O} = p$。

水分子扩散的驱动力随着温度的升高而增大,为了在固化周期的任何时刻和温度下避免层合板中的纯水孔隙通过水分扩散而生长,固化中的层合板内任意一点的树脂压力必须满足下面的不等式：

$$p_{min} \geqslant 4.962 \times 10^3 \times \exp\left(\frac{-4\,892}{T}\right)(RH)_0 \qquad (7.64)$$

式中：p_{min}　——固化过程中任意时刻为防止孔隙通过水分扩散生长所需的最小树脂压力(atm)；

$(RH)_0$——加工前预浸料树脂达到平衡的相对湿度(%)；

T　——固化过程中任意时刻的温度。

式(7.64)是根据任意温度下水分扩散导致的孔隙生长要满足的条件推出的,如果某一温度下孔隙内部的压力比此温度下的饱和蒸气压大,则孔隙生长不可能发生。式(7.64)对任意体系的纯水孔隙都符合得很好,在短暂的初始生长阶段之后,空气/水孔隙和纯水孔隙的生长模式是相似的,因此其也适用于较小的空气/水孔隙。

7.4.2　固化工艺参数的确定

树脂基复合材料的成型过程就是树脂的固化过程,因此首先要了解固化过程中树脂物理状态的变化。从力学性能来看,树脂在固化过程中主要经历了未凝胶玻璃态、黏流态、高弹态、凝胶后玻璃态4个力学状态,相应的固化反应分为4个阶段：从未凝胶玻璃态到黏流态阶段、从黏流态到树脂凝胶点阶段、从凝胶点经高弹态到玻璃态阶段、玻璃态内的固相反应阶段。

在上述4个固化阶段中,第二和第三阶段是决定复合材料性能的主要阶段。在第二阶段,树脂由黏流态到凝胶点的转变,此时体系成为一个未完全交联的网络结构,只有分子链段可以运动;在第三阶段,树脂由高弹态向玻璃态转变,此时体系已经形成体型结构,分子链段运动被冻结,交联反应很难进行,树脂的固化度变化不大。

研究树脂在固化过程中的结构变化、状态转变以及固化过程,可以用红外光谱(IR)法、差动扫描量热(DSC)法、动态介电分析(DDA)法、黏度分析(黏度-温度曲线)法、动态力学分析(DMA)法等,所得结果可供合理制定固化制度时参考。

1. 从未凝胶玻璃态到黏流态

随着加热后温度的升高,树脂开始固化,树脂体系黏度开始下降,树脂能够变软流动,此时树脂体系吸热,用DSC仪器测量可以知道在低温区出现了吸热峰(见图7-16)。用DDA测量时,树脂中极性基团在交变电场下的活动性随着树脂黏度的降低而逐渐增大,介质损耗-时间曲线在低温区出现流动峰(见图7-17),介质损耗随着黏度的降低而降至最低值。

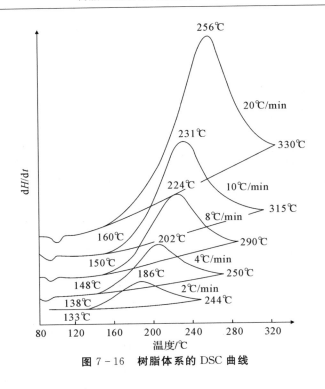

图 7-16 树脂体系的 DSC 曲线

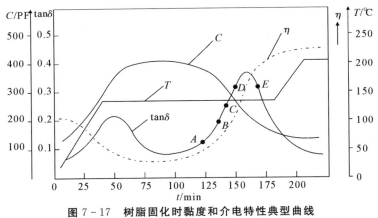

图 7-17 树脂固化时黏度和介电特性典型曲线

2. 从黏流态到树脂凝胶点

继续升温,树脂体系开始发生交联反应放热。在 DSC 曲线上,放热速率 dH/dt 随着温度升高而逐渐增大到最高值,即图 7-16 中放热峰的峰值,树脂进一步固化,dH/dt 随着活性基团数量的减少而降低并趋于平缓。在 DDA 曲线上,体系黏度随着交联反应逐渐增大,这阻碍了偶极矩沿电场方向的取向,使电容量下降,同时介电损耗再次上升。随着进一步的固化,交联反应使黏度急剧上升,偶极矩更加难以沿电场方向取向,使介质损耗降低并趋于平坦。这一过程在 DDA 曲线图上反映为高温区出现第二个介电峰,此峰称为凝胶峰,反映树脂体系在此温度范围内发生凝胶以及随后达到完全固化的损耗值的突变。

按照凝胶理论,任何一个交联反应体系,反应达到凝胶点时的固化度为常数,与外界反应条件无关。对固化反应动力学进行数学处理可得

$$k = \beta \frac{1}{t_g} \tag{7.65}$$

式中:k ——固化反应速率常数;

t_g ——固化反应达凝胶点的时间;

β ——常数。

t_g 可作为固化反应动力学参数来表征固化反应速率。固化反应速率常数与温度之间存在 Arrhenius 关系:

$$k = A e^{-\frac{\Delta E}{RT}} \tag{7.66}$$

式中:R ——摩尔气体常量;

T ——热力学温度;

ΔE ——活化能;

A ——频率因子。

结合式(7.65)和式(7.66)可得

$$\ln t_g = \frac{\Delta E}{RT} + \ln \frac{\beta}{A} \tag{7.67}$$

作 $\ln t_g$ –$(1/T)$图(见 7 – 18),可见凝胶时间随温度升高而单调下降,温度越高,反应速度越快,由斜率可以求出 ΔE。

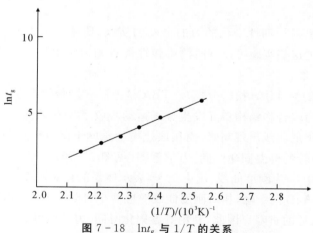

图 7 – 18　$\ln t_g$ 与 $1/T$ 的关系

由不同升温速率下的 DSC 曲线的放热特征温度(峰始温度、峰顶温度、峰终温度)外推到零升温速率下的放热峰特征温度,可以确定固化台阶温度,将 DDA 的 $\tan\delta$ – t 曲线、η – T 曲线、t_g – T 曲线的研究作为确定加压时机(一般在快凝胶的时候开始加压)的参考。

选择不同的加压点(图 7 – 19 中的 A、B、C、D、E)固化成型复合材料,并测量其短梁剪切强度(SBSS)和孔隙率(V_v)。由图 7 – 18 和图 7 – 19 知,存在 SBSS 最佳值和最低孔隙率的加压时间范围,即最佳加压带。此外,可通过最佳加压带的介电特性曲线来实时调整温度、压力、时间等工艺参数。

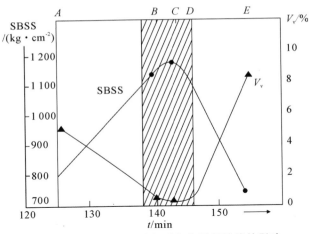

图 7 - 19　不同加压时间对复合材料性能的影响

3.从凝胶点经高弹态到玻璃态

在这一阶段,树脂体系黏度急剧增加,反应官能团浓度变化不明显,用 IR 测量反应官能团的转化率或者用 DSC 测量固化度的灵敏度发现,这两个数值已经大大降低。另外,此阶段难以用 DDA 确定玻璃化转变温度,但是,这一固化阶段对固化产物的性能有很大影响,很大程度上决定了固化产物的最佳性能,它的固化过程是需要表征的。在其他分析技术灵敏度急剧下降的固化最后阶段,固化过程在力学性能上得到了很好的体现,不同的固化程度可以通过它们的模量的变化反映出来。因此,可以用动态力学分析(DMA)技术来研究树脂固化的第三和第四阶段。

DMA 是测量材料对周期性变化的力的形变的实验,所施加的力和所产生的形变都以正弦波的形式改变,通过这些实验可以同时测得弹性模量和力学阻尼。使用不同的设备可以测量剪切模量或拉伸模量。

DMA 技术常用的为 TBA(扭辫分析)。TBA 是把浸有树脂的纤维辫子作为试样,下端挂惯性盘来回扭摆,因为聚合物结构单元发生分子运动吸收了扭摆的能量,使扭摆幅度减小,周期改变,在转变点处阻尼曲线出现高峰,而在该处模量急剧下降,测量不同温度下的浸润树脂的纤维辫子的动态扭转的等温固化时间-力学谱图(见图 7 - 20)。图 7 - 20(a)为阻尼曲线,Δ为对数减量;图 7 - 20(b)为刚度曲线,图中 $1/p^2$ 表示体系的相对刚度。在 130～220℃的温度范围内,阻尼曲线有 A、B 两个峰,相对刚度曲线对应两个台阶。峰 A 和峰 B 分别为凝胶化作用和玻璃化作用对阻尼的贡献。因此,利用等温固化时间-力学谱可以得到不同固化温度下的凝胶化时间和玻璃化时间。凝胶峰 A 出现的时间随固化温度的上升而减少的规律类似于上述其他测试方法。玻璃化峰 B 出现的时间一开始也随固化温度上升而减少,但到一定温度后,峰 B 出现的时间先达到最低值,随后又上升。这是因为,温度升高,反应速率加快,玻璃化时间缩短,但与此同时,温度越高,玻璃化转变要求体系交联程度越高,这又要求较长的反应时间,在最低点前,前者占统治地位,在最低点后,后者起主导作用。在这一温度范围内,通常固化产物的玻璃化转变温度与固化温度相接近。图 7 - 20(a)中 220℃下只出现凝胶峰 A,没有玻璃化峰 B,说明温度高于 220℃时,大分子链段运动比较活跃,树脂只能够凝胶成橡胶态,而不发生玻璃化转变。

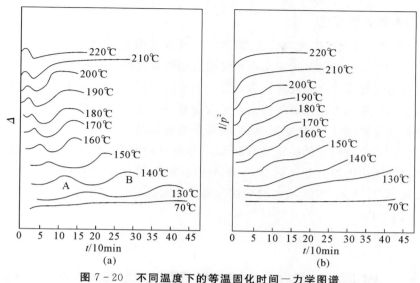

图 7 - 20　不同温度下的等温固化时间－力学图谱

(a)对数减量-时间($\Delta -t$)曲线；(b)相对刚度-时间$[(1/p^2)-t]$曲线

　　根据 TBA 分析的等温固化时间－力学图谱获得的不同固化温度下的凝胶化时间和玻璃化时间,可绘制出树脂固化的 TTT 状态图(Time-Temperature-Transformation Diagram),如图 7 - 21 所示。TTT 状态图划分了固化树脂的各种状态,由 TTT 状态图可以充分认识树脂的固化行为,进而合理确定树脂固化工艺。在 TTT 状态图中,凝胶化曲线与玻璃化曲线的交点即凝胶化作用与玻璃化作用同时发生的固化温度,记为 T_{gg},树脂完全固化的最高玻璃化转变温度记为 $T_{g\infty}$。当 $T_{固}<T_{gg}$ 时,仅有玻璃化作用,即由液态直接到未凝胶玻璃态；当 $T_{gg}<T_{固}<T_{g\infty}$ 时,则有凝胶化作用和玻璃化作用,随着反应进行,树脂由液态经高弹态向玻璃态转变；当 $T_{固}>T_{g\infty}$ 时,仅有凝胶化作用,树脂由液态转变为高弹态,时间再延长也不发生玻璃化转变。

　　TTT 状态图给出了不同固化温度下的凝胶化时间,其可以作为确定加压的温度和时间的依据,不同固化温度下的玻璃化时间可以作为确定固化温度和时间的依据,后处理温度应该接近 $T_{g\infty}$,T_{gg} 可以用来确定预浸料的库存温度和预测储存期。

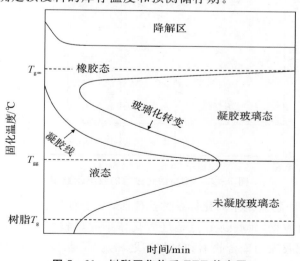

图 7 - 21　树脂固化体系 TTT 状态图

4.玻璃态内的固相反应

树脂体系经第三阶段的固化反应后,虽然已经形成体型结构,但是受固化温度的制约,树脂体系的交联密度不高。通常,树脂交联密度随着固化温度的升高而增大,对于交联密度不高的玻璃态,可以通过提高固化温度进行后处理的办法进一步提高交联密度,从而使玻璃化转变温度提高,固化后树脂的力学性能改善。在温度接近 $T_{g\infty}$ 下的后处理可以同时起到后固化作用,并进一步提高交联密度,使树脂耐热性、模量等性能提高。

综上所述,固化台阶温度的确定可依据 DSC 的放热峰温度的高低和 TBA 进行分析,固化时间可依据 TBA 和 IR 测官能团转化率、不同固化时间固化物的力学性能和热性能进行分析,加压时间依据 DDA 和 TBA 或电热板测量凝胶化时间-温度曲线进行分析,后处理温度和时间依据 TBA 或其他 DMA 方法进行分析。

7.5 树脂及其复合材料固化过程中的内应力

7.5.1 内应力的来源

树脂体系在固化过程中,因树脂分子交联反应和温度变化而产生收缩,使密度增加。树脂体系固化过程中体积变化如图 7-22 所示,图中未反应的液体树脂由室温开始加热到固化温度,树脂体积从 X 点热膨胀到 A 点,随后,树脂发生固化反应引起体积收缩,达到凝胶点 C 点,继续固化,体积收缩到 B 点,然后固化完成后冷却降温至室温,体积因冷却收缩从 B 点经 D 点(玻璃化转变温度)到 Y 点。冷却分为两个部分:BD 段,温度在玻璃化转变温度以上,是高弹态;DY 段,温度在玻璃化转变温度以下,是玻璃态。两个阶段树脂的热膨胀系数不同,表现在图上就是两个线段斜率不同。

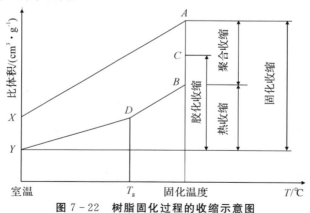

图 7-22 树脂固化过程的收缩示意图

X 点到 A 点的体积膨胀是未固化体系的热膨胀,A 点到 B 点是在固化温度下固化反应引起的收缩,称之为聚合收缩,B 点到 Y 点是已固化体系的热收缩。A 点和 Y 点的体积差是体系总的固化收缩(固化收缩为聚合收缩和热收缩之和)。X 点和 Y 点的体积差是体系固化前、后体积的变化,这个差值一般用来计算体系固化后的实际体积收缩率,用它可比较各种固化体系的收缩大小,但对分析树脂固化过程中的收缩以及对产品性能影响的实际意义较小。当树脂体系还在凝胶点之前,大分子是自由活动的,它与模具的表面或复合材料中的增强材料的表面相对位置尚未固定,因而不会产生内应力。因此,更为重要的是凝胶后的收缩,即从 C 点到 Y 点的体积变化值,称之为胶化收缩,此值越小,内应力越低。

　　树脂的种类、固化剂的性质和用量以及固化工艺规范等都会对树脂体系的固化收缩产生很大的影响。一般地,树脂的种类和固化剂选定之后,影响树脂固化收缩的因素主要就是固化温度。通常,固化温度越高,收缩率越大,内应力也越大,这是因为固化温度越大,降温至室温的温差越大,热收缩也越大。也会存在反常的情况,固化温度过高,树脂得不到交联密度高的三维空间网络结构,收缩率会降低。由于树脂的导热性能差,固化温度越高,树脂固化越快,固化放热峰越高。固化过程中散热情况不同很容易导致制件内部温度场的不均匀,从而导致制件内部各点的固化温度场不均匀,不均匀的温度场引起的树脂收缩不一致,从而产生内应力。特别是在凝胶点以后,温度不均匀会使各点应力松弛速率不同,产生应力差,从而产生附加的内应力。

7.5.2　树脂基复合材料固化残余应力分类

　　固化过程中作用在树脂基复合材料上的温度载荷、外载荷等外界因素随着复合材料制件脱模而消失后,为保持平衡而存在于复合材料内部的应力称为残余应力。根据树脂基复合材料的结构形式,其内部的残余应力可以分为以下 3 类:

　　(1)微观残余应力:发生在树脂和纤维之间,主要是在温度载荷的作用下树脂和纤维的热应变、固化收缩应变不匹配引起的。在高温作用下,树脂的热膨胀系数大于纤维的热膨胀系数,在树脂和纤维黏结良好的情况下,树脂内部会产生压缩残余应力,纤维内部会产生拉伸残余应力(见图 7-23)。如果微观残余应力过大,甚至会引起基体开裂。

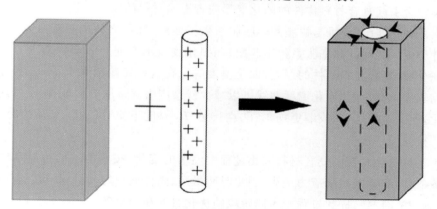

图 7-23　微观残余应力形成示意图

　　(2)宏观残余应力:发生在层合板单层之间,由层合板单层之间的热应变和固化收缩应变不匹配引起。单层中沿纤维方向和垂直纤维方向的热膨胀系数和固化收缩系数差异较大。对于正交铺层的层合板(见图 7-24),沿纤维方向上纤维的力学性能占据主导地位,垂直于纤维方向树脂的力学性能占据主导地位,在单层与单层黏结情况良好的状况下,在降温阶段,在温差 ΔT 的作用下,平行纤维方向受压应力,垂直纤维方向受拉应力。

图 7 - 24　宏观残余应力形成示意图

（3）总体结构残余应力：主要由升温和降温阶段层合板厚度方向上存在的温度、固化度梯度引起。总体结构残余应力通常发生在较厚的层合板上，层合板的厚度越厚，梯度越明显，残余应力也越明显。对于厚层合板总体结构残余应力的形成（见图 7 - 25），在升温开始阶段，温度从制件的外表面向里面传导，由于复合材料导热性能差，与空气和模具接触的外表面相对于复合材料内部升温快，从而固化速率高，在外表面完全固化之后，内表面还在固化过程中，导致复合材料制件内部在厚度方向上存在固化度梯度，已经固化好的外表面收缩应变大于内部，因此，外表面会给内部铺层施加拉应力，相应地，外表面会受到压应力。

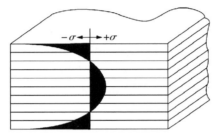

图 7 - 25　总体结构残余应力形成示意图

7.5.3　减小残余内应力的措施

残余应力会引起复合材料构件的固化变形或者影响材料的强度。残余应力产生的主要因素有热膨胀系数不匹配（纤维与树脂的热膨胀系数不匹配、铺层之间的热膨胀系数不匹配、复合材料零件与模具之间的热膨胀系数不匹配）和固化收缩不匹配。影响残余应力大小的因素有纤维体积分数、复合材料构件的厚度、固化温度等。在这些影响因素里面，温度对残余应力产生的影响较大，通过优化固化温度曲线可以减少残余应力。采取的措施有：①慢速升温和在低温下固化，使固化更均匀、收缩更均匀；②在接近 T_g 温度下充分固化；③减小冷却速率，使热收缩应变松弛掉一部分。

固化工艺优化就是控制复合材料固化过程中温度的变化，按照给定的边界条件等进行固化工艺参数的优化，达到残余应力最小、固化时间最短、固化最均匀的目标。在这样的目标下，可以分解、确定复合材料固化过程中不同阶段的优化目标和约束条件。在升温阶段，树脂凝胶点以前，残余应力不会积累，应该在有效控制复合材料内部温度均匀性的情况下，提高加热速率，以缩短成型时间；为了实现复合材料内部逐步均匀固化，避免在高温下固化过于剧烈，应当在较低温度的预固化阶段达到一定的固化度，但在达到必要的固化度后，应尽快升温以缩短固化时间；在固化阶段，复合材料的固化程度应以固化过程完成完全固化所需的最小固化时间为优化目标；在降温阶段，由于热应变的产生，树脂固化过程中残余应力主要在此阶段产生，所以，应该尽可能慢地使复合材料冷却来减小残余应力。

习题与思考题

1. 简述理想弹性体、理想流体和黏弹性体的定义。

2. 什么是黏弹性材料的蠕变？蠕变过程中包括哪几种形变？

3. 什么是黏弹性材料的应力松弛？产生应力松弛现象的原因是什么？

4. 什么是黏弹性材料的储能模量、损耗模量和阻尼因子？各物理量分别描述材料的哪些属性？

5. 非晶态聚合物典型的 DMA 温度谱分为哪几种力学状态？各状态的基本特性和所对应的分子运动有哪些不同？

6. 什么是树脂的玻璃化转变温度？玻璃化转变温度的定义方法有哪些？

7. 简单描述玻尔兹曼叠加原理。

8. 简单描述时温等效原理及其意义。

9. 平移因子 a_T 的物理意义是什么？其与温度 T 的关系有哪些表达式？

10. 树脂固化过程中的本构模型有哪些？各个模型分别有哪些特点？

11. 树脂固化过程中固化度是如何定义的？

12. 常用的固化反应动力学模型有哪些？

13. 在等温固化反应过程中，如何求解固化反应动力学模型参数？

14. 在动态固化反应过程中，如何求解固化反应动力学模型参数？

15. 影响树脂固化的工艺参数有哪些？各工艺参数是如何影响树脂固化的？

16. 如何由实验方法制定合理的复合材料固化工艺参数？

17. 为什么复合材料固化时要分段加温？

18. 为什么说选择合适的加压时间是制备高质量复合材料的关键？

19. 试分析热固性树脂体系固化过程中体积的变化。

20. 简谈复合材料的固化内应力，并说明减小内应力的措施。

第8章 缺陷生成与控制原理

8.1 概 述

复合材料的制造过程十分复杂,不同的工艺涉及对不同工艺参数的控制。目前实际制造过程中,难以对各种工艺参数进行精确控制,导致复合材料的结构质量具有一定的随机性,所以在复合材料制品中存在缺陷是十分常见的现象。复合材料制品内部缺陷在服役过程中会发生扩展与积累,加剧制品的环境与应力腐蚀,加速材料的老化,造成材料性能下降,降低制品的使用寿命,有时还会造成灾难性的后果。因此,复合材料缺陷的种类、缺陷生成的原因、缺陷的控制与检测成为了先进复合材料研究的重点内容。

8.2 复合材料常见缺陷及成因

在复合材料制备过程中,由各种原因,如工艺实施、环境杂质、设备精度等,造成复合材料制品存在不同类型的缺陷。复合材料制品易于产生或容易受到其影响的缺陷类型大约为52种。表8-1列出了其制造过程、服役过程中存在的缺陷。在制造过程中常见的缺陷类型包括空隙、夹杂、纤维卷曲、富脂或贫胶、分层、纤维方向或铺层误差、树脂/纤维界面结合差等。在实际生产中制品内部可能出现一种缺陷,也可能是多种缺陷类型同时存在,因此,需要对缺陷产生的原因进行准确分析。

表 8 - 1 制造和服役过程中的缺陷列表

材料加工	零件制造	服 役
纤维丝受损	起泡	支撑面损伤
纤维分布差异	污染	边/角裂纹
纤维断层	边角开裂	角半径分层
纤维/基体脱粘	裂纹	蠕变
纤维偏移	分层	破碎
波纹状纤维	脱粘	切口和划痕
线宽不一致	过多层重叠	分层
超龄预浸料	紧固件孔	脱粘
预浸料的可变性	拉长	凹痕
	不正确安装	边缘损伤
	不合理的座装	侵蚀

续　表

材料加工	零件制造	服　役
	干涉配合	紧固件孔
	紧固件缺失	拉长
	过扭矩	孔磨损
	拉拔	不正确安装
	缺乏树脂的支撑面	不合理的座装
	歪斜的埋头孔	干涉配合
	纤维扭结	紧固件缺失
	纤维偏移	过扭矩
	断裂	拉拔
	孔洞	拆卸和重新安装
	钻伤	歪斜的埋头孔
	拉长	纤维扭结
	退出分层	断裂
	钻错和填充	孔和穿透
	多孔空隙	基体裂纹
	倾斜	基体龟裂
	不匹配	吸湿
	层缺失	返修区
	硬化剂非均匀集聚	表面损伤
	固化过度或欠缺	表面氧化
	起小球或微球	表面膨胀
	层重叠或间隙	层间裂纹
	表面损伤	
	热应力	
	密度变化	
	树脂体积分数变化	
	厚度变化	
	空穴	
	翘曲	
	错误的材料	

　　相比于其他材料,分析复合材料缺陷的产生原因与控制缺陷生成的难度较大,这是由复合材料自身特点所决定的。

　　复合材料自身组分具有多重性,除了树脂基体与增强体的自身质量会诱发复合材料出现成型缺陷外,树脂基体的相对含量与基体与增强体的结合性能同样对缺陷的形成有很大影响。对于树脂基复合材料,基体材料由树脂、固化剂、增韧剂和其他添加剂组成,不同的添加剂的性能与同种添加剂的相对含量等因素对缺陷的形成也会产生直接的影响。树脂是通过合成得到的,合成树脂原料的性质与配方同样可能导致缺陷的生成。

　　复合材料成型过程具备材料、结构、工艺的同步性,尤其是树脂基复合材料,其制品成型的过程也是材料成型的过程。成型工艺中的每一步（树脂配制、铺贴、密封、固化、脱模等）都可能造成缺陷。因此，要减少缺陷，控制好复合材料成型工艺质量是至关重要的。

复合材料的另一个重要特点是可设计性，这也是复合材料结构优化的关键。对于连续纤维增强的复合材料，其结构特征和力学特征都具有各向异性的特征，因此需要根据使用需求对复合材料进行设计。不同结构、不同铺层方式、使用不同的材料体系都可能会在制造过程中引入缺陷，因此要控制缺陷的形成就需要掌握合理的复合材料结构设计方法和分析方法。

本节将对树脂基复合材料制造过程中出现的主要缺陷类型进行介绍。

8.2.1 孔隙

孔隙是复合材料成型过程中形成的空洞，是复合材料中最常见的缺陷类型。孔隙有两种基本类型：第一类是沿纤维方向形成的孔隙，其呈圆形或被拉成与纤维平行的椭圆形，如图 8-1(a)所示；第二类是沿层间及树脂富集区内凹坑处形成的形状较为规则的孔隙。当孔隙率小于1.5%时，孔隙为球形，直径为 $5\sim20~\mu m$；当孔隙率大于 1.5% 时，一般为柱形，直径更大，如图 8-1(b)所示。一般情况下，产生孔隙的主要原因有 3 点：第一，在生产过程中纤维被树脂完全浸润透，造成空气滞留在材料内部，特别是对纤维排列密集和树脂黏度大的材料系统，更容易形成孔隙；第二，部分树脂基体在固化过程中会产生由挥发物挥发形成的孔隙，这些挥发物可能是溶剂残留、反应产物或是树脂的低相对分子质量成分；第三，成型过程中选择的工艺参数不合理，如温度、时间、固化压力等选择不当都会导致孔隙的产生。孔隙的分布与树脂类型、纤维体积分数、树脂类型与黏度、挥发物组分等都有关。

孔隙主要会对复合材料的层间剪切强度、轴向和横向弯曲强度和模量、轴向和横向拉伸强度和模量、压缩强度和模量、抗疲劳性、高温性能等产生影响。对于纤维/环氧树脂复合材料，孔隙率提高 1%，层间剪切性能会下降约 7%，弯曲模量会下降 5%；孔隙率达到 4% 之前层间剪切强度与孔隙率成线性关系，即在孔隙率达到 4% 时，层间剪切强度下降约 28%。但是孔隙的存在能够提高材料的冲击强度，这是因为裂纹扩展区形成更多的屈服，弱化了界面的结合、纤维的拔出及界面开裂，使韧性提高。

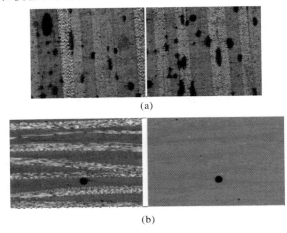

(a)

(b)

图 8-1 复合材料孔隙缺陷示意图

(a)第一类孔隙；(b)第二类孔隙

8.2.2　分层

分层是指复合材料层合板的层间脱粘或开裂,是复合材料构件在制造过程中的主要缺陷形式。分层形成的原因主要有以下几方面:①纤维与基体之间热膨胀系数不匹配或存储时间过长;②纤维未经处理,纤维与树脂浸润不充分;③树脂含量过低;④成型过程中固化工艺不合理或加压点控制不准确;⑤树脂提前进入凝胶或固化阶段;⑥相邻层之间铺设时间间隔过长;⑦使用二次胶结等工艺时,二次成型界面黏结强度偏低。

复合材料制造过程中产生的分层缺陷因成因不同可以分为气孔分层、应力分层、脱粘分层、夹杂分层。气孔分层主要是因为在固化升温阶段材料内部的气体、水分等未及时排出导致层间形成大气孔而产生的分层,如图 8-2(a)所示;应力分层则是在成型过程中由层间产生的残余应力或应力集中形成的,结构铺层方式、纤维体积分数、温度场、固化变形等众多因素都可能引起分层,如图 8-2(b)所示;脱粘分层是指复合材料成型过程中,预浸料层间因层间压力不均匀或未施加到位,导致制品未充分黏合而形成的一种分层形式,在复合材料构件拐角位置十分常见,如图 8-3(c)所示;夹杂分层主要是在复合材料层间引入其他外来物导致未黏合形成的分层。

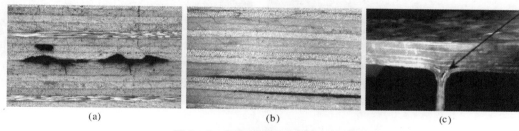

图 8-2　复合材料分层缺陷示意图
(a)气孔分层;(b)应力分层;(c)脱粘分层

分层缺陷是先进复合材料中最为严重的缺陷类型,会使得复合材料层压板的疲劳寿命大幅降低,疲劳寿命下降的幅度也将随着分层区域尺寸增大而增大。缺陷的位置也是影响疲劳寿命的重要因素之一,缺陷越靠近厚度中心位置,疲劳寿命下降越多。在承受机械或热载荷的条件下,结构中的分层会发生传播,情况严重时会导致材料发生断裂。

8.2.3　贫胶与富脂

贫胶(干斑)与富脂是用液体成型工艺制备复合材料制品中最常出现的两种缺陷。贫胶通常指树脂浸润不充分或完全没有浸润的较大面积区域,在制品表面表现为干纤维,如图 8-3所示。贫胶缺陷由于存在缺少树脂浸润的区域,制品的力学性能大幅度下降,制品质量严重受损。若贫胶出现在结构承载的关键位置,则将直接决定制品是否合格,甚至会导致制品完全判废。

复合材料制品出现贫胶的主要原因是纤维浸润不充分或出胶口在模具中的位置设置不合理。在树脂胶液浸润纤维的过程中,如果压力过大,胶液流动过快,胶液会迅速到达出胶口的位置,在纤维内部存在未经树脂流过的区域,导致内部空气无法排出。此外,如果树脂流动过快,在模腔内部停留时间较短,则被空气包裹的纤维束来不及和树脂充分浸润,在固化完成后也会出现贫胶。如果注射压力过大,树脂胶液从纤维一端流动到另一端的过程中会出现放射性的喷射状,形成大面积贫胶,影响制品力学性能。除了上述原因,纤维织物被污染、树脂黏度与充模时间不匹配、模具流道设计不合理以及预制体局部纤维含量过高等情况都可能导致贫胶缺陷产生。

富脂指在复合材料制品表面或内部呈现小面积的纯树脂层,如图8-4所示。虽然富脂缺陷的面积不大,但是会严重影响制品的质量,并且富脂区域无增强纤维,与复合材料整体的结合较弱,制品的强度也会大幅度下降。富脂缺陷出现的主要原因是纤维在模腔内部分布不均匀,当树脂流经纤维含量低的区域固化后就会形成富脂。当树脂注射压力过大时,树脂流动压力会对纤维束造成一定的"冲刷",造成纤维位置发生偏移,出现纤维含量低的区域,该区域的树脂固化后也会形成富脂缺陷。

图8-3 贫胶缺陷　　　　　　　　　　图8-4 富脂缺陷示意图

8.2.4 其他缺陷类型

除了上述三类主要缺陷类型以外,在树脂基复合材料制造过程中还会产生很多其他缺陷。下面做一简要介绍。

夹杂缺陷指复合材料内部存在组分之外的金属或非金属的夹杂物,如颗粒、薄膜、隔离纸等。产生夹杂的主要原因包括:①树脂中存在小凝块;②预浸料本身存在夹杂;③制造车间内环境洁净度不满足要求,环境中的夹杂物混入材料体系中;④人为操作失误,如在铺层过程中混入多余物。夹杂对复合材料的性能影响较大,并且有夹杂存在的情况通常材料也会出现其他缺陷,因此在材料加工过程中应严格对生产环境进行有效控制。

褶皱缺陷属于纤维增强树脂基复合材料几何缺陷的一种,通常是由纤维的弯曲、位错或预浸料铺层时面与面之间不匹配导致的,如图8-5所示。褶皱缺陷与预浸料的存储方式、铺贴方法和精度、固化压实以及成型模具中的约束方式都有关。褶皱缺陷会直接影响复合材料沿褶皱延伸方向的力学性能。

开裂缺陷出现的原因可能是产品未完全固化、内部固化滞后于表面固化、表层树脂过厚、固化场不均匀导致出现应力集中等。

纤维偏差的产生主要由于铺贴工艺和固化工艺所导致的纤维未能按照设计要求排列,这种随机的偏差现象,会直接造成复合材料性能的波动。

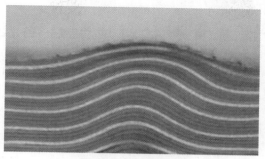

图 8-5　褶皱缺陷

表面发黏与所用树脂体系、固化工艺均有关,原因可能有:树脂固化不完全;纤维含量少,未固化树脂溢出;固化时空气中的氧气阻聚;固化剂、促进剂用量不符合要求;使用不饱和聚酯树脂时添加石蜡不符合要求;使用聚酯树脂时操作环境湿度太大,水分对聚酯树脂固化有阻碍作用。

8.3　树脂基复合材料成型缺陷控制原理

复合材料的突出特点是材料成型的过程也是构件成型的过程。因此,成型工艺过程直接影响复合材料缺陷的形成,复合材料材料以及构件缺陷的控制也与制备工艺质量有关。控制工艺过程中造成缺陷的工艺因素,以保证工艺质量,是减少复合材料缺陷的关键。

复合材料组分材料对复合材料缺陷的控制有非常大的影响。基体在复合材料中的主要作用是黏结纤维、支撑纤维、传递载荷。复合材料层间剪切性能、横向性能、耐温和耐湿性能以及断裂韧性大多取决于基体。纤维是复合材料内部的主要承载者,纤维质量将直接影响复合材料所含缺陷的概率。提高复合材料缺陷的可控性从组分材料入手,应控制以下参数:①纤维的均匀性,包括单丝间直径的均匀性和一根单丝不同长度上的直径均匀性,以及纤维内部组成与结构的均匀性;②纤维的表面质量以及内部缺陷的情况,一束纤维丝内所有单丝的损伤程度;③纤维表面状态和纤维经表面处理后的污染情况;④基体各组分的质量参数稳定性与重复性;⑤基体各组分的配合与配比的正确性,如果组分称量不准或配制次序不当,或组分间混合不均匀,或树脂超过适用期等均会直接影响构件缺陷的生成;⑥树脂体系的有效期,包括胶液的适用期和预浸料的使用期等。

在复合材料的制备过程中,应严格按照设计的铺层角度、层数与铺层次序在无尘车间进行铺层,否则容易出现纤维铺层错误和夹杂缺陷。固化过程中需要对固化工艺参数进行控制,其中主要有温度和压力两方面因素。在温度方面,主要需要控制:①固化温度的高低;②固化温度场是否均匀;③升温速率是否适当。在压力方面,主要需要控制压力大小和加压时机。除此之外,还要考虑时间的影响,主要表现为恒温恒压时间的长短。固化温度一定,如果固化时间过短则会导致欠固化。另外,升温速率和加压时机都反映了时间的影响。

后加工工艺也会引起复合材料出现不少缺陷。如果加工过程中,由工具或尖锐物体对复合材料表面造成划伤或凹陷,也会导致复合材料性能下降。因此,对上述工艺因素必须严格控制。

8.4 树脂基复合材料成型缺陷控制方法

复合材料缺陷控制主要由两个方面来实现：①原材料的质量控制；②复合材料成型过程的质量控制。

8.4.1 复合材料原材料质量控制

8.4.1.1 树脂基体质量控制

不同的树脂的合成路径各不相同，但是总体来说，都需要控制树脂合成时原材料的质量、合成工艺的质量、催化剂的类型等方面的因素。

以高性能环氧树脂为例，环氧树脂一般是在间歇式反应釜中合成的，合成工艺流程包括粗合成、精制、过滤、脱溶剂等步骤。不同合成配方需要不同的单体作为合成的主要原料，其品质会对树脂的质量造成直接影响。对于纯度较低的单体原料，在聚合的过程中容易出现各种聚合性副反应，生成的聚合体容易被降解，且稳定性较差，会对引发剂进行消耗，最后导致发生固化反应之后，会严重影响到最终树脂内部结构和质地。因此在合成过程中要严格控制原材料质量，同时要选择产率高、副反应小的合成配方。

此外，在部分树脂合成时，要严格控制合成原料物质的量与反应过程中其他催化剂的影响。如在合成热塑性酚醛树脂时，采用的甲醛和苯酚的物质的量之比为 1.5∶1 时，固化完成后才会得到理想结构的酚醛树脂。当使用碱作催化剂时，会因甲醛的用量超过苯酚而导致合成初期的加成反应有利于酚醇的生成，最后可得热固性树脂。工业上，醛与酚的物质的量之比一般为 $(1.1 \sim 1.5)∶1$。增加甲醛的用量可以提高树脂黏度、凝胶化速度，增加树脂产率，以及减少体系内部游离酚的数量。在制造酚醛树脂的过程中，催化剂的性质也是影响最终树脂质量的一个重要因素。一般制造酚醛树脂常用的催化剂有碱性催化剂、碱土金属氧化物催化剂和酸性催化剂。碱性催化剂中最常用的是氢氧化钠，它的催化效果好，用量可控制在 1%，但是反应结束后需要使用酸进行中和。氢氧化钠一般用于热固性树脂的合成，但使用酸中和后会生成盐，导致树脂的电性能变差。此外氢氧化铵（25% 质量分数的氨水）也是常用的催化剂，其催化性质温和，用量一般在 0.5%～3%，由它也可制得热固性酚醛树脂。由于氨水可以在树脂脱水过程中除去，因此树脂的电性能会比较好。氢氧化钡也常用作合成酚醛树脂的催化剂，用量一般为 1%～1.5%，反应结束后通入二氧化碳气体，使其与催化剂反应生成碳酸钡沉淀，过滤后可去除残留物，因此可得到电性能较好的树脂。碱土金属氧化物催化剂的催化效果相较于碱性催化剂弱。酸性催化剂中使用最广泛的是盐酸，用量在 0.3%～0.5% 之间，催化效果好。当合成原料中醛和酚的物质的量之比小于 1 时，可得热塑性酚醛树脂；当醛与酚的物质的量之比大于 1 时，反应将难以控制，易形成凝胶。

8.4.1.2 纤维增强体质量控制

纤维是复合材料内部的主要承载者，纤维质量将直接影响复合材料所含缺陷的概率。此处以聚丙烯腈（PAN）基碳纤维为例，碳纤维性能好坏的关键在于聚丙烯腈原丝质量，原丝的缺陷在碳化后几乎原封不动地保留在碳纤维中。因此,欲提高纤维增强体质量,必须从以下三方面先提高原丝质量:首先要实现原丝的高强化,PAN 原丝的强度直接影响到纺丝以后碳纤维的强度。其次要实现高纯化,碳纤维是脆性材料,杂质是断裂之源,杂质易造成纤维丝局部应力集中,严重影响碳纤维的强度。最后是细旦化,根据 Weibull 统计方程,体积效应(尺寸效应)直接影响纤维的抗拉强度,这也是脆性材料的一般规律。原丝质量和碳纤维质量的控制须通过优化工艺过程和调控工艺参数实现。

(1)PAN 原丝的预氧化参数调控。影响预氧化的因素有温度、处理时间、气氛介质及牵引力等,但预氧化程度主要由处理温度和处理时间两个参数决定。因此,可以通过对热处理温度和时间的调整来找出最佳的预氧化条件以优化原丝强度。此外,可以通过调节施加张力的大小、时机和时长来提高梯形结构的取向度,最终提高纤维的拉伸强度和弹性模量。

(2)预氧丝的碳化参数调控。控制碳化时间、碳化温度和张力大小,使石墨晶体沿纤维方向取向的同时抑制横向交联反应产生的收缩。此外还要及时排出交联反应产生的氢、氮、氧、甲烷、二氧化碳、氨和氢氰酸等,以防其附着于纤维之上影响强度和模量。

(3)石墨化处理参数调控。通过调控石墨化的温度、张力、时间和气压等参数,石墨晶体尺寸下降、结晶度下降、取向角下降、层间距下降,从而较大幅地提高了纤维的模量。

(4)上浆与表面处理参数调控。调控氧化、上浆等表面处理工序的参数,使纤维的表面活性增加,从而提高纤维增强体与树脂基体的结合性能,并提高界面强度,改善复合材料性能。

8.4.1.3　预浸料质量控制

预浸料是树脂基复合材料成型工艺的重要中间材料,预浸料的质量与复合材料成型过程中缺陷的产生情况直接相关。目前使用最多的预浸料生产工艺是热熔浸渍法,该工艺主要有制树脂膜和纤维浸渍两个工序。与预浸料质量直接相关的是两个工序的工艺参数。

(1)树脂膜参数调控。对预浸料质量影响最大的树脂膜参数是面密度和均匀性。树脂膜的面密度决定了预浸料中树脂的含量和预浸料的面密度,同时也影响树脂对预浸料的浸渍效果,与成型过程中孔隙缺陷的生成直接相关。树脂膜的均匀性决定了预浸料的均匀性、硬性制件的厚度和重量。使用不同的纤维和树脂制备预浸料,应寻找最合适的树脂膜面密度和均匀性。

(2)温度和压力调控。温度和压力是纤维浸渍工序的重要参数,其作用是使树脂膜保持一定的流动性以浸渍纤维和织物。压力一定时温度升高使树脂黏度下降,有利于浸渍纤维;温度一定时加大压力有利于浸渍纤维,但压力过大会导致纤维损伤和边缘树脂含量偏低;若加压的同时升高温度,则可能导致纤维扩散,使树脂向两端流失,造成树脂含量太低。因此,对不同的纤维和树脂需要施加不同的温度和压力组合,以保证树脂对预浸料的浸渍性,防止树脂含量偏低造成孔隙和贫胶,以及树脂含量过高造成树脂富集。

(3)纤维张力调控。纤维张力的大小对浸渍性也有都很大影响。纤维张力太大,树脂难以扩展到纤维中,使内部的纤维丝难以浸透;纤维张力太小,树脂容易扩展,但是也容易产生鼓包和纤维弯曲,同时导致浸胶量和浸渍不均匀。因此,浸渍过程中需调控张力大小,使纤维保持平行均匀排列,这同时也有利于树脂浸渍。

(4)纤维运行速度调控。纤维运行速度过快,树脂和纤维接触时间短,难以完全浸润纤维;

运行速度过慢,树脂与纤维接触时间过长,可能导致树脂含量偏高。因此根据纤维种类、树脂种类和纤维厚度综合调控运行速度,以保证树脂对纤维的浸渍效果。

8.4.2 复合材料成型过程质量控制

原材料的质量控制是复合材料缺陷控制的根本,制备过程的质量控制是复合材料缺陷控制的关键。复合材料的成型工艺方法很多,每一种工艺制备复合材料的过程也不相同,因而制备过程中影响复合材料内部缺陷影响的因素也不相同。为了保证制备过程的质量,需要确保以下两方面:一是建立严格合理的工艺规范;二是由取得上岗资格的人员操作。下面将以先进树脂基纤维增强复合材料最常用的热压罐成型法与液体成型法为例,介绍复合材料工艺的质量控制。

8.4.2.1 热压罐成型工艺控制

在以预浸料为中间材料的复合材料成型工艺(主要是热压罐工艺)中,在内因和外因的共同作用下,零件内部的材料状态和应力水平会不断变化,从而影响零件成型后的外形尺寸和内部质量。外因是与模具设计和工艺参数相关的因素,主要包括模具材料、模具结构、辅助材料的使用和工艺参数等。主要通过控制外因来调控材料状态和应力的变化,达到减少缺陷生成、提高成型质量的目标。外因的控制主要包括成型模具设计和工艺参数优化两方面。

1. 成型模具设计

模具通过两种方式影响零件内部的材料状态和应力变化:一是影响零件内部的温度;二是影响模具-零件表面的载荷与约束。第一种方式主要与模具材料的热导率和模具框架结构有关。即使在相对较低的加热或冷却速率下,模具侧和袋侧零件的温度可能会有很大的不同。这导致厚度方向树脂固化度和固化速率的不均匀和残余应力的不均匀。第二种方式主要与模具材料的热膨胀系数与零件材料热膨胀系数之间的差异有关,差异越大,模具-零件表面的剪切载荷越大,这是导致零件出现翘曲、扭转、分层等缺陷的重要因素之一。因此,模具的设计主要考虑模具材料选择和模具结构设计。模具材料主要有金属材料、非金属材料和组合材料;模具结构主要有壁板框架式、阴模-阳模和回转体/类回转体式。

2. 工艺参数优化

热压罐成型的工艺参数为平台温度、升降温速率、保温时间、加压点、压力大小、升压速率、保压时间、卸压点和卸压速率的组合。工艺参数对零件分层、孔隙、富脂等缺陷的产生具有重要影响,可以通过优化工艺参数减少缺陷的生成。

固化压力和加压时机影响零件的孔隙率。航空工业复合材料中心的苟国立使用 BA3501 预浸料进行了实验,结果表明,在一定范围内,随着固化压力的增加,层压板的孔隙率急剧降低,固化压力为 0.3 MPa 时,孔隙率为 1.5%,固化压力为 0.6 MPa 时,孔隙率仅为 0.3%。此外,与高温加压相比,常温加压能够明显降低零件孔隙率,这是因为加压后毛坯料中的气体不易聚集,难以形成孔隙。

升降温速率、平台温度和保温时间与固化度和零件内部的应力分布状态紧密相关,制定这些工艺参数需要考虑材料体系、零件尺寸和结构。对于大厚度零件,升温速率太快会导致零件内外固化不均匀,降温太快将导致零件内部的热应力无法充分释放,容易产生分层、扭转和翘曲等缺陷。一般情况下,可以通过工艺实验确定工艺参数。此外,也可以借助有限元方法优化工艺参数。

使用有限元方法需要建立固化反应动力学模型、热-化学耦合传热模型、树脂流动模型、模具-零件相互作用模型以模拟固化过程中材料的物理和化学状态变化。此外,还需要确定优化目标、优化变量和约束条件,建立工艺参数优化模型,使用粒子群算法等优化算法不断对工艺参数进行迭代和优化,从而减小固化过程的温度不均匀性、固化度不均匀性和残余应力,减少分层、孔隙和富脂等缺陷的形成。

3. 使用自动化制造设备

目前,国内主要的铺贴方式还是工人手工铺贴。手工作业零件的质量对工人技能依赖性较高,产生缺陷的概率较大。近年来,航空结构件制造领域正快速向高质量、高效率和大尺寸零件整体成型方向发展,这也使先进复合材料制造领域实现自动化成为了必然趋势。目前,波音、空客和洛马等国外航空制造业的领先企业已经使用自动铺带机(见图 8-6)等自动化设备完成了机翼壁板、机身筒段和异形进气道等大尺寸、变曲率复杂零件的铺贴。事实证明,自动化设备的使用能大幅提高效率和减少缺陷。

使用自动铺带/丝机代替手工铺贴,可通过调整铺放温度、铺放速度和铺放压力等工艺参数减少缺陷的产生。例如选择适宜的铺放温度有利于铺放过程中的纤维预浸润,改善层间黏合强度,排出铺层内的气体,改善复合材料结构在毛坯阶段的内部质量,降低成型后孔隙数量和分层概率;选择适宜的铺放速度能够保证树脂有效预浸纤维,增强层间的结合能力,排出铺放过程中层间的气泡,降低成型后的孔隙率;铺放压力是层间结合的有效驱动力,大小适宜且均匀的铺放压力能够有效排出层间残留气泡和保证层间黏合强度,尤其在大厚度尺度结构中,铺层间的有效结合能够减少分层、孔隙和富脂等缺陷,对于实现高质量成型有重要作用。此外,使用自动铺放设备铺贴时还可以利用热成像系统和图像识别系统实时监测表观缺陷(见图8-7),以便及时处理,降低零件的成型缺陷。

图 8-6　自动铺带机

图 8-7　铺放缺陷的在线监测

4. 使用固化实时监测方法

固化工艺实时监控指在树脂固化过程中实现对树脂体系固化反应的跟踪,并以此获得最佳的压力控制条件和温度控制条件,从而保证工艺质量的一种技术。该技术可以有效避免复合材料富脂和贫胶、欠固化、过固化或固化不均匀等缺陷。目前,固化工艺实时监控是从工艺上控制复合材料成型缺陷的重要措施之一。

固化工艺实时监控的基本原理是将特制传感器放置在复合材料铺层中,在固化过程中测量树脂体系某些性能的变化趋势,如温度、黏度、环氧官能团、介电性能等,并将这些性能的变化情况转换成数字信号输入计算机,与固化模型进行比较后,将两者之差作为输入信号回馈给执行单元,进而控制固化温度场和压力场等工艺参数。这样可以实现对过程的连续自动控制,控制缺陷的生成,保证材料的质量。目前工程上使用最多的方法是动态介电监控法,此外光纤传感监控法发展速度较快。

(1)动态介电监控法。动态介电监控的工作原理是通过定制电极作为传感器,将其放置在复合材料的表面或是不同部位,测量复合材料固化过程中因黏度变化引起的介电性能的变化。在树脂体系外加交变电场进行固化反应时,偶极矩取向排列将引起树脂体系的介电常数的变化,极性基团旋转运动时的滞后将引起损耗角正切等的变化。这些变化实际上反映了树脂单体与固化剂发生交联反应时黏度变化的特征。根据所测量的电性能的变化来调节温度、压力与时间,可以有效保证复合材料及其构件压制密实、纤维体积分数合理、孔隙率最低。

(2)光纤传感监控法。光纤传感器具有结构紧凑、精度高和监测量多等优点,已经广泛应用于复合材料固化监控。

光纤传感监控的工作原理是,利用特制的光导纤维作为传感器,剥掉一小段(3～6 cm)包覆层并埋置在带固化的材料或构件中以传递信号,将尾纤引出构件外与解调仪相连,由电脑采集解调仪的数据。如果以傅里叶转换红外光谱仪作为光源向光导纤维输入波长为 2.5～50 μm 的中红外光波,红外光在纤维中以一定的角度靠包覆层的反射作用向前传播。当光传到包覆层被剥去的一小段时,带固化的树脂体系代替包覆层的作用充当反射介质,这样便可以将复合材料在固化过程中所出现的变化伴随红外光波传递出来,经过信号转换后输入到傅里叶转换红外光谱仪中,测量出复合材料体系中化学成分官能团的红外吸收特征峰的定性定量分析图谱。固化过程中,树脂体系参与反应的官能团浓度发生变化。对于环氧树脂体系,参与反应的官能团是环氧基团,测量树脂体系中的环氧基团浓度可以判定复合材料的固化度,以此来调节加压时机和固化温度。基于不同的光纤固化监测机理,形成了不同种类的复合材料固化监测光纤传感器。可用于树脂基复合材料固化过程监测的光纤传感器主要包括光纤折射率传感器、光纤微弯传感器、光纤布拉格光栅传感器以及光纤 Fabry-Perot 传感器。光纤传感器(见图 8-8)监测因具有精度高、抗干扰能力强、寿命长、可靠性高、耐腐蚀、体积小、重量轻、易埋于复合材料结构等优点。

图 8-8　光纤传感器分布示意图

在复合材料的制备过程中,固化是最重要的一环。固化过程往往是封闭的,只能通过调节固化工艺参数来控制。采用固化过程的实时监控,能实现固化过程中的 3 个关键参数——凝胶点、加压时机和固化温度的精确测定。许多研究表明,采用固化过程实时监控技术可以大幅降低固化物的孔隙含量,最大限度地减少固化不均匀、固化不当、树脂偏差等缺陷。

(3)超声监控法。在复合材料树脂固化过程中,基体材料发生相变,导致模量变化和能量吸收,因此模量是反映固化状态的重要参数。超声固化监测是利用超声波速度与密度和模量的相互关系,通过实时检测超声波的速度和衰减来获取固化信息的。研究表明,低强度超声波可用于监测高分子材料模量变化,如玻璃态转变、结晶、交联反应或其他关于黏弹性的物理化学变化,如凝胶点。

按照超声传感器放置位置的不同,可以将超声检测微分为接触式和非接触式两种。两种方法均可使用脉冲回波和收发传输两种模式,但都需要精准测量试件的厚度。接触式超声监控法需要将传感器直接与未固化材料进行接触,操作简便、结果直观。在 20 世纪 90 年代就有科学家实现了使用 10 MHz 频率的脉冲回波来检测复合材料固化时的动态机械性能,通过对比等温和非等温的实验数据,得到固化模型的机械性能与固化度。尽管已经通过实验证实了接触式超声测量技术监控的可靠性及灵敏度,但是其实际应用仍有一定的局限性。例如:监控界面需要耦合剂,否则将造成较大的时间误差和波形的改变,最终影响到波速测量的准确性;但是如果使用耦合剂过多,会妨碍固化过程,甚至会造成缺陷。非接触式超声监控法不仅克服了这些缺点,而且保证了同样的高精度。实验人员通过非对焦空气耦合超声探头对复合材料薄板固化进行实验,将两个探头在一侧呈一定角度,接受板内多次反射回波,成功表征了固化度,并研究了超声波在空气中传播的温度补偿方式。

综上所述,超声监控法具有结构简单、成本较低、灵敏度和精度高的优点,可以监测凝胶点和玻璃化转变点,但是传感器长期在高温下工作时稳定性较低,监控时需要找到合适的几何信息,还需要对环境因素进行补偿。

8.4.2.2　液体成型工艺控制

作为一种低成本成型技术,液体成型技术是一种具有很好应用前景的先进复合材料成型工艺技术。其主要工艺过程是,将纤维预制体放入模具中,通过预留的注射口将带压树脂在一定条件下注入模腔中,树脂在压力作用下流动并完成对纤维预制体的浸润和渗透,当树脂完全充满模腔后继续维持压力,在一定温度条件下固化成型。液体成型的工艺过程决定了其制品性能主要受纤维预成型体特性、树脂特性、注射压力、模具温度的影响。本节将以液体成型工艺为例来进行缺陷生成与控制的分析。

1. 贫胶的质量控制

液体成型工艺纤维预成型体的制备与铺放质量的波动性较大。在该工艺中,预成型体一般是平面织物的干态组合,未经浸润。平面织物在制备时可能发生纤维弯曲或屈曲、拉伸等变形而形成褶皱及空气流道,同样可能会对纤维造成损伤,成型完成后制品内部很容易出现局部富脂区域,也有可能因为空气流道造成孔隙或贫胶。近些年发展的三维编织与缝编复合材料增强技术能够有效提高复合材料厚向的性能稳定性,但是在编织过程中,如果工艺不当,容易造成局部纤维密度过高或纤维损伤,成型完成后会出现局部低渗透率的贫胶区域,导致制品强度波动。

在液体成型过程中,即使使用真空进行辅助,纤维预制体内部的压力也不可能完全减小到零。因此,在充模过程中,制件内部的空气不能被树脂完全排空,在最终的复合材料零件中就会有相当大的概率出现干斑或贫胶等缺陷。

产生干斑或贫胶缺陷的主要原因是模具注冒口设计不当,导致树脂未全完排空预制体内空气前就已经到达了冒口处。尽管可以通过延长注胶时间来继续进行排气,但是考虑到额外的树脂成本以及树脂的凝胶时间,上述手段在液体成型工艺中并不实用。在实际制造过程中,通过对成型模具的优化设计以及对注胶过程的主动控制能够有效缓解干斑和贫胶的问题。对于较复杂结构的模具,可以通过优化算法和树脂流动模拟来对流道位置、冒口位置以及注冒口开关时间等因素进行设计与控制。在国外,有使用分区加热模具来降低局部树脂黏度,以加速树脂流动,提高对预制体的浸润效果的研究报道。该方法能够控制注胶过程中树脂的流动前沿,减少液体成型制件的干斑和贫胶缺陷。但是,由于加热会加速局部树脂的固化反应,因此在使用分区加热模具时需要考虑与树脂固化反应相关的因素。

产生干斑和贫胶的第二大原因是注胶周期过长,即在树脂未完全浸润所有预制体之前黏度就已经变大。为了加速浸润过程,可以添加导流网和注、冒口,来缩短充模过程。另外,还可以通过减缓树脂的固化反应来延长充模时间,具体手段包括使用更少的固化促进剂或改变模具的温度。对注胶过程的模拟仿真同样能够帮助对相关工艺参数进行修正,有效防止树脂过早凝胶。当树脂黏度无法通过其他工艺手段降低时,为了保证能在一定时间内完成充满过程,就必须提高注射压力。但注射压力大,不仅会造成对织物预成型体的冲刷,使织物纤维变形,同样也会对纤维浸润造成影响,容易出现纤维内部浸胶不充分,进而制品内部出现缺陷。同时注射压力的增大对模具的密封性提出了更高的要求,高密封性必然会导致生产工艺难度加大,内部出现缺陷的可能性也会变大。注射压力也不能太小,否则会延长工艺时间,同时造成内部排气困难,使得气体有更多机会溶解在树脂胶液中,导致制品内部出现干斑或贫胶。

此外,注胶开始前,一定要将树脂充分脱泡。如果不对树脂进行脱泡处理,采用液体成型的复合材料外观不会出现明显变化,但会对复合材料内部质量产生比较明显的影响,如内部出现大量的局部贫胶缺陷。树脂脱泡对零件成型质量的影响程度与成型方法、制件大小和结构复杂程度有关,成型工艺控制越简单、制件尺寸越大、结构越复杂,树脂中残存的气体影响越大。因此在液体成型过程中,树脂的充分脱泡处理是必要的工艺步骤。为了保证树脂充分脱泡,可将树脂在较低黏度状态时抽静态真空,一般真空度不低于-0.095 MPa,时间不少于 30 min。此外,在制造较大型零件时需要使用较多的树脂,仅采用静态脱泡的方式难以对树脂进行充分脱泡,可采用对循环抽真空或采用搅拌脱泡抽真空的形式对树脂进行动态脱泡。

对于真空辅助液体成型工艺,真空系统漏气也会导致结构出现干斑或贫胶。真空系统漏气一般在以下几种情况中出现:①真空袋损坏;②管路、接头或树脂供应线路泄露;③密封胶带附近漏气;④成型过程中真空袋收缩或制件变形。因此要解决真空系统漏气的问题,需要认真检查所用设备质量,如真空袋及相关辅助材料。同时也要在清洁模具和干纤维铺放过程中谨慎操作。对真空系统的常规检验方法为:①观察系统真空读数,应不低于-0.095 MPa;②关闭系统真空源,观察系统真空读数的变化值,每 5 min 变化值不能大于 0.017 MPa,一旦系统真空度低于-0.095 MPa 或读数变化值超过范围,则需从树脂管路、真空袋、树脂储液罐、树脂出胶罐以及真空泵等多个方面进行检查,直至真空渗漏消除。

2.厚度与纤维体积不均匀质量控制

除了贫胶,使用液体成型工艺制成的零件会出现厚度与纤维体积不均匀等缺陷。在常规液体成型的树脂渗透过程中,树脂在压力作用下,从进胶通道导入预制体内并浸润预制体,随后进行升温固化成为复合材料制件。但未加树脂流动控制的复合材料制件厚度波动过大,纤维体积分数偏低,具体表现在浸胶通道附近偏厚,出胶通道附近偏薄。其原因是,随着树脂流动的进行,作用在预制体上压实的压力被填充的树脂逐渐抵消,因此预制体开始缓慢松弛,离树脂流动前锋越远,预制体压实情况越差,即距离出胶通道越近的地方,预制体压实情况越好,距离进胶通道越近的地方,预制体压实情况越差。对此类缺陷的控制,主要在模具准备阶段与后充模阶段完成。

在模具准备阶段,可以采用双真空袋封装方法提高树脂渗透过程中系统真空度的可靠性,同时这也能避免树脂渗透过程中真空渗漏现象的发生。另外,还可以在预制体表面增加均压材料,避免导流网直接接触预制体表面导致零件的厚度均匀性下降。

在后充模阶段结束后,复合材料零件的纤维体积分数分布将不再发生变化。后充模阶段的控制方式与许多因素有关:①预制体和纤维体系的状态;②树脂黏度和固化反应过程;③模具温度;④导流网的分布与种类。在实际液体成型过程中,需要在后充模阶段关闭所有注口,并保持树脂处于低黏度状态。此外,提升树脂充模速度并使用凝胶时间较长的树脂有利于控制制件的厚度均匀性。

3.固化变形质量控制

液体成型工艺被一些工业领域看作制造大尺寸复合材料零件的首选途径,但是对于某些大厚度零件,仅使用液体成型工艺则无法达到制造要求,原因是液体成型工艺快速固化反应过程具有潜在的热降解和热力学性能控制问题。常用的热固性树脂热导率不高,在发生固化反应时又会放出很多的热量,因此较厚复合材料零件的中心处会在短时间内产生巨大热量。如果不加以控制,树脂会因过热而降解。同时,零件温度场的不均匀,会导致零件内部出现基体开裂或产生固化变形,严重时会导致失火。此外,如果树脂在固化起始阶段接触高温,固化反应速率将会以指数级上升,很容易产生树脂爆聚等问题。

为了避免固化温度对大厚度零件产生的影响,国外首先采用了多平台固化技术。在该技术中,一个大厚度零件将通过多个连续液体成型工序制造完成。每一道成型技术固化一部分可控制厚度的零件,待所有预制件固化完成后,将新的预铺层放置在已经完成的部分上,再次进行固化成型。多平台固化技术能够得到所需的铺层厚度,并且能够最大限度地降低固化放热带来的风险。

对于大尺寸复合材料零件,固化后的零件厚度与在固化前的零件厚度有所不同,其原因在于树脂固化时发生交联反应,树脂发生了体积收缩。在复合材料件内部产生的残余应力与残余应变大多源于树脂交联反应体积收缩以及纤维与树脂之间热膨胀系数的不匹配。对于带曲率的零件,复合材料残余应力与应变会诱导零件出现尺寸失真问题,即回弹。在固化过程中,热效应与固化收缩造成复合材料层合板在厚度方向上出现收缩,对于平板件,厚度上的收缩不会引起太大的问题,但是对于带曲率零件,厚度上的收缩变形会在脱模后引起回弹。对于曲率为 90° 的零件,其回弹角可以达到 1°~4°。解决复合材料零件的回弹问题主要有以下 3 种途径：①预测回弹角度，修正模具进行回弹补偿；②使用多平台固化技术，减小大厚度零件回弹角度；③对树脂体系进行改性以减少固化收缩。

8.5 复合材料无损检测技术

用常规的机械与物理方法检测复合材料中的内部缺陷，一般不能满足要求，也不能采用破坏性的实验方法进行检测，因此必须对其进行无损检测。无损检测是通过现代测试技术，在不破坏材料或构件的基础上检测出缺陷的方法，复合材料的无损检测是以复合材料中的缺陷引起材料物理化学性能的差异或变化为理论基础的。

无损检测是检验产品质量、保证产品使用安全、延长产品寿命的必要技术手段。通常材料质量控制主要有 3 种方法：控制生产工艺参数、进行批次破坏性抽检、实行全面的无损检测。由于复合材料的工艺不稳定性较大，通过控制工艺参数或进行抽样破坏性检测的方法均无法完美控制复合材料构件的质量可靠性。对复合材料构件进行有效的无损检测，是控制复合材料内部缺陷、保证复合材料质量可靠性的最直接、最有效的方法。

8.5.1 超声波检测法

超声波检测法是广泛用于材料探伤的常用方法，也是最早用于复合材料无损评价的方法之一。它主要利用复合材料本身或其缺陷的声学性质对超声波传播的影响来检测材料内部和表面的缺陷，如气泡、分层、裂纹、贫胶等。超声波探伤具有灵敏度高、穿透性强、检验速度快、成本低和对人体无害等优点。按照具体测定方法分类，超声波检测包括超声脉冲发射法、超声脉冲投射法、超声共振法、超声多次反射法、超声相位分析法、超声声谱分析法等，这些方法各有特点，可根据不同构件的结构选择合适的方法。一般对于小而薄且结构简单的平板类零件或曲率不大的零件，宜采用水浸式反射板法；对于小而稍厚的复杂结构件，无法采用水浸式反射板法时，可采用喷水脉冲反射法或接触带延迟块脉冲反射法；对于大型复合材料结构件，宜采用水喷穿透法或水喷脉冲反射法。

8.5.1.1 超声脉冲反射法

超声脉冲反射法的基本原理是，超声波在复合材料制品内部传播过程中遇到内部缺陷时，由于缺陷处的声阻抗和材料的声阻抗不同，所以超声波在缺陷处被反射，出现缺陷波信号。缺陷波是在信号发射波和反射波之间出现的，根据反射信号的幅度可以探测得知材料内部缺陷。此法能够检测出复合材料内部的裂纹、孔隙、分层等缺陷。但是通常采用超声脉冲反射法对材料进行检测时，存在检测盲区，检测盲区的大小由探伤系统发射的超声脉冲宽度决定。

8.5.1.2 超声脉冲透射法

超声脉冲透射法与超声脉冲反射法的原理基本相同。由于超声波在缺陷处被反射或散射，造成超声穿透信号的能量衰减，而后根据超声穿透信号幅度检测材料的内部缺陷。这种方法对复合材料中贫胶、疏松等缺陷的检测效果良好。

超声脉冲反射法和超声脉冲透射法是目前应用最广泛的复合材料无损检测方法，这两种方法对检测分层、富脂、贫胶、纤维聚集、裂纹等复合材料的主要宏观缺陷具有较高的检测灵敏度和可靠性,并能大致检测出复合材料孔隙含量和范围。伴随着近些年来计算机技术的发展,全自动复合材料超声脉冲反射和超声脉冲穿透检测系统实现了对复合材料构件的自动检测和对检测结果的 B 扫描显示和 C 扫描显示。目前材料的检测缺陷可分为 A 型显示、B 型显示和 C 型显示。A 型显示又称"A 扫描",它是根据脉冲反射法中缺陷的反射波来反映缺陷,能看到由缺陷造成的波形;B 型显示也称"B 扫描",特点是在荧光屏上能看到沿探头发射方向剖开的缺陷图形;C 型显示则称"C 扫描",它能显示缺陷的平面图形,是有效监测复合材料缺陷常用的一种方法,如图 8 - 9 所示。

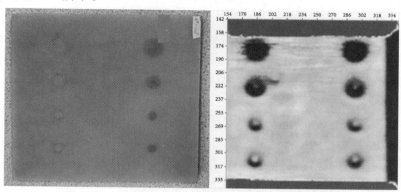

图 8 - 9　蒙皮泡沫夹心复合材料实物图与 C 扫描图

8.5.2　射线检测法

射线检测是五大常规无损检测方法之一。目前射线检测法逐渐从传统的 X 射线照相检测技术发展到如今的计算机断层扫描成像新技术。射线检测技术会应用多种射线对材料实施检测,如 β 射线、X 射线等。射线检测方法具有极大优势,如操作简便、检测过程直观等。

8.5.2.1　X 射线检测法

利用 X 射线检测复合材料的质量是一种常用的方法。它又可分为照相法、电离检测法、X 射线荧光屏检测法和电视观察法,用得较多的是照相法。不同材料表面与内部的构成与形状的不同,造成它们对 X 射线强度衰减的不同,可根据穿透材料的 X 射线的强度分布情况来检测材料内部的缺陷,如图 8 - 10 所示。X 射线检测法对复合材料内的金属夹杂、垂直于材料表面的裂纹具有较高的检测灵敏度和可靠性,对疏松、树脂集聚和纤维集聚也有一定的检测能力。该方法还可以检测小厚度复合材料铺层的纤维屈曲等缺陷。

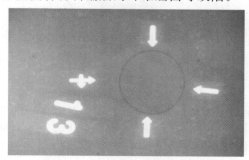

图 8 - 10　层合板 X 射线扫描图样

8.5.2.2　X射线实时成像检测法

　　X射线实时成像检测法是利用X射线在穿透物体的过程中会被吸收和散射而衰减的性质,通过图像增强器在荧光屏上形成与试件内部结构和缺陷等信息对应的图像,再由摄像系统把图像转换成视频信号输出,通过计算机图像处理系统,使得质量得到显著提高的图像在彩色显示器上实时显示,进行分析处理,从而检测出物体内部缺陷的种类、大小、分布状况并作出评价。对比其他检测技术,这种方法不但可以提升检测工作的效率和质量,而且能全方位评测和研究复合材料存在的问题,并引导无损检测工作向着智能化和数字化的方向革新。但是,这种方法的局限性为得到的二维图像是样品在被检测方向上的层叠影像,检测到的缺陷影像是由累计效应产生的,而非缺陷的三维空间信息。

8.5.2.3　计算机断层扫描法

　　计算机断层扫描法是在传统的X射线照相技术基础上优化和整改的结果,主要是使线状、面状的扫描束通过被检测物体的某一个断面,得到该断面的图像,从而了解具体结构和性能方面的信息,如复合材料内部密度均匀性、微孔隙含量与分布等,进而达到缺陷检测的目的,如图8-11所示。计算机断层扫描法的技术特点是:①高空间分辨率和密度分辨率;②高动态检测范围;③成像尺寸精度高;④在穿透能量足够的情况下,不受试件几何尺寸的限制。另外,计算机断层扫描法获得的是数字化的结果,从中可以直观地看到像素值、尺寸等信息。同时数字化的图像也便于分析处理。计算机断层扫描法同样也具有局限性,如检测效率低、成本消耗大,不适用于平面薄板件的检测以及大型构件的现场检测等场合。

图8-11　玻璃纤维增强复合材料纤维取向扫描图

8.5.2.4　中子照相法

　　中子照相法的技术原理为,从中子源发出的中子束,通过准直器照射到被检测工件上,检测器记录透射的中子束分布图像,因为不同物质具备不同的中子衰减系数,所以最终透射出的中子束也会展现出不同图像,因此中子束的分布图像可以形成工件缺陷和杂质等的图像。中子照相法与其他X射线检测法相比,具有更好的精确性和高效性,并且可以区分统一元素的不同同位素,也可以对放射性物质进行检验。但是该技术的主要缺陷是中子源的价格高昂,在使用时要注意中子的安全与防护问题。

8.5.2.5　康普顿散射成像法

康普顿散射成像技术是采用散射线成像的方法进行操作,依据向检测物体投射的 X 射线,并在同侧安装检测器获取散射射线的方式,构成散射线图像。一次可以获得多个界面的图像,也可得到三维图像。理论上图像的对比度可达到 100%。康普顿散射技术的局限性在于其主要适用于低原子序数物质且位于近表面区厚度较小范围内的缺陷检测。在使用该技术时要考虑时间成本。

8.5.3　红外热像技术

红外热像技术是基于物体的热辐射特性,通过红外成像仪观测材料缺陷区及完好区的红外辐射差异来检测物体内部缺陷,如图 8-12 所示。红外热像技术具有非接触、实时、高效、直观的特点,非常适合大型部件的全场快速检测,检测速度是水浸 C 扫描检测速度的 30 倍以上。该方法的检测分辨率受限于探测器自身的性能,而且从热像图中对较深层缺陷进行识别和定量分析具有一定的难度。目前已经发展出了许多基于红外热像的检测方法。脉冲红外热像技术检测快,可以快速检测 CFRP/GFRP 复合材料中脱粘、夹杂和冲击损伤缺陷,但检测结果易受热源均匀性、热辐射率、环境反射、零件几何结构等因素的影响。锁相红外热像技术已经应用于航空航天器与军民用设备的可靠性检测,采用较低调制频率即能获得较厚材料的深层缺陷信息,但检测时间较长。脉冲相位红外热像技术抗干扰能力强,可探测深度缺陷,克服了脉冲热像技术对加热均匀性的苛刻要求和锁相红外热像技术处理时间较长的缺点。新型频率调制红外热像方法克服了脉冲红外热像技术需要更高激励能量、锁相红外热像技术检测时间长的问题,能够以更小的激励能量实现较深区域缺陷的探测。

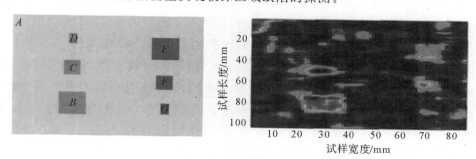

图 8-12　复合材料试件人工缺陷红外检测结果

8.5.4　声发射检测法

声发射检测法的基本原理是:在对被检测的区域施加载荷的过程中,构件内的应力造成其原有缺陷的扩展或原质量不良区的新缺陷产生,原有缺陷扩展及新缺陷产生的同时均产生声信号。根据对声信号的分析,定性评价复合材料构件的整体质量水平,检测构件质量的薄弱区。在树脂基复合材料中使用的主要声发射源包括纤维断裂、基体微裂纹、基体宏观裂纹、纤维/基体界面脱开、纤维断裂松弛等。通过材料或结构在加载过程中产生的声发射引号进行检测和分析,可以对复合材料构件的整体质量水平进行评价,反映复合材料中损伤的发展,确定出构件缺陷较多的薄弱区域。声发射技术的局限在于仅可用于复合材料结构件整体的无损检测,对单个缺陷的检测准确性较低。

8.5.5 激光全息无损检测法

激光全息(散斑)无损检测法的基本原理是:对被检测构件施加一定载荷后(力或热),构件表面的位移变化与材料内部是否存在分层性缺陷及构件的应力分布有关。内部存在分层性缺陷及应力集中区的位移要大于其他区域的位移量。目前应用激光全息无损检测可以克服对检测场地的暗室要求与减震要求,从而可应用于现场产品的无损检测。激光全息无损检测法对复合材料内部宏观缺陷的检测能力与可靠性低于超声波检测法,但是该方法可以全面检测复合材料构件承载状况下的应力分布情况,所获得的检测数据量远高于目前普遍采用的在构件部分区域用电测法获得的数据量。

激光全息无损检测法是一种干涉计量技术,其干涉计量精度与激光波长同数量级,因此极微小的变形也可以被检测出来;由于选择激光作为光源,而激光的相干长度很大,可以检验大尺寸产品;对被检对象没有特殊要求,可对任何材料和粗糙表面进行检测;可借助干涉条纹的数量和分布来确定缺陷的大小、位置和深度。目前激光权益无损检测的应用涉及航空航天产品中常见的蜂窝芯结构脱胶缺陷、层压板分层缺陷等的检测。

8.5.6 涡流检测技术

涡流检测技术的基本原理是,涡流探头中线圈通以交变电流后,能够在线圈附近的检测试样中产生涡流,该涡流又能产生一个交变反磁场,交变反磁场会改变线圈磁场,从而使流经线圈中的电流随之改变。当电压恒定时,线圈中的电流变化引起线圈阻抗变化,通过测量线圈阻抗的变化,就可以得到试样内部的缺陷信息。但是这种方法只适用于能导电的复合材料,如CFRP。涡流检测法可以用于检查碳纤维/环氧树脂复合材料表面、次表面的裂纹和纤维损伤。但是由于不同的纤维铺层与环氧树脂配比不同,材料电导率有差异,检测涡流场与复合材料的空间位置相关,位置不同,电导率也不同,因而每个复合材料构件都有其不同的涡流场特性。基于以上原因,复合材料的涡流检测需要标准试样对照,操作人员也需要专门培训,因此应用受到了一定限制。

8.5.7 其他检测技术

声-超声(AU)技术又称为应力波因子技术。与声发射检测技术类似,AU技术主要用于检测材料中分布的细微缺陷群及其对结构力学性能的整体影响,属于材料的完整性评估技术。

微波检测技术主要应用微波在复合材料中穿透能力强、衰减小的特性,能够克服常规检测方法的不足(如超声波在复合材料中衰减大、难以检测内部较深部位缺陷,射线检测对平面型缺陷灵敏度较低等),对复合材料结构中的孔隙、疏松、基体开裂、分层和脱粘等缺陷具备较高的敏感性。

光纤传感检测是一种仍在发展中的方法。它的原理是：固化前将光纤预放置在复合材料中，根据振动等对输出信号造成的影响，可以检测复合材料构件的固化均匀度；利用同一根光纤还可以检测复合材料在服役期间发生的脱层、开裂等损伤情况。

除了上述方法外，还有外观目测法、放电检测法、浸渍探伤法、磁共振成像法、机械阻抗分析法等。不同检测技术之间的比较见表 8-2。

表 8-2　无损检测技术的比较

检测技术	适用范围	优点	缺点
外观目测法	表面裂纹与损伤	快速、简便、成本低	人为经验因素影响大
液体渗透法	表面开口裂纹与分层	简单、可靠、迅速	渗透液会污染工件
超声检测法	内部缺陷（疏松、分层、夹杂、空隙、裂纹）检测，厚度测量	操作简单、检测灵敏度高、可精确确定缺陷位置于分布	检测效率低、对检测人员的知识要求高、检测时需要耦合剂
射线检测法	孔隙、疏松、夹杂、贫胶、纤维断裂等	灵敏度高、检测结果直观、可进行实时检测	检测设备复杂庞大、射线对人体有害、需要安全防护
红外成像法	脱粘、分层、裂纹、夹杂等	设备简单、操作方便、检测灵敏度高、效率高	要求工件传热性能好、表面发射率高
声-超声法	细微缺陷群、界面脱粘、结构整体性评估	操作简单、显示直观	对单个、分散缺陷不敏感
微波检测法	较大缺陷检测，如脱粘、分层、裂纹、孔隙等	操作简单、直观，检测结果可自动显示	对较小缺陷检测灵敏度低
涡流法	脱粘、分层	快速简单	只适用于导电材料
声发射法	加载过程中缺陷的萌生与扩展	检测缺陷的动态状态，可预测材料的最大承载能力	检测过程需要对材料进行加载

习题与思考题

1. 请简要介绍复合材料的主要缺陷类型。
2. 请简要介绍复合材料零件内部出现孔隙的主要原因。
3. 控制复合材料成型缺陷存在哪些困难？
4. 请简要介绍控制树脂基复合材料成型缺陷的基本原理。
5. 为什么要对树脂固化工艺进行实时监测？
6. 光纤传感监控法的监测原理是什么？有哪些优点？
7. 请介绍如何从原材料出发，控制复合材料成型缺陷。
8. 以热压罐成型工艺为例，介绍如何控制复合材料成型缺陷。
9. 以液体成型工艺为例，介绍如何控制复合材料成型缺陷。
10. 复合材料成型缺陷的无损检测主要有哪些检测方法？

11. 请介绍复合材料成型缺陷修补要求。

12. 树脂固化工艺实时监测方法有哪些？分别有什么特点？

13. 请介绍如何从控制树脂基体的质量入手控制复合材料成型缺陷。

14. 请介绍如何从控制树脂纤维的质量入手控制复合材料成型缺陷。

15. 为什么要对复合材料制件进行无损检测？

16. 超声无损检测主要有哪两种方法？其基本原理是什么？

17. 请简要介绍射线检测法有哪几种具体检测方式？它们分别适用于检测何种缺陷？

18. 声发射检测法的基本原理是什么？它适用于检测何种缺陷？

19. 激光全息无损检测法相比于其他检测法有哪些优势？

第四篇　树脂基复合材料成型基本工艺

　　复合材料制造过程与传统金属材料的制造有显著不同。制造金属零件时,毛坯料的性能与成型后的金属零件性能相差并不大,而复合材料成型是基体相和增强相在一定条件下经过一系列物理和化学变化结合成为复合材料的过程,该过程不仅要制造出满足性能要求的材料,还要制造出满足外形精度的结构。因此,成型工艺对复合材料结构的内部质量和外形精度具有重要影响。

　　轻质高强的树脂基复合材料在发展的早期阶段因价格高昂主要用于对重量和性能有严苛要求的航空、航天工业,民用领域鲜有涉及,成型工艺的种类也相对较少。自 20 世纪 70 年代以来,树脂基复合材料因其优良的耐腐蚀性能得到了海洋工业的青睐。近年来,随着原材料体系的不断丰富、性能的不断提升和制造工艺的不断成熟,复合材料在军民用领域得到了广泛应用,复合材料成型工艺也越来越丰富。

　　本篇共六章,主要介绍树脂基复合材料传统成型工艺的原材料、成型设备和工艺过程,包括手糊成型工艺、热压罐成型工艺、层压成型工艺、模压成型工艺、RTM 工艺、VARI 工艺、缠绕成型工艺和拉挤成型工艺等。其中,热压罐成型工艺是最早用于复合材料航空结构件制造的工艺,生产的复合材料已占据复合材料总产量的 50%,在航空航天领域其占比已超过 80%,是使用最广泛的树脂基复合材料成型工艺;以 RTM 工艺为代表的液体成型工艺是近年来快速发展的复合材料低成本制造技术,目前已被航空航天、船舶风电和公共交通等领域不断应用;缠绕成型工艺被广泛用于制造火箭和导弹壳体、管道和压力容器等回转体零件,具有成型过程连续、生产效率高等优点;拉挤成型工艺被大量用于生产复合材料型材,具有自动化程度高、生产效率高、原材料利用率高(可达 95% 以上)和无需辅助材料等优点。此外,本篇内容在传统复合材料成型技术之外增加了工艺技术探索与发展(第 14 章),介绍了近年来兴起的树脂基复合材料自动化制造技术、低成本制造技术和 3D 打印技术,展望了在结构功能一体化、绿色制造和智能制造背景下先进树脂基复合材料未来的发展方向。

第9章　手糊成型工艺

手糊成型工艺是指用手工的方式将纤维增强材料和树脂交替地铺覆在模具上,黏结在一起,经过固化、脱模等过程最终得到满足形状要求和一定力学性能的复合材料制件。手糊成型工艺特点如下:①不受产品形状和大小限制,适宜尺寸大、批量小、形状复杂产品的生产;②操作简单,工艺人员容易培训;③设备投资少,生产费用低;④生产周期长,效率低;⑤制品质量受操作员技术水平影响,制品性能不稳定;⑥产品力学性能偏低。

手糊工艺的基本工序包括:模具准备;涂脱模剂;喷涂胶衣;增强材料准备,树脂胶液配置;手糊成型;固化;脱模;后处理;制品。

9.1　手糊成型工艺原材料

9.1.1　增强材料

手糊成型复合材料的增强材料主要是玻璃纤维制品,其次有碳纤维、芳纶纤维和玄武岩纤维等各种纤维及两种纤维混杂的制品。

常用的玻璃纤维增强材料有无捻粗纱、无捻粗纱布、加捻布、短切玻璃纤维毡、玻璃纤维织物。无捻粗砂一般不单独使用,且主要用在填充死角或局部增强等部位。

碳纤维增强材料的种类有碳纤维薄毡、碳纤维布、延展碳纤维大方格布、碳纤维经编织物。相对于玻璃纤维增强材料,碳纤维增强材料具有更好的力学性能。

芳纶纤维密度小,热膨胀系数也小,在−170~180℃之间可保持正常的力学性能,疲劳寿命长,芳纶纤维增强的复合材料具有很好的抗冲击性能。

玄武岩纤维是一种无机纤维,颜色呈棕色。它的拉伸强度和模量接近玻璃纤维,耐热性和耐碱溶液性能较好,与环氧树脂的黏结性能好。

混编布是指两种或多种纤维材料组成的集合制品,如碳纤维/超细对位芳纶纤维、碳纤维/黑色聚酯纤维、玻璃纤维/碳纤维、碳纤维/彩色聚酯纤维等。

9.1.2　胶衣树脂

手糊成型和其他成型方式所需树脂最大的不同是,手糊成型使用胶衣树脂。胶衣树脂主要用于手糊制件的表面,它的作用是提高制件的化学性能和耐水性能,延长制件使用寿命。该树脂属于不饱和聚酯树脂的一个特殊类别,胶衣树脂是在优质不饱和聚酯树脂内添加活性二氧化硅、硅油,以及根据需要再添加颜料糊、紫外线吸收剂等助剂,经充分搅拌至混合均匀而成的。

手糊制件开始之前,需要先将胶衣树脂涂在模具上。胶衣树脂的施工一般有两种方法:手涂和喷射。手涂的胶衣树脂黏度偏大,喷射的胶衣树脂黏度偏小。胶衣树脂具有良好的耐水、耐化学、耐腐蚀、耐磨、耐冲击性能,其力学性能高,有一定的韧性和回弹性。树脂固化后有良好的光泽,并可着色,能达到美观效果。

9.1.3 基体树脂

手糊成型工艺对树脂有如下要求:①对增强材料有良好的浸润性,黏度适中,一般为 0.2~0.5 Pa·s;②可在较低温度下凝胶、固化,且不需要加压;③易挥发物少,制品表面不发黏;④层间黏结性好;⑤对于成型有斜面的制品,树脂应具有一定的促变度;⑥为防止开裂、变形,树脂固化收缩要小。

上述要求是手糊成型工艺对树脂的要求,树脂的选择还是要以满足制件的力学性能、化学性能、电性能为主。纤维增强复合材料的耐热性、耐燃性、耐老化性主要取决于树脂基体的性能。不饱和聚酯树脂是手糊成型中用量最大的树脂,占各种树脂用量的 80% 以上,其次是环氧树脂、酚醛树脂和呋喃树脂,乙烯基树脂等也有少量应用。

为了调节树脂黏度,需加入一定量的稀释剂,同时也可以增加填料用量。稀释剂分为非活性稀释剂和活性稀释剂两种。非活性稀释剂不参与树脂的固化反应,仅仅起降低树脂黏度的作用,一般加入量为树脂质量的 5%~15%,在树脂固化时逸出,对制件最终的力学性能不利。活性稀释剂参与树脂固化反应,对树脂固化后的性能影响较小,但是有毒,需慎重使用。在树脂中加入填料,不仅可以降低成本、增加刚度,而且可以减小收缩率和增加阻燃效果。加入的填料主要有黏土、碳酸钙、白云石、滑石粉、石英砂、石墨、聚氯乙烯粉等。

9.2 手糊成型工艺技术

手糊成型工艺制件时,在模具上刷一层树脂、铺一层纤维布,再用滚筒施加压力将气泡排出,使纤维贴合紧密、含胶量均匀,一直重复,直到达到设计厚度。手糊制件一次不能糊制太厚,最多为 7 mm,如果制件厚度超过 7 mm,应选择分次糊制。单次糊制太厚,树脂固化放热严重,使制件内应力增大,易引起制件变形、分层。

手糊制件一般采用常温固化,环境温度保持在 15℃ 以上,湿度低于 80%,等制件凝胶后,再固化一定时间脱模,然后在一定条件下继续固化,最终达到制件的设计要求。

9.2.1 模具

模具是手糊成型中唯一的重要设备,因为手糊工艺本身的特点,所以手糊工艺对模具的要求不同于其他成型工艺。具体要求如下:①模具精度要高,满足制件对表面成型质量的要求;②模具要有足够的刚度和强度;③能经受一定温度范围的变化;④模具材料应不受树脂或辅助材料的腐蚀,不影响树脂的固化;⑤要容易脱模,造价要便宜。

9.2.1.1　模具的结构和材料

（1）模具结构。手糊成型的模具结构分单模和对模两种。单模又分为凹模和凸模，对模由阴、阳模两部分组成，如图 9－1 所示。

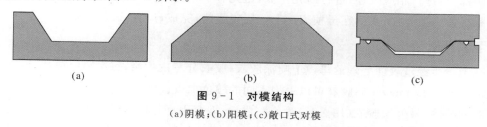

(a)　　　　　　　　　　　(b)　　　　　　　　　　　(c)

图 9－1　对模结构

（a）阴模；（b）阳模；（c）敞口式对模

（2）模具材料。模具材料包括玻璃钢、木材、石膏、石蜡、泡沫塑料、可溶性盐、金属等，应根据手糊制件的形状、数量、表观质量要求等来选择适合的材料制造模具。目前使用最普遍的模具材料是玻璃钢，玻璃钢模具制造方便，精度较高，使用寿命长，制件可热压成型，尤其适用于表面质量要求较高、形状复杂的复合材料制件。用木材制作模具，所用木材应当质地均匀，收缩变形小，如红木、杉木等。木材作模具的缺点是不耐久吸湿、不耐热，模具表面需进行封孔处理，适合中小型制品小批量生产。用石膏作模具，制造过程简单，造价低，但不耐湿，使用次数少，适合小批量和形状复杂制件。用金属制作模具，模具不变形，精度高，可重复使用上万次，适用于大批量小型高精度制件。

9.2.1.2　模具的制造

模具的制造分为母模制造和模具翻制两步，具体来说就是先制作和制件一模一样的模具（母模），然后利用该母模制作需要的模具。

1. 母模制造

制造制件的模具是通过母模（过渡模）翻制而成的，母模的表面质量将影响最终制件的表面质量。母模的制作材料可采用石膏和木材两种。使用石膏制作母模成本较低，表面粗糙度难以保证，石膏干燥时间较长，影响生产周期；木质模具采用框架组合结构，在其表面采用贴塑面板做模面材料，虽然成本较高，但可加工性好，表面质量高。

制作过渡模时，先用石膏或木制框架式结构做出和制件相同的母模，然后对母模进行表面加工，表面加工工序如图 9－2 所示。

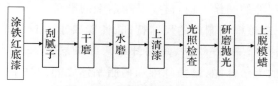

图 9－2　母模表面加工工序

首先将母模表面进行粗磨，待其光顺度达到 70%～85% 后，开始在母模表面涂刷醇酸铁红底漆，其主要作用是嵌补模具表面的微小孔隙；然后在母模表面刮腻子，如果采用手工打磨，使用醇酸腻子为宜，如果采用电动打磨，以聚氨酯腻子为宜，固化后表面坚硬、耐磨；接着使用铁砂纸进行干磨,主要目的是使表面形成均匀的封闭层,防止水磨时水渗透到过渡模内;再用二道腻子对母模表面进行封闭,干磨后,即可进行水磨,以清除表面可见的微粒及波纹;上清漆,目的是使模具表面光亮、坚硬、耐磨、耐水、耐热、耐腐蚀;进行光照检查,主要是及时发现表面不光顺部位,进行相应处理;进行抛光作业,抛光有手工抛光和机器抛光两种,一般选用膏状和液体状材料作抛光剂;最后在母模表面上一层脱模蜡,完成母模的表面处理。

2. 模具翻制

先在上一步经过表面处理的母模上喷涂胶衣,胶衣分三次喷涂,每次喷涂要严格控制胶衣的厚度(0.2~0.5 mm),每层胶衣可以采用不同的颜色加以区别,待上一层胶衣干后再进行下一层胶衣的喷涂,最外层胶衣(用黑色)喷涂完成后,需要用灯光检查模具表面质量。模具翻制完成后需要用水砂纸进行打磨。待胶衣制作完成,在胶衣内表面进行树脂涂刷和玻璃纤维毡的铺贴,铺上1~2层后,待树脂进入凝胶状态,再铺覆无捻粗纱布,主要目的是提高层间黏结强度。最终模具糊制的厚度由模具的形状和尺寸决定。

模具制作完成后需要对模具表面进行处理。首先用水砂纸进行粗磨,使用水砂纸的号数不能太低,打磨至表面无粗细不均的划痕为止。然后水洗磨面,去掉残余的颗粒。粗磨结束后使用更细的水砂纸对表面进行反复研磨,使模具表面达到非常平滑细腻的状态。最后进行研磨抛光,先用抛光机进行中粗抛光,再进行精细抛光,最终使模具表面呈高度清晰的镜面反光。

9.2.2 脱模剂

脱模剂的作用是使制品和模具分离,使用时将其涂覆于模具成型面,一般脱模剂的使用温度应该高于树脂的固化温度。脱模剂分为石蜡型脱模剂、溶液型脱模剂和薄膜型脱模剂3种。在模具表面涂刷石蜡型脱模剂时应按照一定方向和顺序,轻轻擦拭,在模具的凸部和棱角处一定要涂刷均匀,等上一层涂刷的脱模剂完全干掉后再进行下一层的涂刷。溶液型脱模剂中聚乙烯醇溶液应用最多,聚乙烯醇溶液是采用低聚合度聚乙烯醇与水、酒精按一定比例配制而成的一种黏性透明液体,该脱模剂使用纱布和海绵进行涂刷,方法和涂刷石蜡型的一样,涂刷完毕后将模具放在通风良好的地方或放入烘箱内干燥。薄膜型脱模剂主要有聚酯薄膜、聚乙烯醇薄膜、玻璃纸等,使用聚酯薄膜,所得制件表面平整光滑,表面质量非常好,但薄膜型脱模剂的成本过高,仅用于型面简单的制件成型。

9.2.3 原材料准备

使用手糊工艺进行制件的制作之前,需要进行前期的准备,准备工作主要有以下两方面。

(1)纤维材料。首先应该根据制件的尺寸特征、性能要求进行纤维层的设计,设计内容主要包括纤维制品的类型(纤维布、纤维毡、短切纤维)、纤维层数、每层纤维增强材料的铺设方向。为了提高手糊制品的力学性能,增强纤维和树脂基体之间的黏结力,需要对增强纤维进行一定的表面处理。纤维储存过程中要防潮,使用前要进行干燥处理。进行纤维增强材料的下料时,使用样板进行裁剪,可以加快下料速度,保证下料的准确度。

(2)树脂。根据制件的厚度和大小,需要进行树脂用量的计算,计算公式如下:

$$m = V\rho_1 - V(1 - V_f)\rho_2 \tag{9.1}$$

式中：V ——制件体积；

　　　ρ_1 ——制件密度；

　　　V_f ——纤维体积分数；

　　　ρ_2 ——纤维密度；

　　　m ——所需树脂质量。

因为手糊过程中树脂有损耗，按照计算用量的 $1.2\sim1.5$ 倍进行准备。

树脂的用量确定后，需要进行树脂凝胶时间实验。凝胶时间是指在一定温度条件下，向树脂中加入定量的引发剂、促进剂或固化剂，树脂从黏流态到失去流动性变成软胶状态的凝胶所需的时间。若凝胶时间过短，由于胶液黏度迅速增大，不仅增强材料不能被浸透，甚至可能发生局部固化，使手糊作业困难或无法进行。反之，若凝胶时间过长，不仅增长生产周期，而且会导致胶液流失，交联剂挥发，造成制品局部贫胶或不能完全固化。

9.2.4　喷涂胶衣

为提高纤维增强热固性复合材料的表面质量、延长其使用寿命，需要在制品表面涂刷一层胶衣树脂。胶衣树脂的质量决定了制件表面质量以及耐水、耐热、耐化学腐蚀等性能。因此，需要对胶衣层的涂覆设定严格的标准。

胶衣树脂可以通过手涂和喷射两种方法均匀地涂覆在模具型面上。

手工涂刷就是用毛刷将胶衣树脂均匀地涂刷在模具型面上，涂刷厚度一般控制在 $0.3\sim0.6$ mm，涂胶衣所用毛刷的毛要短，毛质要柔软，涂刷垂直面时，应从下向上运动，而且应该由模具的上部依次向下涂刷。手工涂刷的效率低，涂刷厚度难以均匀，但是胶衣树脂几乎没有损失，涂刷工作环境清洁。

喷涂是通过压缩空气将胶衣树脂通过喷枪喷出，进而使胶衣树脂附着在模具上的工艺，但是附着在模具表面的胶衣树脂只占喷出的一部分，这样会造成胶衣树脂的损失。因为胶衣树脂的价格比基体树脂贵很多，所以吸附在模具表面的胶衣树脂占比越大，成本会越低。模具表面吸附胶衣树脂的量与胶衣树脂的种类、黏度、喷涂压力以及喷涂距离等有关。环境因素也会对喷涂产生影响，比如环境湿度不能太高，太高的湿度会导致模具表面有一层吸附水，胶衣喷涂上去会失去光泽，胶衣的质量降低。

胶衣层喷涂厚度会对最终制件表面性能产生重要影响，有的制件要求胶衣层的厚度误差在 0.05 mm 以内。胶衣喷涂太薄，固化过程中胶衣树脂放热量不够，导致固化不完全，容易产生褶皱；胶衣太厚，容易产生龟裂、变色等问题。因此需要对胶衣厚度进行控制和测量。胶衣厚度一般通过单位面积的用胶量来控制，但比较准确的还是使用湿膜测厚仪来进行测量。湿膜测厚仪的实物图如图 9-3 所示。五边形的每个边可测量不同范围的胶衣厚度，以一条边为例，画出其测量原理图，如果测量胶衣厚度在 $0.3\sim0.5$ mm 范围内，则在图 9-3(b) 中，$a=0.3$ mm，$b=0.5$ mm，$c=0.4$ mm。如果所测胶膜的厚度小于 0.3 mm，测量仪会在胶衣上留下 2 个印痕；当胶衣厚度大于 0.3 mm、小于 0.4 mm 时，测量仪会在胶衣上留下 3 个印痕；当胶衣厚度大于 0.4 mm、小于 0.5 mm 时，测量仪会在胶衣上留下 4 个印痕；当胶衣厚度大于 0.5 mm 时，测量仪会在胶衣上留下 5 个印痕。如此便可以比较方便地测得喷涂胶衣的厚度。

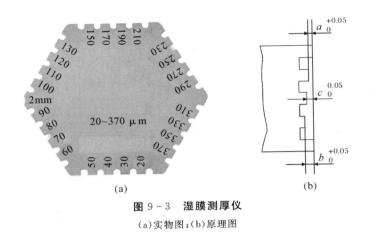

图 9-3　湿膜测厚仪

(a)实物图；(b)原理图

9.2.5　糊制

胶衣层喷涂完毕,达到一定均匀性和设计厚度后,即可进行树脂和增强纤维的糊制。在糊制过程中需要用软毛刷和压辊。软毛刷的作用是涂刷树脂,压辊的作用是将糊制时带入的气泡赶出。羊毛辊较软,主要用来浸渍树脂,猪鬃辊较硬,用于驱赶气泡,还有硬质螺旋辊用来压实铺层和排出气泡。

糊制时先在胶衣上刷一层树脂,然后铺一层增强纤维布,使用压辊排出气泡。赶气泡时应顺着一个方向从中间向两端将气泡赶净,使布贴合紧密,含胶量均匀。制件中常常有直角、锐角等复杂部位,在糊制这些区域时需要进行增强,一般用无捻纤维纱、短切纤维等来进行填充,达到增强的目的。糊制工作简单,操作员的熟练程度对制件质量影响较大。糊制过程中应做到快速、准确,糊制表面无气泡,表面平整。

9.2.6　固化

将制件糊制完成后,需要进行固化,一般是通过调节树脂和固化剂的配比或固化温度来实现固化。手糊制件一般采用室温固化,糊制完成后将制件在室温下放置 24 h 左右达到硬化状态,然后脱模,在更高的温度下进行充分固化。升高温度进行充分固化的作用是提高制件耐化学腐蚀、耐候性能,缩短生产周期,提高生产率。

加热固化的方式很多,小型制件可在烘箱内进行加热处理,中型制件可在固化炉内进行加热固化,大型制件可采用模内加热和红外线加热。

9.2.7　脱模

在成型模具上制作复合材料制品后,虽然成型模具表面光洁,又涂覆了脱模剂,但要将复合材料从模具上脱下来,并非轻而易举。复合材料脱模必须要克服黏附力和吸附力。黏附力是树脂基体与模具贴合面固化成型后产生的,吸附力是树脂涂刷模具时,界面近乎真空状态,在大气压力下产生的吸附作用力。脱模时需要借助外力才能将制件和模具分开,同时需要保证制件不受损伤。脱模方法有以下几种。

(1)压力脱模。在模具上留有脱模孔,脱模时将带有一定压力的水或空气注入制件和模具之间,达到分离制件和模具的目的。

(2)顶出脱模。设计模具时,在模具上特定位置留有小孔,脱膜钉从小孔进入,使制件和模具分离。

(3)大型制件脱模。大型制件脱模需要用到辅助装置,例如吸盘。将大量吸盘吸附在制件表面,使用机械手段将制件一个角脱离模具,然后控制吸盘上升,使制件和模具逐渐分离。

(4)复杂制件预脱模。先在模具上糊制两三层玻璃钢,待其固化后从模具上剥离,然后再放在模具上继续糊制到设计厚度,因为模具和玻璃钢制件已经分离,制件固化后很容易从模具上脱下来。

9.2.8　修整

制件脱模后一般存在两种问题,即尺寸和设计不符,及制件存在缺陷。

尺寸的修整主要包含两部分,平面方向制件存在毛边,需要进行毛边去除,用锉刀锉去多余部分,再用砂纸进行打磨抛光;制件厚度不均匀,有凸出部分,需要用打磨机进行打磨,最后进行抛光修整。

对于出现可见孔的部分,应当使用锉刀工具将孔扩大,去除孔内残渣,使用补强材料将孔修补;对于制件里面的气泡,使用锉刀切开气泡,清除杂质,注入树脂胶液,液面略高于制件表面,固化后打磨抛光。

9.2.9　制件缺陷分析及解决措施

相对于其他成型方式,手糊成型制件的缺陷较多,下面将对手糊制件常见的缺陷进行简单分析。

(1)气泡:在手糊制件时,常由于树脂用量过多、胶液中气泡含量多、树脂黏度太大、增强材料选择不当、纤维铺层没有紧密压实等原因造成制件内部及制件表面有大量气泡产生,严重影响制件的质量。目前采用控制含胶量、树脂真空脱泡、添加合适的稀释剂、选用容易浸透树脂的纤维增强材料等措施来减少气泡的产生。

(2)流胶:手工糊制制件时,常出现胶液流淌的现象。造成流胶的原因主要为树脂黏度太低、配料不均匀、固化剂用量太少。一般通过加入填充剂提高树脂的黏度、适当调整固化剂的用量等措施,来减少流胶现象的发生。

(3)分层:树脂用量不足、增强纤维材料受潮、玻璃丝布铺层未压紧密、过早加热或加热温度过高等,都会引起制件分层。因此,在糊制前进行增强材料干燥,在糊制时,要控制足够的胶液,尽量使铺层压实。树脂在凝胶前尽量不要加热,并适当控制加热温度。

(4)裂纹:在制件的制作和使用过程中,常常会发现制件表面有裂纹出现。导致这一现象的主要原因是胶衣层太厚及脱模时受到了不均匀的脱模力的影响。因此,要控制胶衣的厚度,在脱模时严禁用硬物敲打模具,最好使用压缩空气脱模。

9.3 手糊成型特点及应用

（1）特点：①只需要简单的模具、工具，因此，投资少、见效快，适合于小型企业；②操作简单，技术难度低，制件人员只需要经过短期的培训就可以进行生产；③可以和其他材料成型为一体，在制件内部可以增加金属、泡沫等加强结构强度的材料；④制件灵活性大，不受尺寸、形状的限制；⑤对于一些不宜运输的大型制件，可在现场进行制件；⑥手糊成型的效率低于其他成型方式，速度慢，周期长；⑦生产环境差，加工时有刺鼻性气体，粉尘多；⑧产品质量不稳定，受制件人员糊制水平的影响。

（2）应用：①汽车、火车方面，如车壳、机器盖、保险杠、火车车窗、火车卫生间等；②建筑制品方面，如风机、浴盆、座椅、装饰品等；③造船业方面，如渔船、救生艇、水中浮标、巡逻艇等；④防腐产品方面，如各种罐内的防腐层、管道、管件等；⑤机械电器设备方面，如机器罩、医疗器械外罩；⑥体育产品方面，如赛艇、滑板、球杆、游乐车、碰碰车等。

习题与思考题

1. 什么是手糊成型？简述手糊成型的特点。
2. 简述手糊成型工艺的模具制造可分为哪几个部分。
3. 喷涂胶衣的作用是什么？
4. 喷涂胶衣时，如何控制胶衣厚度？简述湿膜测厚仪的工作原理。
5. 简述复合材料手糊制件缺陷的产生原因及解决措施。

第10章 热压成型工艺

10.1 热压罐成型工艺

10.1.1 概述

热压罐(autoclave,又称高压釜,见图 10-1)是一种可在一定范围内调节和控制温度和压力的专用压力容器,广泛应用于医疗、化学和工业生产领域。热压罐工艺是将单层预浸料按设计角度、尺寸和顺序铺放于成型模具表面制成预成型体,然后在热压罐中按照相应的固化制度固化复合材料成型的方法。

图 10-1 热压罐

复合材料预成型体在热压罐中固化时会发生一系列物理、化学变化。常温下,预浸料为固态或黏稠液体,不利于纤维的充分浸润。在热压罐成型初始阶段,需根据固化制度升温至某一特定温度并保温一定时长,在该温度下,树脂的黏度降至最低,流动性最好,有利于树脂充分浸润纤维以提高成型质量。在此过程中,由于树脂流动和加热过程中产生少量挥发性气体,容易使部分区域树脂无法完全浸润纤维而在固化后形成孔隙,从而降低成型质量。此时热压罐提供的压力及模具型腔内的真空环境确保多余的树脂被辅助吸胶材料吸收或流入成型模具表面的树脂导流槽,保证了零件厚度,减少了孔隙生成。保温结束以后以一定速率升温到指定温度并再次保温一定时长,待固化完成后以一定速率降至室温,经过脱模和后处理完成零件制造。

热压罐提供的温度和压力条件几乎能满足所有的树脂基纤维增强复合材料的成型工艺要求。由于热压罐能够提供较均匀的温度和压力场,其成型零件具有纤维体积分数高、缺陷少、性能优良和工艺稳定性高等特点,同时也具有较高的成型效率。因此,热压罐工艺自20世纪

40 年代问世以来在树脂基复合材料成型领域的应用越来越广,目前,由热压罐工艺生产的复合材料已占据复合材料总产量的 50%。在航空航天领域,热压罐工艺广泛用于生产机翼和机身蒙皮、加筋壁板、整流罩等非承力或次承力结构,目前其占比已超过 80%。在军机领域,B-2 的门、平尾、襟翼和机身,F-35 的垂尾、平尾、副翼和机身,F-22 的门、垂尾、平尾和机身,AV-8B 的门、方向舵、垂尾、平尾、副翼、襟翼、翼盒和机身等,均采用热压罐工艺制造;在民机领域,A380 的舱门、垂尾、平尾、副翼、扰流板、襟翼和翼盒,A350 的舱门、垂尾、平尾、副翼、扰流板、襟翼、翼盒和机身,B787 的舱门、方向舵、垂尾、平尾、副翼、扰流板、机翼、翼盒和机身,也都使用热压罐工艺制造。此外,在军民用领域还有很多其他机型的制造也大量使用热压罐成型工艺。可以预见的是,随着原材料性能的提高和工艺方法的不断改进,若主承力结构使用热压罐工艺,热压罐成型工艺在飞机复合材料零件制造中的占比有望继续提高。

需要说明的是,虽然热压罐工艺具有诸多优势并被广泛使用,但也存在生产成本高(制造成本约占总成本的 50%~80%)、能源消耗高、生产灵活性差等致命缺陷,因此国内外复合材料制造领域正在积极寻求新工艺方法以替代热压罐工艺。

10.1.1 成型材料

10.1.1.1 预浸料

预浸料又称模塑料,是用树脂基体在一定条件下浸渍纤维制成的树脂基体与纤维增强体的混合物,是制造复合材料的中间材料。预浸料的基体主要是热固性或热塑性树脂。热固性树脂基体仅部分固化以便于处理,通常情况下需要冷藏保存,其固化过程需要烘箱或者热压罐提供热源。预浸料的纤维通常为单向带或织物,常用的纤维有碳纤维、玻璃纤维、玄武岩纤维和芳纶纤维等。由于预浸料制品的高性能、低缺陷、高工艺稳定性等优势,目前已广泛应用于航空航天、兵器船舶、赛车、运动器材甚至肢体矫正领域。

1. **分类**

预浸料按物理状态,分成单向预浸料和织物预浸料;按树脂基体类型,分成热固性树脂预浸料和热塑性树脂预浸料;按增强材料类型,分成碳纤维(织物)预浸料、玻璃纤维(织物)预浸料、芳纶(织物)预浸料;按纤维长度,分成短纤维预浸料、长纤维预浸料和连续纤维预浸料;按固化温度,分为低温固化(80℃)预浸料、中温固化(120℃)预浸料和高温固化(180℃以上)预浸料。

2. **制备方法**

预浸料是树脂基复合材料热压罐成型工艺的原材料,预浸料的质量和成本直接关系到复合材料零件的质量和成本。在预浸料制造前,需要根据预浸料设计指标确定纤维面密度和树脂含量。织物预浸料的纤维面密度为定值,单向纤维预浸料的纤维面密度可通过以下公式计算:

$$w_s = t/d \tag{10.1}$$

式中:w_s ——纤维面密度(g/m^2);

t ——丝束的纤度(tex,即 g/km);

d ——所制造的预浸料的纤维间距(10^{-3} m)。

纤维间距通过调整预浸料制造设备来确定。预浸料中纤维面密度确定以后,其树脂含量由其所制造的复合材料的纤维体积分数或复合材料单层厚度和固化树脂的密度所决定。

根据浸渍树脂的状态,热固性预浸料的制备方法分为溶液浸渍法和热熔浸渍法两种。

(1)溶液浸渍法。溶液浸渍法也称湿法,分为滚筒缠绕法和连续浸渍法两种。在制备过程中,用低沸点的溶剂溶解树脂形成特定浓度的树脂溶液,然后使用该溶液以特定的速度浸渍纤维增强体,同时用计量辊筒或者刮刀控制树脂溶液含量,再加热干燥使低沸点的溶剂挥发,最后收卷成为预浸料。多用预浸机如图 10-2 所示。溶液浸渍法的优点是纤维易被树脂浸透,便于制造薄厚两型预浸料,制造成本低廉。但其缺点也十分明显:树脂体积分数不易控制,树脂基体分布不均匀,制备过程需要去除并回收溶剂,挥发的溶剂会造成环境污染或人身伤害。早期的预浸大部分采用该方法制造,但随着工艺的改进和预浸料数量、质量需求的不断提高,该方法已逐步被热熔浸渍法取代。

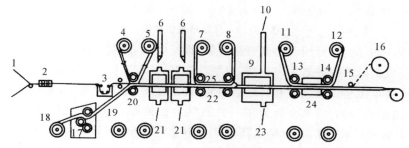

1—纤维架;2—箅子;3—浸胶槽;4,7,11—顶纸开卷;5,8,12—顶纸收卷;6,10—空气和溶剂的排出或回收;
9—烘炉;13,20—压辊;14—牵引辊;15,16—切刀;17—反向涂覆辊;18—废纸开卷;19—涂覆的树脂膜;
21,23—空气或惰性气体;22—压辊组;24—冷却器;25—产品

图 10-2　多用预浸机示意图

(2)热熔浸渍法。热熔浸渍法也称干法,其原理是使用高温熔融的树脂浸渍纤维增强体制备预浸料。根据浸渍方式不同,热熔浸渍法分为一步法和两步法。一步法又称直接热熔法,是将纤维增强体直接通过含有熔融树脂的胶槽浸胶,然后烘干收卷。两步法又称胶膜延压法,其过程如下:

1)制树脂膜。用热熔法将基体树脂置于混合器中充分混合,用计量泵将树脂输送到涂胶辊,再按设计要求将树脂均匀涂覆到离型纸上,经冷却辊冷却后使涂覆的树脂薄膜黏附在离型纸上,如图 10-3 所示。涂膜厚度(反应涂膜量)可通过调节涂胶辊温度或离型纸进给速度来控制,用 β 射线仪检测胶膜的厚度或胶膜的面密度。涂膜厚度可控制在 30~80 μm 范围内,涂膜量约为 30~80 g/cm²,涂胶辊的温度需根据树脂的热性能来确定。

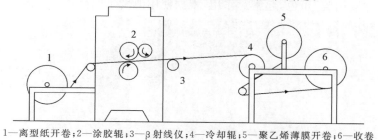

1—离型纸开卷;2—涂胶辊;3—β 射线仪;4—冷却辊;5—聚乙烯薄膜开卷;6—收卷

图 10-3　树脂膜制备示意图

2)纤维预浸。纤维筒经过精梳机梳理,在整经架上彼此不交叉、无空隙地有序单向排列成干态无纬布。对于 12 K 或 24 K 碳纤维,为了使每根单丝都有相同的渗浸热熔树脂概率,需要开纤扩幅工序。整经架上梳理好的纤维无纬布与涂有树脂膜的离型纸形成纤维居中,上、下层为树脂膜的"三明治"结构,然后依次通过几组热压辊使基体树脂熔融,把离型纸上的树脂膜转移到无纬布上,再经过收卷成为预浸料,如图 10-4 所示。

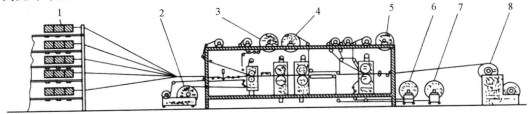

1—纤维纱;2—下树脂膜;3—上树脂膜;4—收上离型纸;5—铺玻璃布或 PE 膜;6,7—换下离型纸;8—成品和收卷

图 10-4 纤维预浸示意图

热熔法具有以下优点:可精确控制树脂含量;挥发分少,降低了环境污染和人体伤害;胶膜质量容易控制;成型后的零件表面质量高,成型性能好,孔隙率低。缺点如下:不适合浸渍厚纤维或织物;基体材料无法用高黏度和高熔点树脂;设备复杂,工艺烦琐,成本较高。

与热固性树脂不同的是,航空航天用高性能热塑性树脂,如聚醚醚酮(PEEK)、聚苯硫醚(PPS)和聚酰亚胺醚(PEI)等,具有熔点高(300℃以上)、黏度大(100 Pa·s 以上)的特点。其预浸料制备工艺与热固性树脂预浸料有所不同,主要方法有热熔法、溶液法、悬浮浸渍法、粉末法浸渍法、原位聚合法和纤维混杂法等,本书不做详细介绍。

10.1.1.2 辅助材料

在热压罐成型工艺过程中,正确、合理地使用辅助材料有助于降低操作难度、提高成型质量。常用的辅助材料有以下几类。

1.密封材料

密封材料的作用是与热压罐的真空系统共同作用,为零件固化提供真空环境,以减少孔隙含量、控制零件厚度、增大纤维体积分数,从而提高零件成型质量。常用的密封材料有真空袋(见图 10-5)和密封胶条(见图 10-6)。真空袋除了为零件创造真空环境外,还有一个重要作用是充当上模,压实零件。100℃以下可用聚乙烯薄膜作真空袋,100~200℃下可用各种改性的尼龙薄膜,更高温度下则需要耐高温聚酰亚胺薄膜。密封胶条为橡胶腻子条,在模具型面与真空袋之间充当"双面胶"角色,起密封作用,根据使用温度不同需选用不同材料的密封胶条。

图 10-5 真空袋

图 10-6 密封胶条

2. 脱模材料

(1) 脱模布。热压罐成型工艺中需在模具上贴脱模布,如图 10-7 所示。脱模布位于零件与刚性模具(金属或硬质非金属模具)之间,其基体材料为平纹、缎纹、斜纹或其他方法编织的玻璃布,然后用特氟龙进行表面处理,具有表面光滑、抗黏、防腐、耐高温和绝缘等优良性能,其作用是防止零件表面的树脂基体直接接触模具,以方便固化后脱模。

(2) 脱模剂。脱模剂与脱模布的作用相同。脱模剂必须具有较强的耐化学性,在与不同成分的树脂接触时不溶解、不反应、不粘连。此外,脱模剂还应具有耐高温和耐磨损等性能。按照脱模剂的活性物质分类,可分为硅系列、蜡系列、氟系列、表面活性剂系列、无机粉末系列和聚醚系列等。脱模剂的选择需综合考虑树脂和纤维种类、模具材料、成型工艺条件等,通常需满足以下条件:脱模性优良,具有耐热性,化学性能稳定,不影响零件的二次加工,不腐蚀模具,不污染零件原材料,气味和毒性小,外表光滑美观,等等。

(3) 剥离层。剥离层(见图 10-8)置于零件上表面与其他辅助材料之间,通常为 0.1 mm 厚的聚四氟乙烯玻璃布。它能使固化过程中多余的树脂、气体和挥发分透过自身进入吸胶层,同时能防止零件同透气毡、真空袋等辅助材料粘在一起造成脱模困难。

图 10-7　脱模布　　　　　　　　　　　　　图 10-8　剥离层

(4) 隔离膜。隔离膜分有孔隔离膜(见图 10-9)和无孔隔离膜,材质为氟化乙烯丙烯共聚物(FEP)薄膜,具有良好的抗黏性、耐腐蚀性、柔韧性、贴合性和耐高温性能,同时对环氧树脂、聚酯树脂、酚醛树脂等多种树脂有自隔离属性。成型时置于吸胶材料和透气材料之间,能有效防止零件与模具表面粘在一起,同时也能防止树脂流入透气毡进而进入真空管路导致真空堵塞。此外,有孔隔离膜具有限制树脂流动的作用。

3. 吸胶材料

吸胶材料通常为具有一定拉伸强度和较大伸长率的合成纤维毡、纤维无纺布(丙纶、涤纶和其他有机纤维)和滤纸等。吸胶材料置于脱膜材料与其他辅助材料之间,作用是吸收预浸料中多余的树脂,以控制零件厚度、增大纤维体积分数,从而提高成型质量。

4. 透气材料

常用的透气材料是玻璃布和涤纶无纺布,其作用是疏导真空袋内的气体进入真空管路,防止局部区域由于导气不畅影响压力传递,成型后形成富树脂区域,降低零件性能。透气毡如图 10-10 所示。

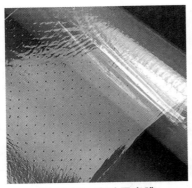
图 10-9 有孔隔离膜

图 10-10 透气毡

10.1.2　成型设备

10.1.2.1　热压罐

1. 热压罐的组成

热压罐是热压罐成型工艺的核心设备。热压罐主要由罐门和罐体、加热系统、加压系统、冷却系统、真空系统和控制系统等组成,如图 10-11 所示。在树脂基复合材料固化工序中,热压罐各系统之间协同工作,根据相应的固化制度为预成型体提供温度、压力和真空环境,保证固化质量。

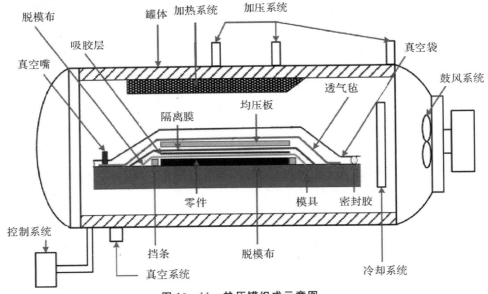
图 10-11 热压罐组成示意图

（1）罐门和罐体。热压罐的罐门用于待成型零件和辅助工艺装备进出罐体。罐门配备耐高温密封圈、保温层护板和风道,在热压罐运行时提供密闭环境,确保罐内温度和压力均匀稳定,同时保护罐外人员和设备免受高温、高压侵害。罐门通常由碳钢制造,采用压制成型工艺。绝大多数热压罐通过电脑控制液压杆实现罐门的开关,在紧急情况下可手动开门。

　　由于热压罐内高温、高压的严苛环境,通常要求罐体具备耐高温、耐高压、保温性(罐体外表温度不大于 60℃)和密封性等特殊性能,因此罐体通常选用能满足压力容器要求的碳钢卷筒焊接而成。为确保使用时安全与方便,罐体通常在地基上平卧放置,罐体内的底板上配备轨道和辅助运输设备,以方便零件进出。此外,加热系统、加压系统、冷却系统、控制系统和真空系统均通过罐体与罐内外连通。

　　(2)加热系统。加热系统主要由加热管、热电偶、控制仪和记录仪等组成。大型热压罐通常采用间接气体点火法进行加热。该方法通过将外部燃烧室内产生的热气体送入罐内的螺旋状不锈钢合金换热器来加热罐内气体,然后通过气体对零件和模具进行加热。通常情况下要求罐内各点温差不超过 5℃,升降温速率可以调节。

　　(3)加压系统。加压系统由储气罐、气体压缩机、调压阀、压力表、变送器和管道等组成,用于调节罐内压力。热压罐的加压方式通常为充气加压,氮气是最常用的气体,具有抑制燃烧、安全性好和无污染等优点,缺点是成本较高。此外,常用的气体还有空气和二氧化碳。

　　(4)冷却系统。热压罐通常采用循环水冷却系统,其主要由冷却塔、换热器、加压系统(循环水泵)、过滤器、补水装置和监控系统等组成,用于冷却罐内空气和电机、风机等机电设备。由计算机根据热压罐的当前温度和目标温度调控冷却过程,冷却速率通常为 0.5~6℃/min。

　　(5)真空系统。真空系统由真空泵、真空阀、真空表、PLC 控制系统和真空管路等组成,其作用是为真空袋内的零件提供真空环境,将预浸料中由加热和树脂固化产生的气体和小分子抽出零件,从而减少缺陷,提高成型质量。最简单、常用的真空系统是三通阀体系,其一端接大气环境,另一端与真空泵连接。需要说明的是,真空泵与零件之间通常会接树脂收集器,以防过量的树脂流入泵体而损坏真空泵。热压罐内的真空管路分为抽真空管路和真空度测量管路两种,它们通过成型模具的快速接头与真空袋内相连,实现抽测分离。真空度由 PLC 控制系统调节。

　　(6)控制系统。控制系统采用 PID 与模糊控制相结合的方式,可根据控制程序对任意元器件的工艺参数进行调控和预设,保证热压罐各系统协调、有序运行。控制系统具有数据采集、数据存储、数据显示、数据输出和人机交互等功能,能够实现对压力和温度的高精度调控与高效记录。此外,热压罐的安全预警功能也是通过控制系统实现的。使用过程出现超温、超压、冷却水不足、真空泄露及各种机械故障时,控制系统会通过报警器和人机交互界面及时预警,以确保热压罐的正常安全运行。可以毫不夸张地说,控制系统就是热压罐的"大脑"。

2.热压罐工作原理

　　(1)加热原理。以间接气体点火法为例介绍加热原理。鼓风系统高速运转,首先将外部燃烧室产生的高温气体经由内外涵道输送至罐门,然后逐渐向罐尾传递,罐内多余的气体返回燃烧室经再次加热后重新送回罐内,如此循环往复使罐内温度达到指定温度。由于燃烧室的高温气体首先输送到罐门,因此加热过程中罐内温度由罐门至罐尾递减。固化过程中主要通过零件与罐内空气之间的强迫对流换热将空气温度传递到零件上,而热辐射对零件加热过程的影响非常有限。

　　(2)加压原理。常见的加压气体有氮气、空气和二氧化碳。此外以氮气为例,通常情况下,氮气以液氮的形式储存在储气罐中,使用时挥发产生约 1.4~1.55 MPa 压力的氮气,经压缩机和压力调节阀将指定压力的氮气输送至罐体内对零件加压。氮气是最常用的气体,能在

340℃和1.5 MPa的压力下正常使用,但成本较高。

10.1.2.2　模具

1.组成结构

模具是成型产品的模子和工具,有"工业之母"之称。对于热压罐工艺,模具是零件成型的必要工具,最常用的模具结构有壁板框架式、回转体/类回转体式和阴模-阳模式(见图10-12)。

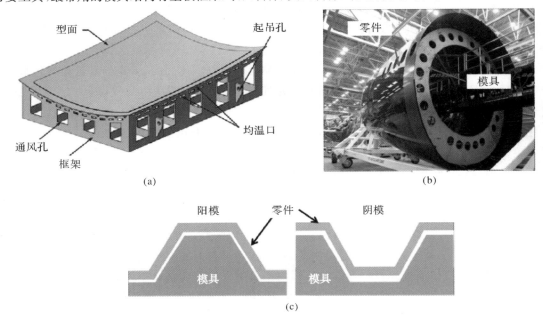

图 10-12　模具结构示意图
(a)壁板框架式;(b)回转体/类回转体式;(c)阴模-阳模式

　　(1)壁板框架式。其由型面和框架组合而成,如图10-12所示。这种结构具有总重量轻、能快速加热模具背面、温度均匀性较好、制造成本低、制造效率高等突出优点。型面用于铺贴预浸料、铺放成型辅助材料和制袋密封,其外形尺寸和质量直接影响零件的成型精度和成型质量,是模具设计和制造的核心。框架由纵横交叉布置的板材焊接而成,用于支撑型面,为型面提供足够的刚度和强度,保证使用过程中模具尺寸的稳定性。框架上配备辅助机构,以方便模具的搬运和翻转。由于热压罐内的主要传热方式是热空气强制对流,模具框架上的通风孔有利于热空气的流动,对模具型面的温度均匀性具有重要影响。因此,热压罐模具结构设计时不但要考虑刚度、强度、轻量化等因素,还需要重视温度均匀性。研究表明,在一定范围内框架上通风孔尺寸越大,温度均匀性越好,但通风口尺寸太大会导致模具刚度、强度不足。因此模具框架设计时应优化壁板厚度、壁板间距、通风口形状和尺寸等参数,在刚度、强度、轻量化和温度均匀性之间找到最佳的平衡点。

　　通常的做法如下:对壁板划分设计域与非设计域;建立拓扑优化数学模型,使用商业有限元软件 Hyperworks 的 OPTISTRUCT 模块对模具框架进行初步的拓扑优化设计;考虑模具的可制造性和经济性等因素,对初步拓扑优化模具进行重构;使用 ABAQUS 等有限元软件对重构模具进行刚度强度和温度均匀性计算,看其是否满足设计要求,满足则作为最终模具结构,不满足则进行进一步优化。

(2)回转体/类回转体式。回转体/类回转体式模具通常用于成型机身筒段和进气道等回转体/类回转体零件。该类零件通常为壁板加筋的封闭腔体,由于尺寸大、曲率复杂,多使用自动铺带机或自动铺丝机进行铺贴。该类模具基本为分块式芯模组成的阳模,为减少热膨胀系数差异,同时减轻模具自重,降低定位、装配和翻转的难度,模具材料常采用 CFRP。为了保证成型过程的温度均匀性、减小孔隙和分层等缺陷,模具设计时需要对型面厚度、铺层角度、支撑框架参数等进行多目标优化。

(3)阴模-阳模式。阴模用于成型外表面为工作面的零件,与阳模相比,阴模能够更好地抑制零件的回弹变形,成型精度更高,适合成型精度要求高的零件,但是阴模制造成本高,铺贴难度较大,成型效率低,在圆角区易出现树脂富集和厚度过大。

阳模用于成型内表面为工作面的零件,阳模易铺贴,成型效率高,但精度稍低。此外,阳模的圆角区易出现贫胶和厚度过小。

对于阴模和阳模圆角区易出现的缺陷,可通过 Airpad 软膜使圆角区域压力分布更加均匀从而减少缺陷。对于零件的回弹变形,最为经济和高效的方法是通过有限元计算或者经验方法预测成型后零件的变形量,然后对模具型面进行反向补偿,使回弹后的零件满足外形尺寸公差要求。

2. 材料

(1)普通钢。钢是使用最广泛的模具材料,具有成本低、易机械加工、焊接性能好、耐磨损、密封性好、易修理、表面处理性能好等优点,同时与铝相比,其与复合材料零件的热膨胀系数差更小,尤其在用作大尺寸零件模具时比铝更具有优势。同时,钢模具也具有以下不足:初始成本高,密度大,不利于成型复杂曲率和复杂结构零件。

(2)殷瓦钢。殷瓦钢是由多种稀有金属(如铁和镍)制成的低碳奥氏体合金钢,其中最适合作为复合材料成型模具的是殷钢 36(镍含量 36%)和殷钢 42(镍含量 42%)。在加热过程中,殷瓦钢的热膨胀系数约为 $2.20 \times 10^{-6} ℃^{-1}$,该值是目前已知的所有金属的热膨胀系数中最低的。经过一定的回火处理,殷瓦钢可以保持热膨胀系数几乎为零,被认为具有"不变"尺寸特征,可以说殷瓦钢的出现有效解决了金属模具的热变形问题。由于殷瓦钢几乎具有普通钢材的全部优点,且其热膨胀系数与复合材料相差极小,故成为了最理想的复合材料成型模具材料。虽然殷钢作为复合材料模具材料优势明显,但也有以下不足:初始成本高,密度大,焊接难度大。

(3)铝。铝是使用最广泛的模具材料之一,在平板类层合板和小尺寸小曲率层合板模具中使用较多。铝模具的优点:成本低;热传导性优异,有利于成型和固化时的热量传递;与钢相比密度小;机械加工性能好,易成型;易修理,可通过焊接和磨削修复外形轮廓。铝模具的缺点:热膨胀系数大,不适用于成型大曲率和结构复杂的零件;不宜用来制作需要高温(177℃以上)固化的零件模具和热塑性复合材料成型模具。

(4)电沉积镍。电沉积镍(也称电镀镍或电铸镍)模具制造工艺:通过电镀工艺将金属镍沉积在芯模或塑料模等母模上形成一层可镀金属层,然后将芯模去掉。在电沉积过程中必须保证母模的尺寸稳定性。电沉积镍模具一经电沉积成型,其表面就能达到需要的表面粗糙度,具有耐久性好、易修补、易脱模、损伤阻抗高等优点,但其成本较高,模具制造受电解槽尺寸限制和母模制造技术限制。

(5)碳纤维增强环氧树脂复合材料。碳纤维增强环氧树脂复合材料模具的制造工艺与电沉积镍模具的制造工艺有相似之处。制造该模具时，首先需要用石膏、木头或金属制作母模，然后在母模上铺贴预浸料或干纤维，再经过固化和后处理工序成型(若使用液体成型工艺，固化前需要先用树脂充模)。使用该材料制作模具具有以下优点：模具与零件热膨胀系数一致性高；密度小，易搬运；机械加工性能好；温度分布均匀，可减小残余应力的产生。其缺点也比较明显：易磨损，使用温度受基体玻璃化转变温度的限制。

(6)其他材料。除了上述材料，陶瓷、硅橡胶、石墨等材料也能用于制作复合材料成型模具。陶瓷热膨胀系数低，是优良的绝缘体，可通过在陶瓷表面内置电阻丝来加热零件，但陶瓷模具具有以下缺点：机械加工性能差、热导率低、断裂韧性低、表面粗糙度高等。利用硅橡胶做模具主要基于其热膨胀特性，以硅橡胶为介质传递压力使零件成型，热压罐工艺中常用硅橡胶做软膜，利用其热膨胀特性辅助压实零件特征区域。整体石墨模具属于复合材料模具，具有热导率高、热膨胀系数低、易机械加工、耐高温和尺寸稳定的优点，但易破碎，需要技术人员对模具表面进行涂层。

(7)组合材料模具。随着制造过程对内部质量、尺寸精度、生产效率和经济性要求的不断提高，单一材料模具已经越来越难以满足 CFRP 航空结构件的生产需求。近年来，人们开始探索使用组合材料(两种及两种以上材料)模具成型 CFRP 零件，例如以殷瓦钢为框架材料，以 CFRP 为型面材料。由于组合材料模具能弥补单一材料的不足，实现单一材料模具无法实现的功能，未来的应用潜力巨大。

3. 模具设计要素

模具设计与制造直接关系到树脂基复合材料的成型精度与成型质量，是树脂基复合材料制造工艺中最重要的环节之一。复合材料成型模具的设计和制造具有非常严格的要求，控制模具最终设计理念的 3 个最重要因素是模具成本、使用寿命和尺寸稳定性。理想的模具应具有如下特征：热膨胀系数与所生产的零件一致；在工作温度和压力下模具不损坏，耐久性好；重复生产的各模具之间性能和尺寸一致性高；成本低，尺寸稳定性好。

在模具设计时需重点考虑以下因素：

(1)模具材料。模具材料的选择是模具设计和制造的最重要问题之一，同时也是首要问题，需根据零件特征、成型工艺、使用环境等因素综合考虑。对于尺寸大、结构和曲率复杂的零件，模具材料与零件材料热膨胀系数差异过大会导致严重的残余应变，造成零件翘曲、扭转和分层等缺陷，严重影响成型质量，所以应选取与制件热膨胀系数差异小的模具材料；对于大尺寸的筋条、长桁与蒙皮共固化的零件，为避免模具质量太大在蒙皮表面产生凹陷和压痕从而降低成型精度，应选取密度小的材料；对于成型温度和成型压力高的零件，应选取在高温、高压环境下尺寸稳定性好的材料。

(2)零件特征及技术指标。模具的作用是成型出高精度、高质量的零件，因此模具设计必须重点考虑零件特征及其技术指标。对于大尺寸、大厚度零件，为减少固化后翘曲、回弹和扭转的幅度，应在模具设计时进行修模，对变形量进行适当反向补偿，从而提高成型质量；对于结构复杂、有闭角的模具，必须考虑固化后的脱模问题，例如设计分块芯模和辅助脱模机构；对于异形回转体零件，必须考虑基准的选取与模具和零件的定位问题；对于精度要求高的大尺寸复杂零件,需考虑模具的分块问题及分块间的协调性与装配精度等。

(3)模具寿命。对于模具寿命要求高、需要长期重复使用的模具,需要考虑耐久性、抗磨损能力、可修理性和尺寸稳定性等因素。这种情况下首先考虑选用合适的钢材,由重辊轧制成型和机加板材制造的铝模具是第一选择,复合材料模具、石墨模具和陶瓷模具等非金属模具不宜长期高频率使用。

(4)成型工艺。零件的成型工艺是成型模具设计时必须考虑的因素。对于热压罐工艺,在固化过程中为了保证袋内的真空度,需在模具型面上贴密封胶,因此模具型面的表面粗糙度必须在 $Ra0.8$ 以下。为了尽可能地保证固化过程模具和零件的温度均匀性,需在框架上开孔以保证热流的流量和分布,同时又要满足成型压力下模具的刚度、强度要求,还要确保模具重量符合要求,因此需对框架进行相应的设计。

(5)生产条件。生产现场的条件也是需要考虑的因素。模具上用于搬运、翻转的机构必须与生产现场的条件适配,模具的重量不能超过起重上限,模具的表面处理也必须考虑使用和储存环境。

10.1.2.3　自动下料机

自动下料机(预浸料自动切割机)是按照设计尺寸、形状和角度切割预浸料的设备(见图10-13)。自动下料机通常需要与 CATIA、FiberSIM 或配套的软件协同使用。下料前,需要根据零件的工艺,使用 CATIA 的 Composite Part 模块或者 FiberSIM 软件对零件型面进行展开,然后根据零件的铺层方向、铺层顺序、预浸料幅宽和搭接位置等信息作出每一片预浸料的形状,最后对所有预浸料切片进行排样,以使材料利用率最大化。

图 10-13　长舟数控碳玻璃纤维隔音复合材料切割机

(1)工作台。下料机工作台用于铺放、固定和切割预浸料。工作台上布满气孔,与下料机的真空管道相连,下料时通过真空泵提供的真空负压将预浸料紧紧吸附在工作台上,以防切割过程中预浸料产生位移影响下料精度和质量。新型的下料机已经配备自动送料输送台,可以根据切割进度自动移动,预浸料辊料,避免了由于工作台尺寸所限,每次切割结束后人工送料、定位和开闭真空系统造成的时间浪费,提高了工作效率。

(2)刀具。对于预浸料切割,常用的刀具为圆刀和尖刀,切割前需根据预浸料厚度和刀具类型进行对刀,目的是防止切割深度过大造成刀具和工作台损伤,或者切割深度太小导致预浸料无法完全切断。

（3）控制系统。下料前需根据排样图，使用下料机配套软件生成最优切割路径，控制系统根据最优切割路径控制机床主轴的进给速率和进给量，以最大化切割效率。

传统手工下料需要工人根据料片几何信息先制作下料样板，然后以下料样板为基准下料。下料的精度、质量和效率严重依赖工人技能，下料过程易产生材料浪费和安全事故。相比之下，自动下料体系下零件与料片之间的数字化传递在提高精度、质量和效率上取得了显著突破。据统计，自动下料的效率约为手工下料的 10～12 倍，且零件尺寸越大、形状越复杂，效率和精度提升越多。与此同时，自动下料减少了材料浪费，节约了人工成本，避免了安全事故。

10.1.2.4 激光投影系统

激光投影系统是将零件铺层的形状、位置和方向等信息按照 1∶1 的比例以激光束的形式投影到成型工装型面，以辅助工人进行铺贴的数字化光学系统。该系统主要由控制器、激光头和靶标头组成，如图 10-14 所示。

图 10-14　激光投影系统

激光投影系统也需要与 CATIA 或 FiberSIM 等软件协同使用。使用时首先在 CATIA 的 Composite Part 模块或者 FiberSIM 中将零件铺贴的铺层信息转化为激光投影信息，并传输到控制系统，然后通过成型模具靶标孔上配置的靶标头校准激光投影仪，校准完成后将铺层信息投影到模具型面进行预浸料铺贴。

激光投影系统的作用相当于传统复合材料制造时使用的模线样板，但与模线样板相比，激光投影的铺贴效率提高了 5～10 倍。此外，激光投影节省了制造模线样板的时间和材料，降低了工人劳动强度，提高了铺贴的精度，尤其适用于形状复杂和尺寸大的零件。

10.1.2.5 自动铺带/丝机

自动铺带机是能精确控制铺带头运动轨迹，通过铺带头内部预浸带输送、铺放和切割等运动完成预浸料铺放的自动化设备，如图 10-15 所示。自动铺带机分为平板式自动铺带机

（FTLM）和曲面自动铺带机（CTLM）。其中 FTLM 只有 4 个联动轴，多使用宽度为 75 mm、150 mm 和 300 mm 的预浸带，主要适用于制造平板零件或曲率较小、结构简单的零件，如小曲率蒙皮；CTLM 是五轴联动，通常使用宽度为 25 mm、75 mm 和 150 mm 的预浸带，可用于单曲面中等曲率零件的铺放，比如中等曲率机翼壁板和机身筒段等。

图 10-15 预浸料自动铺带机

自动铺带机由台架系统、铺带头和各个独立工作单元组成。

（1）台架系统。台架系统用于支撑铺带头并实现铺带头在 X、Y 和 Z 方向的平动，其由平行轨道、横梁和立柱组成。横梁可在平行轨道上带动铺带头沿 X 方向精确移动，同时铺带头可在横梁上沿 Y 方向移动，而铺带头的 Z 向移动则由立柱提供。铺带头自身可在沿 3 个坐标轴平动的同时绕 Z 轴和 X 轴转动，从而实现五轴联动。

（2）铺带头。铺带头是实现预浸带输送、加热、压紧、剪切和重送的预浸带铺放控制装置，是自动铺带机最核心的部件，主要由预浸带装夹与释放系统、衬纸回收系统、缺陷检测系统、预浸带输送导向系统、预浸带切割系统、预浸带加热系统及铺带和压实系统组成。在铺带过程中，铺带头通过控制输送轴和回收轴的驱动电机控制预浸带的输送和回收。预浸带的切割通过切刀实现，切刀的直线运动方向垂直于预浸带前进方向，通过两切刀的平动和转动可将预浸带切割成任意角度。铺带头上的加热装置通过升温使预浸带上的树脂达到所需黏度，同时在压实系统的作用下使预浸带在模具上或层间实现良好铺贴，并挤压出层间的空气，提高铺带质量。此外，铺带头上还配备了光电预浸带缺陷检测装置，铺贴时若检测到预浸带缺陷则停止铺层。

（3）独立工作单元。自动铺带机的独立工作单元主要有施料辊、预浸带加热系统、模具坐标校准系统、表面探测定位系统及光学预浸带缺陷检测系统。其中，施料辊用于准确定位和压实预浸带；预浸带加热系统用于在铺贴时把预浸带加热到指定温度；模具校准系统用于根据模具表面的靶标点校准铺带机在模具表面的坐标；表面探测定位系统用于探测铺带头与制件表面的相对位置，使铺带头缓慢移动直到接触制件；光学预浸带缺陷检测系统用于在铺贴时实时检测预浸带，缺陷达到一定程度会停止铺贴。

使用自动铺带机具有减少人工成本、提高铺贴效率和精度、减轻零件重量（10%～20%）、提高材料利用率和降低生产成本（30%～50%）等众多优势。但自动铺带机是具有极高技术壁垄的复合材料制造专用设备,自 20 世纪 80 年代问世以来其核心技术基本被美国辛辛那提机械公司、GFM 公司和西班牙托雷斯公司等垄断。2005 年,南京航空航天大学与中航工业航空材料研究院联合研制了国内首台自动铺带原理样机,此后,航空制造工程研究所、武汉理工大学和天津工业大学等科研院所和高校也进行了相关研究并取得了技术突破。但由于自动铺带技术在国内起步晚、自动铺带机价格昂贵等原因,目前国内复合材料生产过程中仍以手工铺贴为主导。

10.1.3　工艺过程

10.1.3.1　成型准备

1.材料准备

(1)原材料准备。通常情况下,预浸料需要在冷库内冷冻保存,不同预浸料的保存温度有一定差异。使用预浸料前需要将其从冷库内取出并解冻,在常温、常压环境下密封放置,直至外包装无冷凝水产生才允许打开包装,整个过程约需 6~8 h;然后根据零件的铺层方向、顺序和角度等信息使用自动下料机进行下料,下料时需在预浸料衬纸上做好铺贴信息标注,并根据铺贴顺序对料片进行排序,以便工人铺贴。

(2)辅助材料准备。热压罐成型时需要脱模布、隔离膜、透气毡、吸胶材料、真空袋、压敏胶带和密封胶条等辅助材料,需根据铺贴需要准备足够数量的辅助材料。

2.模具准备

模具型面质量与成型零件的质量直接相关,同时,模具表面质量和清洁程度也直接影响气密性,因此,铺贴前需对模具做如下处理:

(1)仔细检查模具表面,对毛刺、锈斑和残留树脂等附着在模具型面的杂物进行清理,通常的做法是使用砂纸打磨。打磨时需注意:使用细砂纸轻轻打磨杂物所在的局部区域,不能划伤模具表面。

(2)用丙酮、无水乙醇或乙酸乙酯等有机溶剂擦洗模具型面,通常需要 4~5 次,以确保型面清洁无杂物。

(3)在铺贴区域贴脱模布或涂脱模剂。贴脱模布时需注意:脱模布必须与模具型面完全贴合并黏结牢固,不能出现气泡、褶皱和重叠,零件铺贴区也不允许存在无脱模布区域。涂脱模剂需注意:脱模剂的用量不能过大也不能过小,通常情况下以能完全覆盖零件铺贴区域为宜,脱模剂涂层厚度应尽量均匀,为保证顺利脱模,脱模剂需涂 4~5 次,每次涂完,等脱模剂自然干燥后再涂下一次。需要特别说明的是,制袋区域(贴密封胶条的区域)内不能贴脱模布或涂脱模剂,以防影响气密性。

(4)对于定位、夹紧或压实需要辅助工装的零件,需根据工艺要求额外准备,以保证成型质量。

3.设备准备

(1)根据成型需要,在模具靶标孔上布置靶标头并调试激光投影系统,以便铺贴定位。

(2)准备好真空管路、真空嘴、树脂收集器、真空表和热电偶等配套设备,以便抽真空、气密性检查和采集数据。

(3)调试热压罐,确保热压罐各系统正常运行,以备固化。

4.场地准备

由于航空复合材料零部件对成型质量有严格要求,成型过程需在清洁间这种专用场地进行,以保证良好的温度、湿度、压力和空气质量,防止零件内出现夹杂。清洁间环境要求如下:温度为 $17\sim22$℃,湿度为 $50\%\sim70\%$,空气中直径大于 $10~\mu m$ 的粒子密度小于 10 个/L,压力为 $4~g/cm^2$。此外,在人员出入口需配置风淋间,以防止外部污染源进入清洁间。

5.人员准备

人员进入清洁间前需在更衣室更换清洁服,具体要求如下:

(1)带好口罩,防止嘴巴、鼻孔外露。

(2)带好帽子,防止头发外露。

(3)穿好连体服,连体裤脚需扎进鞋套。

(4)穿好清洁服,进入清洁间之前需在风淋室风淋,以去除污染物。

10.1.3.2　铺贴

铺贴某一层前,使用激光投影将该层各料片的形状、角度和位置投影在模具型面上,然后将料片铺贴在激光投影所在位置。铺贴时需注意,为减少层间空气残留,对于尺寸较小的料片,先将预浸料底面的衬纸撕开一条边,将料片的一端铺在模具上,然后逐渐撕开底面衬纸,让料片自然贴模,在此过程中,可以使用刮板顺着铺贴方向压预浸料,使残留在层间的空气逐渐排出。对于尺寸较大的料片,可以先撕开料片中间的衬纸,让中间部分先贴模,然后由中间向两端铺贴。对于大尺寸零件,由于铺贴角度影响和预浸料幅宽限制,铺贴时必须进行搭接。搭接时应注意只能顺着纤维方向进行搭接,且层间接缝不能重合,至少应错开 20 mm。第一层铺贴完毕,必须制真空袋,在真空度不低于 0.075 MPa 的条件下常温预压实 20 min,此后每 3～5 层抽真空预压实一次。若铺贴泡沫夹层结构或蜂窝夹层结构,芯材上下需铺放胶膜,铺贴完芯材,相邻层必须预压实。对于形状复杂、曲率变化大、圆角较多的零件,可以在热压罐中常温高压预压实,以保证零件复杂特征区域的成型质量。

原材料铺放完毕后,还需铺放辅助材料。首先应在零件表面铺贴剥离层。为降低脱模难度,可以使用双层剥离层,在确保剥离层不接触密封胶条的情况下,其尺寸应大一些,以方便脱模。剥离层上面通常先铺放合成纤维毡等吸胶材料,然后铺放隔离膜防止多余树脂进入透气材料,再铺放玻璃布和纤维无纺布等透气材料。铺贴完成后即可制袋。

此外,若对零件上表面粗糙度要求较高还可使用均压板。均压板通常是表面光滑且具有一定刚度的材料,可以是金属或 Airpad 软膜,其尺寸与型面和零件上表面完全一致。为保证多余树脂进入吸胶层,均压板上通常开设很多直径在 2 mm 以下的小孔。使用时,均压板直接与零件上表面接触,除了提高上表面质量,还可以使传压更加均匀,防止变厚度区域出现褶皱。但使用均压板会增加制造成本。图 10－16 为热压罐工艺铺贴工序示意图。

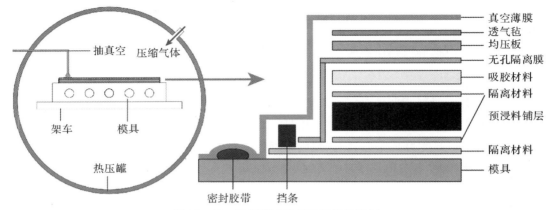

图 10-16　热压罐工艺铺贴工序示意图

10.1.3.3　制袋

制袋是用密封胶条黏结模具与真空袋,使模具与真空袋之间形成密闭系统的工序。制袋前应仔细检查,以去除制袋区内的杂物。此外,需保证模具表面及周围干净、整洁,尤其不能有尖锐物体,以防污染密封胶条和划伤真空袋导致漏气。制袋时,密封胶条与模具和真空袋之间必须完全贴合,不能有任何夹杂和缝隙,黏结过程应尽可能一次完成。对于零件高度和厚度变化较大的区域,需保证真空袋足量,以防抽真空时造成真空袋架起,成型后出现富树脂区域和厚度超差。对于真空度要求高的零件,可以使用双层真空袋。

由于气体进入真空袋会导致零件出现孔隙甚至大面积干斑,严重影响零件成型质量,因此热压罐工艺对密封性有严格要求,制袋完成后必须进行检漏。成型模具上真空接口和检测接口相互独立,以实现抽测分离。检漏时分别把真空源和真空表接在真空接口和检测接口,真空度达到最大后关闭真空源,若 5 min 后真空表示数下降不超过 0.005 MPa,则符合密封性要求,否则需要补漏甚至重新制袋。

10.1.3.4　固化

固化过程中,随着温度和压力的变化,在内因和外因的作用下,零件内部的树脂基体与纤维增强体及零件与模具之间会发生一系列的物理和化学变化,进而影响固化后零件的外形参数和力学性能。内因是与零件的几何参数和材料性能相关的参数,主要包括基体材料与模具材料的性能差异、铺层角度和几何参数等;外因是与模具设计和工艺参数相关的因素,主要包括模具材料、模具结构、辅助材料的使用和工艺参数等。内因和外因的综合作用造成热膨胀不匹配、固化收缩不匹配、模具-零件相互作用不同和固化工艺曲线不同,使得成型后零件的翘曲、扭转、回弹、分层程度和残余应力状态不同,零件质量和性能也不相同。由于制造过程中无法调节内因,因此必须通过调控外因来尽量减少成型缺陷。在外因中,最重要的就是固化工艺参数。

1.固化过程与原理

典型的固化过程包括流动阶段、凝胶-玻璃化阶段、玻璃化后保温阶段和降温阶段,如图 10-17 所示。

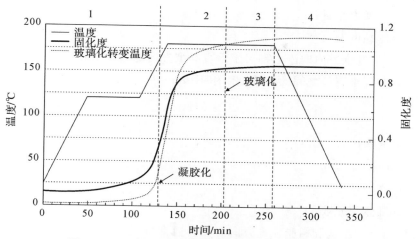

图 10 - 17　固化过程材料行为与温度和时间关系试图

（1）流动阶段。流动阶段也叫凝胶前阶段。在该阶段,随着罐内温度升高,树脂和纤维温度也逐渐上升,零件温度主要来源于零件与罐内空气和模具表面的热传导及树脂反应放热（忽略树脂流动产生的热量）,三维热传导方程可用下式表示:

$$\lambda_x\,\frac{\partial^2 T}{\partial x^2}+\lambda_y\,\frac{\partial^2 T}{\partial y^2}+\lambda_z\,\frac{\partial^2 T}{\partial z^2}+Q=\rho_c\,c_c\,\frac{\partial T}{\partial t} \qquad (10.2)$$

式中:λ_x、λ_y、λ_z——全局坐标系下沿 x、y、z 方向复合材料零件的热传导系数;

　　T　　　　——温度;

　　Q　　　　——热生成率;

　　ρ_c　　　——复合材料密度;

　　c_c　　　——复合材料比热容;

　　t　　　　——时间。

随着温度上升,树脂黏度逐渐减小,对于不同树脂体系,其黏度模型也存在差异。此外以 3501-6 环氧树脂为例,其黏度模型可用下式表示:

$$\eta=\eta_\infty\exp\left(\frac{U}{RT}+\eta_\beta\,\alpha\right) \qquad (10.3)$$

式中:η　——树脂黏度;

　　η_∞——黏度常数;

　　U——树脂黏性流动活化能;

　　η_β——与温度无关的拟合系数。

随着黏度减小,树脂流动性逐渐增强,此时树脂处于可流动的液体状态（黏流态）。树脂在纤维束中的流动行为可以近似为流体在多孔介质中的流动行为,因而可以用达西定律表示:

$$u=\frac{K\Delta p}{\mu} \qquad (10.4)$$

式中:u　——表观速度矢量;

　　K　——渗透率张量;

Δp——压力梯度张量；

μ——流体黏度。

通常情况下，沿纤维方向的渗透率大于垂直纤维方向的渗透率和厚度方向渗透率，渗透率与纤维体积分数和纤维直径之间的关系可以用 Kozeny-Garmen(K-G)方程表示，即

$$K = \frac{r_f^2}{4 K_0} \frac{(1-V_f)^3}{V_f^2} \qquad (10.5)$$

式中：K——渗透率；

K_0——Kozeny 常数；

r_f——纤维半径；

V_f——纤维体积分数。

K_0 的取值与纤维结构和树脂流动方向有关。通常情况下，沿纤维方向 K_0 为 0.5～0.7，垂直方向 K_0 为 11～18。

由于树脂黏度小，在热压罐内压力和真空袋内真空负压的共同作用下，固化过程中在层内和层间产生的气体和挥发分会逐渐被挤出，多余的树脂也将被吸胶材料吸收，预成型体被逐步压实。随着温度进一步升高，树脂固化度逐渐增加，黏度也变大，使树脂的流动性逐渐减小。到达凝胶点后，树脂不再流动，零件的纤维体积分数和厚度也不再改变。研究表明，尽管在流动阶段树脂会发生固化收缩，与纤维之间的热膨胀不匹配依然存在，但由于此阶段树脂处于液体状态，其与纤维之间的应力传递非常弱，因此该阶段产生的固化变形和残余应力通常被忽略。

（2）凝胶-玻璃化阶段。此阶段的温度大于树脂的玻璃化转变温度，树脂处于橡胶态。随着罐内温度的升高和树脂反应放热的增加，树脂分子链之间的交联反应速率也不断加快，导致树脂的固化度也急剧上升。在此过程中，树脂表现出明显的黏弹性特征，具有低模量和大弹性形变。研究表明，化学收缩是产生固化应力、翘曲和回弹的重要原因之一，而树脂的化学收缩率只与固化度相关，因此固化收缩引起的变形和残余应力主要来源于该阶段。在玻璃化点附近，树脂由橡胶态转变为玻璃态，其材料特性发生了显著变化。需要注意的是，由于该阶段的模量较低，树脂的固化收缩和基体与纤维的热膨胀不匹配主要影响固化变形，并不会对零件的残余应力产生很大影响。

（3）玻璃化后保温阶段。凝胶-玻璃化阶段与玻璃化后保温阶段以玻璃化点为界，该点树脂的玻璃化转变温度与理想的工艺温度相同。随着凝胶-玻璃化阶段保温时间的增加，树脂的玻璃化转变温度逐渐高于工艺温度，固化进入玻璃化后保温阶段，在此阶段，树脂呈现出玻璃态性能。在此阶段，树脂固化度的变化非常有限，因而由树脂固化收缩导致的固化变形和残余应力也非常小，所以玻璃化后保温阶段对零件成型质量的影响最小。

（4）降温阶段。国内外学者的大量研究表明，降温阶段是复合材料固化变形和残余应力产生的最主要阶段，也是对复合材料零件外形尺寸和力学性能影响最大的阶段。在此阶段，随着工艺温度的逐渐降低，树脂各向同性的热膨胀作用与纤维各向异性的热膨胀作用不匹配，由于铺层角度不同，层间纤维的热膨胀作用也不匹配，这是零件翘曲、回弹和扭转等缺陷产生的主

要原因之一。此外,由于模具与零件热膨胀系数的不匹配,会在模具-零件界面上产生明显的剪应力,且距离界面越近,该应力越大,即在厚向存在应力梯度,模具-零件界面的剪应力是回弹变形和零件残余应力产生的主要因素之一。

2. 固化工艺参数

由前述分析可知,热压罐成型的工艺参数为平台温度、升降温速率、保温时间、加压点、压力大小、升压速率、保压时间、卸压点和卸压速率的组合。工艺参数的选择直接影响零件的外形尺寸和力学性能,制定固化工艺参数时需注意以下方面:

(1)平台温度由树脂体系的特征温度决定,不能随意更改。

(2)由于树脂热导率较低,升温速率过快会使零件表面与内部的反应程度不一致,影响成型质量,因此升温速率通常控制在 $1\sim3℃/min$,对于大厚度零件速率要适当降低。

(3)加压点与压力的选择和预浸料体系有关。对于零吸胶-常温-加压预浸料,加热和加压可同时进行;对于吸胶-保温-加压预浸料,加压太早会导致过量树脂排出零件,造成零件厚度偏小和贫胶等缺陷,而加压太晚会导致树脂排出不足,使零件厚度偏大,出现树脂富集等缺陷,正常情况下需升温到指定温度并保温一定时间,然后在合适的时机加压,具体的温度和加压时机根据树脂体系决定。

(4)降温速率过快会导致零件表面和内部存在较大温差,使零件内部的热应力无法充分释放而产生较大变形,因此降温速率不能超过 $5℃/min$,对于厚度较大的零件不能超过 $3℃/min$ 甚至更低。

(5)降温过程需保证罐内压力与固化压力相同,零件温度达到 $60℃$ 以下或者更低时才可以卸压。

3. 零件固化

(1)根据固化工艺参数在热压罐控制端设定固化工艺曲线。

(2)将待固化零件送入罐内合适位置,关闭罐门并上安全锁。

(3)开启温度和压力传感器用于实时监测、采集罐内温度和压力数据。

(4)开启风机、水泵和真空泵(需要时打开),运行固化工艺曲线,待曲线运行结束后打开罐门推出零件。

10. 1. 3. 5　脱模

脱模是使零件与模具表面分离的工序。脱模时必须确保不能损伤零件和模具。通常情况下零件和模具之间贴合紧密,需要使用辅助工具帮助脱模。应尽量避免使用金属等硬度较大的材料作为辅助工具,以防划伤零件和模具表面。常用的辅助脱模工具是由木材、硬质塑料或复合材料制成的楔形工具。脱模的主要过程如下:

(1)撕下真空袋。在此过程中应注意保护并回收热电偶和真空嘴,同时要防止过量的树脂固化后划伤操作人员。此外,撕下的真空袋与密封胶条需分类处理。

(2)撕下吸胶材料、透气毡和剥离层等辅助材料,如果有均压板或者软膜,需要清理干净并妥善保存,以便后续使用。

(3)检查零件贴膜间隙和表面质量,通常情况下要求贴膜间隙不大于 $0.5\ mm$。

（4）标记好零件外形线和余量线并脱模。

（5）在零件中部贴上标签，注明零件图号和质量编号。

（6）称重并计算零件和随炉件的含胶量。

（7）按要求清理并维护模具，以便后续使用。

10.1.3.6 后处理

零件脱模后需要进行去除余量、制孔、检验和喷漆等后处理工序，使零件达到设计要求。

10.2 层压成型工艺

10.2.1 概述

层压成型工艺是把预浸料按设计的铺层顺序、形状和角度铺贴在成型模具上，然后送入液压机加热加压制成零件的工艺。层压成型工艺属于预浸料干法、压力成型范畴，是复合材料板材的主要成型工艺之一，主要用于生产各种平面尺寸大、厚度大的层压板、绝缘板、波纹板和覆铜板等板材，此外，也可用于生产形状和结构简单的零件。

层压成型工艺具有以下特点：

（1）生产过程自动化、机械化程度高，适用于批量生产。

（2）制件一致性、稳定性高。

（3）设备投资大、生产效率低。

（4）零件尺寸和结构受液压机限制。

10.2.2 成型材料

预浸料是层压成型工艺的原材料。预浸料的增强材料主要有碳纤维、玻璃纤维、合成纤维、石棉布和牛皮纸等，基体材料主要有环氧树脂、酚醛树脂、不饱和聚酯树脂、聚酰亚胺树脂和聚四氟乙烯乳液等。

碳纤维比强度和比模量高、疲劳性能好、耐腐蚀、导电性和电磁屏蔽性能好，常与环氧树脂、酚醛树脂和聚酰亚胺树脂制成预浸料；用于层压工艺的玻璃纤维通常为无碱织物，具有不燃、耐高温、电绝缘、拉伸强度高、化学稳定性好等优良性能，但容易被无机酸腐蚀。环氧树脂力学性能好、黏结强度高、固化收缩率（约为 1%～2%）小、绝缘性能好、化学稳定性和固化后的尺寸稳定性高；酚醛树脂耐热性好、阻燃性好、固化强度高、耐腐蚀性好；不饱和聚酯树脂具有适宜的黏度，可在常温常压下固化成型，具有加工方便、工艺性能优良、力学性能优异、耐化学腐蚀性强等优点，但其最大的缺点是固化收缩率（约为 7%～8%）高，影响最终产品的尺寸稳定性。

层压工艺常用的预浸料有环氧树脂玻璃纤维布预浸料、酚醛树脂玻璃纤维布预浸料和环氧玻璃布覆铜箔基板预浸料。其中环氧预浸料的性能指标见表 10-1。

表 10-1　层压板环氧胶布的性能指标

预浸料名称		树脂含量/%	可溶性树脂含量/%	挥发物含量/%
环氧酚醛玻璃布板预浸料	本体	35±(2~3)	85~98	≤1.0
	表面	42±(2~3)	≥98	≤2.0
航空玻璃布预浸料		39±2	≥90	≤1.0
耐热环氧酚醛玻璃布板预浸料		35±(2~3)	85~98	≤0.8
环氧有机硅玻璃布板预浸料		43±3	≥70	≤2.0
环氧双氰胺玻璃布板预浸料（EPGC-1）	本体	36~40	55~75	≤0.5
	表面	39~43	60~80	≤0.6
环氧阻燃玻璃布板预浸料（EPGC-2）	本体	41~43	75~90	≤0.4
	表面	41~43	85~90	≤0.6
耐热环氧玻璃布板预浸料（EPGC-3）	本体	40±3	≥98	≤0.5
	表面	42±3	≥98	≤0.8
阻燃耐热环氧玻璃布板预浸料（EPGC-4）	本体	38±1	≥85	≤0.5
	表面	45±2	≥95	≤0.5

10.2.3　成型设备

10.2.3.1　热压机

层压成型工艺最主要的设备是热压机。成型过程中,热压机的主要作用是为零件固化提供足够的温度和压力,其性能与零件质量紧密相关。根据热压机层数,热压机可分为单层热压机和多层热压机。其中多层压机具有多个成型单元,层数一般为 7~18 层,可同时成型多个零件,其吨位也较大,通常为 2 000~2 500 t,如图 10-18 所示。根据热压机工作区域的封闭状态,有开式热压机和真空热压机之分。与开式热压机相比,真空热压机成型单位压力降低 30%~50%,成型后层压板内应力低、翘曲程度小、边角气泡少、总体质量高。下面以多层热压机(见图 10-18)为例介绍热压机的结构和工作原理。

图 10-18　多层热压机

1. 多层压机的结构

多层压机由工作压筒、工作柱塞、下压板、工作垫板、支柱、上压板、辅助压筒、辅助柱和条板等组成,如图 10-19 所示。工作压筒用于提供成型所需的压力;工作柱塞和工作台相连,起支撑工作台的作用,可以升起和降下工作台;上压板和下压板的作用是把工作压筒的压力传递给模具和零件;工作垫板用于将热压机分隔成不同的层;支柱的作用是为工作垫板的上、下移动提供导向和定位;辅助压筒用于辅助工作压筒提供成型压力,使工作区域受压更均匀;辅助柱是辅助压筒的导向机构,用于保证辅助压筒上、下移动的精度。

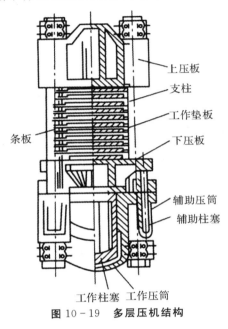

上压板

支柱

工作垫板

下压板

条板

辅助压筒

辅助柱塞

工作柱塞　工作压筒

图 10-19　多层压机结构

2.热压机辅助装置

热压机的主要辅助装置是升降台和推拉架,其作用是辅助装卸叠合体。左、右两个升降台的活塞缸连通,升降压力由液压提供,用阀门控制其升降,左升右降,右升左降。推拉架上配置扶梯用于推拉叠合体。扶梯的磁铁拉力器用于将叠合体从加热板中拉出或者从升降台推至加热板中。

3.热压机工作原理

(1)加热原理。热压机的加热过程通过加热板实现,热压板一般采用在焊接管路后表面贴铝板的形式,主要用于电加热;也有整块压制钢板经深孔钻加工而成的,主要用于油加热和蒸汽加热。热压板的质量与零件质量直接相关。在制造过程中,热压板的厚度由压力大小及加热方式决定,热压板的平行度要求较高,公差通常在 0.15～0.27 mm 之间,平面度公差在 0.1～0.18 mm 之间,其粗糙度和温度均匀性也有严格要求,以防对零件质量产生不利影响。

加热方式影响热压机的温度选择、制造成本和零件的成型质量。传统的加热方式是电加热和蒸汽加热。电加热是通过将电热棒插入加热板或在加热板孔道内放入电阻丝对加热板进行加热。电加热具有升温快、加热温度高、容易控制等优点。其缺点是:耗电量大,运行费用高,具体使用时有电阻丝发生故障不易更换;冷却较困难,需用强力风扇吹冷,或在加热板下面再装一块有冷却水通道的冷却板进行冷却,但冷却效率都比较差。蒸汽加热具有升温速率高、工作热量大的优点,可通过调节蒸汽压力使工作温度保持恒定。冷却时可关闭蒸汽,在加热板孔道内通入冷水进行冷却,冷却效果好。但是蒸汽加热温度有限,需配置压力锅炉,管路压力高,且蒸汽易冷凝成水造成板面温度不均。此外,还可通过导热油加热,其优点是热容量高,温度均匀,在常压下就可加热到很高的温度,热损耗小,能够降低生产成本;缺点是加热速度慢,不易进行温度控制。

(2)加压原理。热压机的加压过程通过液压系统实现,如图 10-20 所示。液压系统的工作原理是利用液体的压力传递运动和动力,基本的液压系统由动力装置、执行装置、控制调节装置、辅助装置和工作介质组成。其中动力装置是通过给系统供给液压油把机械能转换成液压能的装置,通常是液压泵;执行装置是把液压能转换成机械能的装置,热压机的执行装置主要是柱塞式液压缸;控制调节装置是对加压系统中工作介质的流量、流向和系统压力进行调节的装置,主要有节流阀、溢流阀和电磁换向阀等;辅助装置是液压系统正常工作不可或缺的装置,主要有过滤器、油箱和连接管路等;工作介质是为液压系统传递能量的流体,通常为液压油。

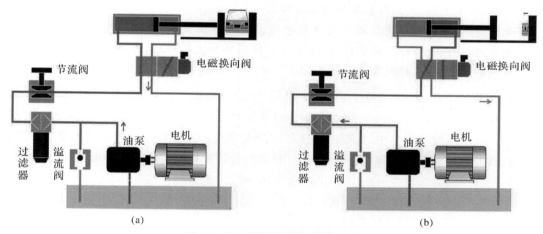

图 10-20 液压系统示意图

(a)加压状态示意图;(b)卸压状态示意图

加压时,进油管道与活塞缸的左端连通,回油管道与活塞缸右端连通。电机带动油泵工作,将油箱中的液压油送入进油管道,液压油经过溢流阀、过滤器和节流阀最后进入活塞缸。需要说明的是,油泵的作用仅仅是提供液压油的容量,并不会产生压力。随着液压油体积增加,活塞缸中压力增加,液压油推动活塞杆向右侧移动,到达最右端时,电磁换向阀将进油管道与活塞缸左端连通,将回油管道与活塞缸右端连通,活塞杆左移,系统开始卸压。

在液压系统中,节流阀通过控制输油管路的液压油流量调节活塞运动的速率。溢流阀起过载保护的作用,防止超载时系统损坏。正常状态下溢流阀处于关闭状态,超载时,溢流阀会打开,使系统中过量的液压油回流到油箱中,保持系统压力处于正常状态。

10.2.3.2 辅助设备

层压成型工艺的辅助设备有自动下料机、模板回转机、模板清洗机、装卸机和铺模清理机(叠铺机)等,此处不做详细介绍。

10.2.4 工艺过程

1.成型准备

层压成型工艺的材料准备、模具准备、场地准备和人员准备基本与热压罐成型工艺相同。设备准备因设备种类不同而存在差异，除了需要准备热压机和下料机外，还需准备模板回转机、模板清洗机、装卸机和铺模清理机(叠铺机)等设备。

2.铺贴

铺贴工序基本同热压罐工艺，此处不再赘述。

3.合模

由于热压罐工艺中真空袋充当了上模，故没有合模工序。对于层压成型工艺，其上、下模具均为刚性模具，铺贴完成后，需在起重设备(龙门式起重机、叉车等)的辅助下合模。合模时首先用起重设备吊起上模并缓慢移动到下模的导柱附近，当下模的导柱与上模的导套基本同轴时，缓慢放下上模，然后拧紧螺栓完成合模。

合模时需注意：必须防止模具及其他硬质设备碰撞模具型面，以防损坏型面影响成型质量。此外，对于没有导柱导向的模具，要避免合模后移动上模，以防损坏预成型体和模具。若扭矩有明确规定，拧螺栓时需使用扭矩扳手。

4.固化

固化过程的原理、固化工艺参数的设置基本同热压罐固化，不同的是需要额外计算热压机的压力。在层压成型工艺中，成型压力是零件在水平投影面单位面积所承受的压力。成型压力与材料的牌号和零件结构尺寸有关，热压机的吨位需根据成型压力大小选择，公式如下：

$$K \cdot p_表 \cdot S_h = p \cdot S_p \tag{10.6}$$

式中：K ——热压机有效作用系数；

$p_表$ ——压机表压(MPa)；

S_h ——压机柱塞截面积(m^2)；

p ——成型压力(MPa)；

S_p ——零件水平投影面积。

压机柱塞面积、最大允许表压和压机吨位的关系如下：

$$T = S_h \cdot p_{max} \tag{10.7}$$

式中：T ——压机吨位(N)；

p_{max} ——压机最大允许表压。

压力计算好以后按如下过程进行固化：

(1)根据固化工艺参数在热压机控制端设定固化工艺曲线。

(2)使用装卸机、叉车等辅助设备将待固化零件送入热压机，尽量保证热压机工作压筒的轴线与零件中心重合，以防加压不均匀和损伤热压机支柱等导向装置。

(3)开启温度和压力传感器用于实时监测、采集模具温度和压力数据。

(4)开启风机、水泵和真空泵(需要时打开)，运行固化工艺曲线，待曲线运行结束后，使用辅助设备取出零件。

5. 脱模

待模具温度降至室温后拧下螺栓,使用辅助起重设备吊起上模,起模后的脱模过程与热压罐工艺脱模过程相似。脱模后需要进行模具清理和模板清洗,以便下次使用。

6. 后处理

层压成型工艺的后处理工序同热压罐成型工艺,此处不再赘述。

10.3　模压成型工艺

10.3.1　概述

模压成型工艺是将一定量的模压料放入金属对模中,在一定的温度和压力条件下,模压料经过熔化、流动充模和固化成型复合材料零件的工艺方法。与其他复合材料成型工艺相比,模压成型工艺具有制件尺寸精确、表面粗糙度值低、一致性高、价格低、机械化和自动化程度高及生产效率高等优点。最重要的是,模压成型工艺可以一次成型结构和型面非常复杂的异形零件,省去了车、铣、钻等二次加工工序带来的零件性能损失和额外加工时间。其缺点是成型模具设计制造难度大、成本高,可成型零件的结构和尺寸受模具和压机限制。故模压成型工艺适用于中小型复杂复合材料零件的批量生产。

根据模压料的不同,模压成型工艺大致分为短纤维料模压法、片状模塑料模压法、织物模压法、毡料模压法、碎布料模压法、层压模压法、缠绕膜压法、定向铺设模压法和预成型坯料模压法。其中,短纤维料模压法主要用于制造具有高强度、耐腐蚀和耐高温等特殊性能要求的异形复合材料零件,其材料为预浸或预混的短纤维料,纤维长度约为 $30 \sim 50$ mm,纤维质量分数为 $50\% \sim 60\%$,常用的树脂基体为环氧树脂或酚醛树脂。片状模塑料模压法可以在较低的温度和压力成型面积较大的复合材料零件,其材料为不饱和聚酯树脂浸渍短纤维或毡片再经增稠处理得到的片状模塑料。

由于模压工艺成型热塑性树脂基效率很低,故其主要用于生产热固性树脂基复合材料结构件、连接件、电气绝缘件和防护件,在机械、电气、建筑、通信和交通运输等领域应用广泛。此外,由于模压工艺的机械化和自动化程度高,其制品的质量稳定性、一致性和可靠性高,在航空航天和兵器领域也得到了应用。

10.3.2　成型材料

10.3.2.1　材料组成

1. 增强材料

模压成型工艺中最常用的增强材料是纤维增强材料,主要有碳纤维、玻璃纤维、芳纶纤维、尼龙纤维、高硅氧纤维、丙烯腈纤维和石棉纤维等。由于模压成型工艺对增强材料的可流动性具有一定要求,因此纤维多为短切纤维。此外,纤维毡也可用作增强材料。

2.基体材料

模压成型工艺合模加热、加压后模压料要经历固体—液体—固体的状态变化,且在液体阶段要流动充模,因此模压料的树脂需满足以下要求:

(1)常温、常压下为固体或半固体(不黏手)状态。

(2)在成型压力和温度下具有良好的流动性。

(3)固化速度符合模压工艺要求。

(4)满足零件性能要求。

(5)固化过程副产物少。

(6)固化前、后体积收缩率小。

模压工艺常用的树脂有酚醛树脂、环氧树脂、聚酰亚胺树脂和有机硅树脂等,其中使用最多的是酚醛树脂,其次为环氧树脂。

3.辅助材料

辅助材料用于提高模压料的工艺性能,降低模压成型的工艺难度,减少成型缺陷,提高零件质量。常用的辅助材料有以下几种:

(1)脱模剂。脱模剂是介于零件和模具之间的功能性材料,用于辅助脱模,模压工艺常用的脱模剂有硬脂酸盐、烷基磷脂酸、合成蜡和天然蜡等,其中硬脂酸锌使用最多。

(2)稀释剂。稀释剂的作用是降低树脂黏度,增强树脂的流动性,以方便充模、减少气孔等缺陷。稀释剂通常分为活性和非活性两种,其中模压成型工艺常用的是酒精和丙酮等非活性稀释剂。

(3)增稠剂。增稠剂能够使树脂黏度在一定条件下迅速提高,可以改善模压特性、提高零件质量。模压工艺常用的增稠剂是第二主族的金属氧化物和氢氧化物。

(4)偶联剂。偶联剂的作用是改善增强材料与基体材料之间的连接性能,从而提高界面的强度、断裂韧性等性能。偶联剂的用量通常为树脂质量的 1%,具体用量根据偶联剂和树脂的种类确定。模压工艺常用的偶联剂有 KH-550 和 KH-560 等。

(5)其他辅助材料。除了上述辅助材料,还可根据零件性能的不同要求(表面粗糙度、收缩率、耐磨性、颜色等)加入不同的辅助材料。如,添加液态丙烯酸单体降低收缩率,加入对叔丁基邻苯二酚(TBC)防止爆聚,加入氧化镁迅速增加黏度,等等。

10.3.2.2 材料种类

1.片状模塑料(Sheeting Molding Compound,SMC)

SMC 是将增稠剂、脱模剂、偶联剂等辅助材料加入基体材料(乙烯基酯树脂和不饱和聚酯树脂等)制成黏度较低的混合物并搅拌均匀,然后用该混合物浸渍 40～50 mm 的短切玻璃纤维或玻璃纤维毡(此时在增稠剂的作用下黏度迅速增加),最后用聚乙烯(PE)或聚丙烯(PP)薄膜包裹上下表面形成的片状材料,如图 10-21 所示。

图 10 - 21　SMC

SMC 是模压成型工艺中使用最广泛的材料之一,具有以下特点:

(1)与湿法成型相比作业环境清洁、卫生,劳动条件大大改善。

(2)操作方便,生产过程自动化程度高。

(3)生产效率高,生产周期短。

(4)保持了增强材料的完整性,零件性能高,质量均匀性好。

(5)表面光洁。

(6)流动性好,可成型复杂零件。

(7)成型设备昂贵,控制过程复杂。

2. 块 /团状模塑料(Bulk /Dough Molding Compound,BMC /DMC)

BMC/DMC 与 SMC 的制备过程相似,玻璃纤维增强材料的占比约为 10%～30%,长度较SMC 更短,通常为 0.8～12.5 mm,最终的材料形态为团状或块状,如图 10 - 22 所示。其主要特点如下:

(1)与 SMC 相比流动性更好,可用于模压工艺和注塑工艺。

(2)成型周期短,成型效率高。

(3)可成型尺寸多样、结构复杂的异形零件。

(4)自动化程度高。

(5)可通过增加多种填料满足不同性能要求。

(6)由于纤维占比低,仅适用于制作小尺寸、中低强度零件(约比 SMC 低 30%)。

图 10 - 22　BMC

3.短纤维模压料

短纤维模压料是以热固性树脂(通常为酚醛树脂或环氧树脂)为基体材料浸渍短切纤维(通常为碳纤维、玻璃纤维和高硅氧纤维等)增强材料,经撕松、烘干等工序制备的模压材料。通常情况下纤维长度为30～50 mm,纤维含量为50%～60%。短纤维模压料的特点如下:

(1)纤维随机分布,制品性能近似各向同性。

(2)流动性好,适合生产复杂零件。

(3)成型效率高,适合大批量生产。

(4)技术壁垒低,自动化程度高。

(5)纤维强度损失较大。

10.3.3 成型设备

10.3.3.1 压机

模压成型工艺的主要设备是压机。根据传动方式不同可分为液压传动和机械传动,目前以液压传动式压机(液压机)应用最广泛。液压机根据传压介质不同分为水压机和油压机,目前以油压机为主。

液压机的结构和工作原理与热压机相似,具体见第10章10.2.3.1节。

10.3.3.2 模具

1.组成结构

典型的模压成型模具由上模、下模、模腔、加料室、导向机构、侧向分型抽芯机构、脱模机构、加热机构和排气机构等组成。成型时将称量好的模压料加入型腔和加料室,合模后运行工艺曲线,模压料在模腔内受热熔化,流动充满型腔并固化。固化后开模,在脱模机构的辅助下取出零件。

(1)型腔。模具中用于成型零件外形的空腔叫做型腔。通常情况下型腔由上凸模(阳模)、下凸模和凹模(阴模)构成。模具设计时需根据零件结构特征、材料属性和成型工艺条件等选择合适的凸凹模配合形式。

1)溢式压模配合形式。溢式压模配合形式模具(见图10-23)的凸模和凹模没有配合段,凸模的下表面与凹模的上表面在模具分型面水平接触,该接触面称为密合面。成型时,在温度和压力作用下过量的模压料从密合面溢出并流入溢流道,因此该类模具没有加料室。为了在减少溢料量、降低毛边厚度的同时提高零件的表面质量,对密合面的表面质量要求高,表面积要适宜。通常情况下密合面设计成宽度为3～5 mm的环形环绕在零件周围,由于过量的模压料会通过环形面溢出,因此密合面也叫溢料面或挤压面。由于密合面表面积小,为了防止其承受模具余压而过早损坏,通常还需设计承压面。此种模具结构简单,价格低廉,但成型精度较低,不适合成型精度和厚度均匀性要求高的零件。

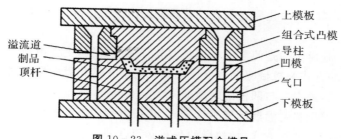

图 10-23　溢式压模配合模具

2)半溢式压模配合形式。如图 10-24 所示,该型模具有加料室,成型时过量的模压料会进入加料室。与溢式模具不同的是,半溢式压模配合形式的模具其凸模与凹模之间具有配合段,凸模的上、下运动也由导柱定位,因此其成型精度和零件的厚度均匀性明显高于溢式模具。通常情况下,由于半溢式垂直分型模具施加在零件上的压力均匀性高,零件的表面质量较高。此外,此种模具有合适的间隙使成型时受热产生的气体顺利溢出,减少了零件的孔隙等缺陷,提高了成型质量。因此,SMC 的成型模具多采用半溢式垂直分型模具。但是对于异形零件等结构复杂的零件,垂直分型模具制造困难,价格昂贵,通常采用水平分型模具。

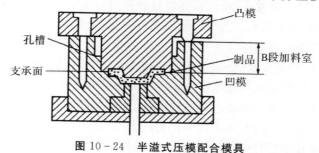

图 10-24　半溢式压模配合模具

3)不溢式压模配合形式。如图 10-25 所示,不溢式压模配合形式的模具其加料室尺寸与型腔尺寸相同,为了避免排气不畅影响成型质量,凸凹模之间的配合间隙要合理设计,以便气体顺利排出,实际上,也有极少量的模压料从凸凹模间隙排出,并不是完全不溢。

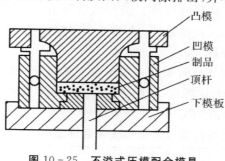

图 10-25　不溢式压模配合模具

(2)加料室。加料室用于容纳成型前过量的模压料,通常位于型腔之上(凹模上半部)。

(3)导向机构。导向机构由导柱、导套、导向孔及气孔和润滑附件组成。导向机构的作用是保证凸凹模的对中性,提高开合模的效率和精度,防止凸凹模由于对中偏差产生碰撞损伤。

(4)侧向分型抽芯机构。模具上用于成型零件的孔、槽类特征区域的机构称为侧型芯。使用模压工艺成型此类零件,固化后必须先转动丝杆抽出侧型芯才能脱模,否则将导致零件和侧型芯损坏。

(5)脱模机构。脱模机构是使零件与模具型腔分离的机构,主要由顶出板和顶出杆等零件组成。顶出杆的驱动方式为机械驱动或液压驱动。为防止熔化后的模压料沿顶出杆泄露并保证顶出杆能顺利移动,顶出杆与凹模的间隙通常为 0.05~0.13 mm。

(6)加热机构。模压料对温度的敏感性较高,成型过程中温度的均匀性和波动均会对零件质量产生重要影响,因此加热方式、加热器的分布必须合理。

(7)排气机构。排气机构的作用是排出成型过程中树脂交联反应产生的挥发分和气体,防止由于排气不畅产生孔隙等缺陷,通常位于模具分型面处。

2.材料

模压成型模具的材料需满足以下条件:

(1)致密性。模具材料的致密性对模具的制造和零件的成型质量有直接影响。若模具致密性太高,则模具加工困难,制造成本较高;反之,模具致密性太低会导致模具的强度和硬度降低,模具表面容易出现缺陷,从而影响零件的成型精度和质量。

(2)导热性。模压成型过程中,模压料要经过快速升温和差速降温两个阶段,因此模具的导热性对成型质量具有很大影响。若模具的导热性差,则升温过程中加热源的热量无法及时通过模具传递给零件,降温过程中零件温度难以通过模具及时向外散热。这种温度交换的滞后性会降低工艺曲线执行的精度,影响材料体系的固化制度,对零件成型质量有严重影响。

(3)热膨胀系数。较高的热膨胀系数会导致模具型腔在升降温过程中经历较大的体积变化,长此以往会降低模具的使用寿命。最关键的是,若模具热膨胀系数较高,则模具与零件之间的热膨胀系数差异大,成型时会在零件中产生较大的残余应力,导致零件成型质量降低。

(4)耐磨性。模压成型过程中凸凹模之间、顶料杆与凹模之间、导柱与导套之间以及模具型腔与零件之间都会因为相对运动而产生滑动摩擦,若模具的耐磨性差,则会大大降低模具的使用寿命。此外,模具的耐磨性差,会导致模具型腔逐渐变大,使成型精度越来越低。因此,模压模具必须具备优良的耐磨性。

(5)其他性能。由于模压料辅助材料多、化学成分复杂,在高温高压的成型条件下,必须要保证模具性能的稳定性。因此,模具材料应具有化学稳定性、耐热性、尺寸稳定性和耐腐蚀性,以保证成型质量和模具的使用寿命。

为满足以上要求,模压模具材料通常采用特殊工艺处理过的模具钢,其淬火硬度通常为 30~32HRC。对于性能特殊的模压料,模具材料需进行特殊处理,以满足耐酸、耐腐蚀等特殊需求。常用的模具钢材见表 10-2。

表 10-2　模具钢材选用

模具类型	大批量		中小批量	
	复杂	较简单	复杂	较简单
调质模具	38CrMoA1A 加氮化	35CrMo 30CrMnSi	40Cr	45
淬硬模具	Cr12MoV Cr12	Cr12 Cr6WV GCr15	Cr12 9Mn2V CrWMn	T10A T7A

3. 模具设计要素

(1)模具材料。模具材料需根据模压料成分、零件结构尺寸、模具结构尺寸、成型工艺参数和零件生产批量等选择,以满足成型质量、工艺稳定性和经济性要求。

(2)施压方向。施压方向是凸模作用方向,也是模具轴线方向。施压方向必须有利于压力传递,同时能够尽可能保证零件各点的受压均匀性。施压方向的选择需考虑零件尺寸和结构。例如中小尺寸筒形制件通常沿轴线施压,但对于轴向尺寸较大的圆筒形件,轴向加压不利于成型压力沿轴向均匀分布。

(3)型腔配合形式。型腔配合形式的选择需综合考虑模压料流动性、零件结构尺寸、零件产量和模具成本等因素。流动性好的模压料一般采用溢式或半溢式压模,流动性差的模压料推荐采用不溢式压模,尺寸大、结构复杂的零件宜用不溢式压模,以充分填充型腔,尺寸小、结构简单的零件可用溢式压模,充模难度小、成型质量高;中等深度的零件通常采用半溢式压模;对于密实度要求高的零件,不溢式压模效果最好,溢式压模效果最差;对于脱模困难的零件,优先选用溢式和半溢式压模,能有效防止脱模时划伤模具表面。

(4)对于半溢式垂直分型模具,溢料间隙的大小根据零件尺寸和溢料量确定。通常为0.08~0.18 mm,过小影响排气,过大影响零件强度和质量。对于半溢式水平分型模具,凹模壁的斜度需根据模具的不溢性确定,通常为20°,不溢性增大,斜度相应减小;凸台宽度通常为2~5 mm,凸台面间隙为0.08~0.13 mm。对于不溢式压模配合模具,凸凹模间隙通常为0.025~0.075 mm;若加料室高度大于10 mm,凹模入口需做成斜度为15′~20′的锥面导向段,入口处有R1.5 mm的圆角,若加料室高度小于10 mm,仅保留圆角。

(5)型腔质量。型腔表面粗糙度应至少高出零件表面粗糙度两级,相当于 GB/T 1031—2009《产品几何技术规范(GPS)表面结构轮廓法表面粗糙度参数及其数值》中规定的表面粗糙度的8~9级。可通过模具渗氮离子技术和氮化钛涂层等技术提高模具型腔质量和寿命。

(6)溢料边参数。为提高生产效率、减少零件毛刺,凸凹模的结合部位通常采用溢料边结构。溢料边的参数应根据模压料的收缩性确定。根据收缩性不同,溢料边间隙通常为0.05~0.2 mm,长度为2~4 mm,硬度为50~55HRC,平行度约为0.127 mm。

10.3.4　工艺过程

10.3.4.1　成型准备

1. 材料准备

(1)质量检查。下料前需要检查模压料的质量,确定模压料的薄膜揭去性、质量均匀性以及是否有缺陷和杂质。

(2)计算加料量。首先根据零件的三维数模确定零件体积,然后根据体积和模压料的密度计算加料量,具体计算方式如下:

$$m = V \cdot \rho \cdot \eta \qquad (10.8)$$

式中:m ——模压料的质量;

V ——零件体积;

ρ ——模压料的密度；

η ——安全系数，与材料性质有关，对 SMC 通常取为 1.05。

（3）下料。SMC 和短纤维模压料等片状的模压料需要下料。首先将片状模压料的挤压边去除；然后根据零件的结构形状、加料位置和流动路径等确定料片的形状和尺寸，并制作下料样板，料片的形状和尺寸通常为圆形或长方形；最后使用下料样板辅助下料。裁好的料片需根据面积大小有序放置。

2. 模具准备

（1）模具预热。启动油温机，根据模压料工艺参数将温度设置为指定温度，然后启动油温机加热系统加热模具。加热过程中需要用蘸有无水乙醇、丙酮或乙酸乙酯等有机溶剂的棉布仔细清理模具型腔内的防锈油，直至型腔表面没有油污。

（2）安装镶块和嵌件。安装之前需仔细检查镶块和嵌件质量并将其清洗干净，以防引入杂质，降低其与模压料界面的成型质量。然后将镶块和嵌件预热到与模具相同的温度，随后将其精确安装并固定在模具的指定位置，防止合模和模压料熔化流动时发生位移影响成型质量和精度。

（3）喷涂脱模剂。脱模剂的喷涂同热压罐工艺。

3. 设备准备

根据模压料种类和零件结构尺寸按照第 10 章 10.2.4 节的方法计算压机吨位，然后根据压机吨位和零件尺寸选择液压机。此外，还需准备油温机加热模具，准备冷却系统用于固化后的冷却脱模。

加料温度需根据模压料的种类和牌号确定，当温度到达加料温度时开始开模加料。

10.3.4.2 加料

1. 确定加料面积

通常情况下，模压成型的加料面积为零件水平投影面积的 $60\%\sim90\%$，具体加料面积应根据零件的结构尺寸及模压料的流动性确定。对于结构尺寸复杂、模压料流动性较差的情况应适当加大加料面积，反之可适当减小。

2. 确定加料位置和方式

对于结构对称的零件，模压料通常加在型腔中间，若使用片状模塑料，为了方便成型过程中产生的气体和挥发分的排出，同时降低流动包裹的可能性，料片尺寸从下到上依次减小，呈锥形放置。对于结构非对称的零件，为避免形成空隙包裹和熔接区导致零件强度下降，料片尽量不要分开，最重要的是，加料位置必须确保成型时模压料能同时流到模具型腔的端部，同时要避免因加料位置不合理导致压机和模具承受偏心载荷，造成加压不均和设备损坏。

10.3.4.3 预热

对于 SMC，可在模压料置于模腔后但合模与流动开始之前对材料进行预热。对于基体材料为热固性树脂的模压料，合模前预热可降低模压压力、缩短成型周期、提高生产效率，更重要的是能改善模压料固化的均匀性，减小零件内部缺陷的产生，提高成型质量。

10.3.4.4　合模

合模时,当上模未接触模压料和下模之前,为减少空行时间、提高生产效率,通常应使压机保持较高的进给速度,但是当模具接触模压料时,合模速度应根据模压料的流动性和热导率适当降低,对于流动性差、热导率低的材料应增加降幅,反之减小降幅。这样做有以下优点:利用合模时间初步预热模压料,提高其流动性,降低充模的难度,对于结构复杂的零件尤其重要;通过升高温度使模压料中的部分水分、空气和挥发分流出,降低孔隙生成的概率,提高零件的成型质量。

10.3.4.5　熔体充模

熔体充模从模压料受热熔化流动开始直至模具型腔被完全充满,在时间上与合模工序有一定重叠。充模阶段模压料的流量和流动性与树脂体系和纤维体积分数相关,但通常情况下流量较小。对于增强材料为短切纤维的模压料,流动对纤维的位置、分布和取向有极大影响,从而直接影响零件的强度和质量均匀性。此外,通常情况下由于增强纤维的热导率明显高于树脂基体,因此流动会影响固化过程中热量的传递、温度的均匀性和固化度的均匀性,从而影响成型质量。

10.3.4.6　放气

熔体充模过程中由于模压料受热和树脂分子间发生交联反应会产生气体、水分和挥发分,这些成分的残留会影响充模质量、增加孔隙数量、降低零件质量。因此在完全合模后放气 1～2 次,放气时间根据模压料材料体系、成型温度、零件结构特征和尺寸确定,通常为 3～20 s。此外,放气的时间点应控制好。一般情况下第一次放气在模压料完全熔化后。若放气过早,树脂未进行交联反应,模腔内气体、水分和挥发分数量较少,无法充分发挥放气的作用;若放气过晚,模压料已经开始固化或完全固化,产生的气体已包裹在零件中形成孔隙等缺陷而无法排出,失去了放气的意义。

10.3.4.7　固化

在一定的固化压力和固化温度下模压料在型腔内由黏流态转变为固态。固化工艺曲线根据模压料的基体属性确定,而保压时间不仅与模压料属性有关,还与零件厚度有关。对于SMC 模压料,其保压时间通常为 1.5 min/mm。

10.3.4.8　冷却与脱模

对于有侧型芯的模具,开模前必须先将侧型芯抽出,以防损伤零件和模具。在上模与零件未完全分离之前,上模应保持较低的上行速度,以防损坏零件和模具型腔。开模完成后,使用脱模机构使零件与下模分离,然后取下镶块和嵌件,清理残留在模腔内的杂物,涂上防锈油以备后续使用。对于未完全冷却的零件,为防止其在冷却时产生较大变形,通常将其放置在专用固定架上冷却,以确保其尺寸稳定性。

10.3.4.9　后处理

零件脱模和完全冷却后,按照工艺指令对需要二次加工的零件进行打磨、制孔、喷漆等后处理工序。对于加工完成的零件需进行检验以判定是否合格。

习题与思考题

1. 简述热压罐工艺的成型过程及优缺点。

2. 简述固化原理,说明如何确定固化工艺参数。

3. 什么是预浸料?预浸料的主要制备方法有哪些?

4. 热压罐成型工艺的辅助材料有哪些?它们分别有什么作用?铺放在什么位置?

5. 简述热压罐的主要组成部分及其作用。

6. 简述热压罐工艺模具的组成结构、材料选择和设计要素。

7. 结合国内外现状思考热压罐工艺未来发展方向。

8. 简述自动铺带/丝机的组成。

9. 与手工作业相比,使用自动下料机、激光投影系统和自动铺带机等自动化设备有哪些优势?

10. 设计 500 mm×200 mm 层合板的热压罐成型模具,要求说明材料类型,建立三维数字模型。

11. 如何以幅宽为 1 m 的单向预浸料为中间材料,使用热压罐工艺制造尺寸为 500 mm×200 mm,铺层为[0°/45°/−45°/0°]的层合板?

12. 简述层压工艺成型过程。该工艺制造的零件有哪些几何特征?

13. 热压机分为哪几类?热压机的加热原理和加压原理分别是什么?

14. 简述模压工艺成型过程,说明该工艺适合制备哪些产品。

15. 模压成型工艺的模具组成结构有哪些?模具设计时应考虑哪些因素?

16. 模压工艺的加料面积如何计算?怎么确定加料位置和方式?

17. 合模前为什么要预热?为什么要调节合模速度?

18. 放气时机的选择对模压工艺成型质量有什么影响?

19. 简述模压工艺原材料。

20. 成型过程中 SMC 状态的变化与连续纤维预浸料状态的变化有什么不同?

第11章 液体成型工艺

11.1 RTM 成型工艺

11.1.1 概述

目前,热压罐成型在先进树脂基复合材料成型工艺中占据绝对主导地位,但热压罐价格高昂、能耗巨大,且对于大型航空结构件,热压罐成型工艺的制造成本就占据了零件成本的50%~80%,这种巨大的设备投入和极高的制造成本对先进树脂基复合材料的进一步应用形成了制约。此外,对于大尺寸、大厚度和结构复杂的零件,预浸料铺贴时为降低孔隙率和提高纤维体积分数需要频繁抽真空预压实,且零件厚度和特征区域尺寸难以精确保证。

为降低制造成本,同时实现大尺寸、大厚度和复杂结构零、组件甚至部件的整体精确成型,复合材料液体成型工艺(Liquid Composite Molding,LCM)得到了大量研究和高速发展。与热压罐成型工艺不同的是,液体成型工艺是把干纤维铺叠成预成型体,然后注射树脂填充预成型体,再经过固化得到复合材料零件。在众多液体成型工艺中,使用最广泛、最具代表性的是树脂传递模塑(Resin Transfer Molding,RTM)工艺。

RTM 工艺是在一定的压力和温度下将树脂注入闭合模腔充分浸渍纤维预成型体然后固化得到复合材料零件的成型工艺,如图 11-1 所示。

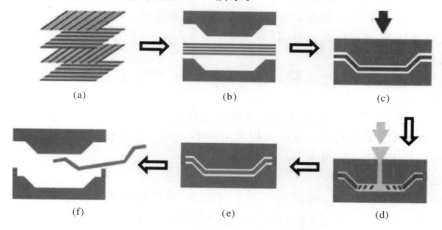

图 11-1 RTM 工艺过程示意图

(a)下料;(b)预成型体制备;(c)合模;(d)注胶;(e)固化;(f)脱模

与其他成型工艺相比,RTM工艺具有以下特点:

(1)与热压罐工艺相比,不用制备、运输和冷冻储存预浸料,不用热压罐,降低了制造成本;可以整体成型大型复杂零组件,省去了二次胶接共固化和大量装配工序,生产效率高;获得的复合材料纤维体积分数稍低。

(2)对于小尺寸制件,表面质量好,成型精度高,孔隙等缺陷少,力学性能好。

(3)闭模生产形式极大地减少了树脂中挥发分进入空气,减少了有机溶剂用量,有助于减少环境污染和人身伤害。

(4)可根据零件不同的性能要求选择短切纤维、单向带、机织物、三维编织物和无屈曲织物(NCF)等多种形式的预成型体,充分体现复合材料的可设计性。

(5)可根据性能要求进行局部增强、混合增强、选择性增强、预埋件增强和夹芯结构增强。

(6)成型大尺寸、复杂结构零件时流动过程难以观测,树脂流速不易调控,容易出现孔隙等缺陷。

近年来,RTM工艺因其众多优势受到了重点关注和快速发展,在航空领域的用量逐渐上升。F-22机翼主承力正弦波梁、前机身隔框、油箱构架和壁板、中机身武器舱门帽形加筋、机翼中间梁、尾翼梁和加筋等400多个零件使用RTM成型,RTM成型件占整机复合材料总量的25%;F-35的垂尾主承力盒段使用RTM成型,成本降低60%;AH-64D"长弓阿帕奇"的机身结构、地板梁、接头等零件采用RTM成型,减重28%,工时减少42%,成本降低41%。此外,空客A340的扰流板接头、A321的发动机吊架尾部整流锥、LEAP-X的发动机叶片和GEnx发动机的机匣均使用RTM工艺成型。随着原材料性能、模具设计与制造技术和流动控制技术的不断发展,未来RTM工艺将会获得更多应用。

11.1.2 成型材料

11.1.2.1 原材料

1. 增强材料

RTM工艺对增强材料有以下要求:

(1)铺覆性和贴模性好,能满足各种形状零件的铺贴要求。

(2)浸润性好,易被树脂充分浸润。

(3)对树脂的流动阻力小。

(4)易定型,纤维位置和形状不易受树脂流动影响。

(5)力学性能好。

在RTM工艺中,需要在模具上铺放纤维增强材料,为了提高效率和铺放质量,通常情况下先把增强材料制成具有模腔形状的结构和预制件,然后铺放在模具上,合模后注射树脂并固化成型。预制件主要有以下几种:

(1)机织成型预制件。

1)二维机织预制件。二维机织预制件由0°和90°纱线按各种规律交织形成,也可看成是拓扑单胞有序重复排列而成,最基本的二维机织物形式有平纹机织物、斜纹机织物和缎纹机织物,称之为最基本的三原组织,它们也是使用最广的3种织物,其结构如图11-2所示。三种机织物的区别在于纤维束的交织频率和线性程度不同,从而导致织物的贴模性、铺覆性、柔韧性和力学性能也有一定差异。通常情况下,平纹织物由于纤维束屈曲程度大、交织频率高,织物的结构整体性好,易定型,柔韧性也较高;相比之下,缎纹织物纤维束屈曲程度小、交织频率低,织物整体性和韧性不及平纹织物,具有一定的变形能力,但其面密度较大,织物的强度和模量也较高;斜纹织物的性能介于平纹织物与缎纹织物之间。

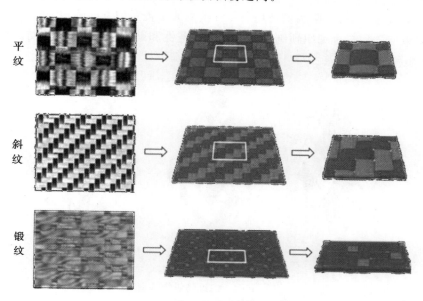

平纹

斜纹

锻纹

图 11-2　基本二维机织物结构示意图

总体而言,二维机织预制件的优点是:面内性能和铺放性能优异;适用于大面积铺放;制造过程机械化程度高、生产效率高。其缺点是:面外力学性能差。

2)三维机织预制件。三维机织物由相互垂直的经纱、纬纱和接结纱交织而成,如图 11-3所示。与二维机织物相比,其最主要的优势是厚度方向有接结纱存在,能够显著提高厚向的力学性能。三维机织法可以将形状规则、结构简单的零件整体机织成型,但由于只有经向、纬向和厚向有纤维束,其难以满足复杂载荷下的承载需求。此外,与二维机织物相比,三维机织物的 RTM 制件纤维体积分数低、机械性能低、树脂含量高、零件重量大,因此在要求轻质高强的航空领域很少使用。

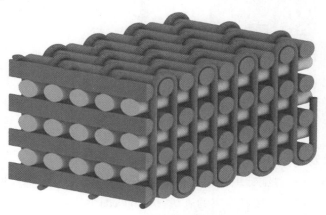

图 11-3　三维机织物示意图

（2）编织成型预制件。

1）二维编织预制件。二维编织预制件的基本形式分为菱形编织、常规编织和赫格力斯编织，如图 11-4 所示。菱形编织是每束纤维重复地覆盖对侧方向的相邻单束纤维然后又被对侧下一纤维束覆盖；常规编织是每束纤维重复地覆盖对侧方向的相邻两束纤维，然后它们又被下两束纤维束覆盖；赫格力斯编织是每束纤维重复地覆盖对侧方向的相邻三束纤维，然后又被下三束纤维束覆盖。二维编织预制件的优点是铺覆性和贴模性好，能满足复杂曲面零件的铺覆要求，缺点是面外性能差。

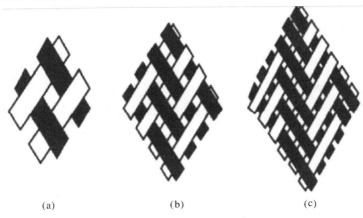

（a）　　　　　　　（b）　　　　　　　（c）

图 11-4　二维编织物示意图

（a）菱形编织；（b）常规编织；（c）赫格力斯编织

2）三维编织预制件。三维编织预制件常用的编织方法是行列式编织，如图 11-5 所示。该方法能够编织结构复杂的预制件，且能够保证较高的尺寸精度，但由于编织过程复杂，其生产效率低、生产成本高，且预制件的尺寸受编织设备限制，通常只能编织小尺寸预制件。

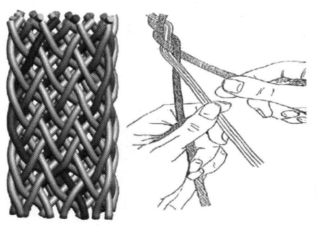

图 11-5　行列式编织织物和编织方法示意图

（3）针织成型预制件。

1）二维针织预制件。二维针织织物是通过在针织机横向（纬编）或纵向（经编）引入纱线形成的结构，如图 11-6 所示。按纤维束的进线方式和线圈形式，针织织物分为经向针织和纬向针织。经向针织沿纵列线圈方向，纱线与邻近纵列线圈交织；纬向针织沿横列线圈方向，纱线与在其下形成的线圈交织。可以通过控制线圈密度控制织物的面密度。与机织物相比,针织物的纤维面密度明显降低,织物中纤维束的严重弯曲决定了无法使用高模量碳纤维。受严重弯曲的中低模量纤维束和较高孔隙率的双重影响,二维针织物复合材料零件的比强度和比模量较低,无法满足高性能零件需求。

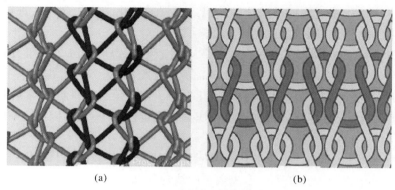

(a)　　　　　　　　　　　　　　(b)

图 11 - 6　二维针织织物示意图

(a)经向针织物;(b)纬向针织物

2)三维多轴针织预制件。三维多轴针织物又叫无卷曲织物(NCF),如图 11 - 7 所示。生产 NCF 时,每一层加强纬纱放置在另一层之上,然后在经编过程中通过针织纱固定,因此 NCF 由二维针织和混合编织工艺织造而成。其优点是机械化程度高,面内性能均衡,适合机械化生产和大面积铺放,缺点是面外性能差。

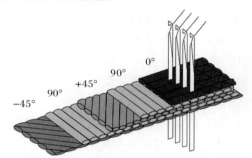

图 11 - 7　三维多轴针织物示意图

(4)其他形式预制件。预制件还可通过缝纫、缝合和冲压等工艺制造。其中通过缝纫工艺制造预制件机械化程度高,制成的预制件具有优良的面外性能和损伤容限,但是面内性能有损失,无法用于大尺寸、复杂结构和复杂曲面的预制件制造。缝合工艺可以制造结构和曲率复杂的预制件,但是缝合过程对纤维的损伤无法避免,成型后易出现应力集中区和局部树脂富集。据统计,缝合会造成复合材料损失约 10% 的面内刚度和强度。预制体冲压成型类似钣金冲压成型,此处不详述。

2.基体材料

RTM 工艺所用树脂通常需满足以下要求:

(1)树脂黏度小,一般在 0.25～0.5 Pa·s,以避免成型压力过大导致纤维变形和滑移。

(2)与纤维之间具有良好的浸润性、匹配性和黏附性,以确保低孔隙率和高界面性能。

（3）挥发性低、挥发分少，固化时无低分子物析出。

（4）固化快（凝胶时间为 5～30 min，固化时间不超过 60 min）、放热温度低、收缩率小。

（5）反应活性高。

航空复合材料结构件中使用最多的是环氧树脂，在耐高温零件中多使用双马树脂和聚酰亚胺树脂。用于 RTM 等液体成型工艺的树脂通常需通过化学或物理方法进行改性，以进一步提高浸润性和力学性能，同时降低黏度。

根据固化剂与树脂单体是否预先混合，RTM 树脂可分为单组分和双组分两种。单组分树脂的树脂单体与固化剂预先混合，使用时不需要自行配制，这类树脂在室温下黏度较高，需要在高温下使用，其固化剂一般是改性的氨类化合物。由于单组分树脂使用方便，减少了人工配置过程产生的误差，保证了基体材料性能和质量的稳定性和一致性，因此在航空领域得到了广泛应用。

（1）环氧树脂。与其他热固性树脂相比，环氧树脂虽然成本较高，但却具有以下优异性能：环氧树脂固化时分子链间的交联可以形成致密的结构，因此具有优良的力学性能；环氧树脂分子中活泼的环氧基和羟基等极性基团可以与活泼氢基团形成化学键，使得环氧树脂固化物有较高的黏结强度；固化收缩率小，一般为 1%～2%，产品尺寸稳定性好。正因如此，环氧树脂在航空领域得到了广泛应用。航空复合材料结构件使用的环氧树脂单体通常为双酚 A 或双酚 F 缩水甘油衍生物、酚醛型和亚甲基二苯胺衍生物等。常用的固化剂主要有氨类固化剂和酸酐固化剂。

在氨类固化剂中，二乙基甲苯二胺（DETDA）是一种液体芳香胺，可以增加树脂的刚性，同时能够使树脂具有较高的玻璃化转变温度和优异的工艺性能，但其作为固化剂时树脂的模量经常会低于 2.76 GPa，能够满足强度要求不高的零件，但难以满足航空需求。二氨基环己烷（DACH）、异佛尔酮二胺（IPDA）和亚甲基环己烷（PACM）等脂肪族和脂肪族氨类是双组分 RTM 树脂常用的固化剂，用它们作固化剂的树脂反应活性高，但与以芳香类物质为固化剂的树脂相比热性能和力学性能偏低。

甲基四清邻苯二甲酸酐（MTHPA）和甲基酸酐（NMA）等液体酸酐与环氧树脂具有良好的相容性，常用作单组分或双组分 RTM 树脂的固化剂。与氨类固化剂相比，用酸酐类固化剂固化的树脂玻璃化转变温度稍低，但弹性模量明显提高，约为 3.45 GPa。酸酐类固化剂暴露在潮湿环境中易水解得到酸，在固化剂中出现白色晶体，因此使用酸酐固化剂要注意防潮。

（2）不饱和聚酯树脂。不饱和聚酯树脂一般是由不饱和二元酸与二元醇或者饱和二元酸与不饱二元醇缩聚而成的具有酯键和不饱和双键的线型高分子化合物。不饱和聚酯树脂可在室温下固化，常压下成型，其力学性能略低于环氧树脂，但高于酚醛树脂。不饱和聚酯树脂适用于 RTM 工艺的最大优势是其较低的黏度，但其最大的缺点是固化收缩率太高，约为 7%～8%，对产品的尺寸稳定性具有严重影响，因此无法适用于高精度零件的成型。

（3）酚醛树脂。酚醛树脂又称为电木，由酚类谷物和醛类化合物缩聚而成，其中苯酚甲醛缩聚树脂是使用最广的酚醛树脂。酚醛树脂最明显的优势是耐高温，能在高温环境下保持结构整体性和尺寸稳定性。此外，酚醛树脂还具有黏结强度高、化学稳定性好、低烟低毒、耐磨和价格低等优点。酚醛树脂的缺点是性脆、冲击强度低，与环氧树脂和不饱和聚酯树脂相比力学性能较差。

11.1.2.2　辅助材料

RTM 工艺的辅助材料主要有脱模布、脱模剂和隔离膜等,已在第 10 章 10.1.1.2 节详细介绍,此处不再赘述。

11.1.3　成型设备

11.1.3.1　RTM 注射机

RTM 注射机是用于控制注胶工序的温度、压力或流速,以保证注胶过程顺利进行的专用设备,可分为压力罐式和计量混合式两种,通常由树脂储料罐和树脂供给系统组成,如图 11-8 所示。压力罐式注射机几乎可以注射所有的热固性树脂,具有以下特点:价格较低,维修保养成本低;树脂体系能快速更换;结构相对简单,运动部件少,清理较方便。计量混合式树脂注射机使用往复式正压移动泵,树脂单体和固化剂可分开存储,注射时两个泵分别驱动两种组分进入混合头计量混合,然后注入模具。计量混合式注射机通常用于反应活性高、固化剂含量大的树脂体系,以防树脂单体和固化剂过早混合导致提前固化。与压力罐式相比,计量混合式注射机压力更大、浸渍速度更快,但价格更高,维护成本更高,日常清理工作量更大。

图 11-8　RTM 注射机

1. 树脂储料罐

树脂储料罐能在一定的温度和真空环境下对树脂进行搅拌和脱泡,并将树脂送入树脂输送系统。通常情况下,树脂储料罐内有加热装置,能将树脂加热到成型所需温度;树脂储料罐配备搅拌器,搅拌器一般为气动,通过树脂储料罐上的压缩空气接口与压缩空气源相连驱动搅拌器工作,搅拌的速率通过控制压缩空气阀门的大小控制;树脂储料罐有真空接口,能为脱泡提供真空环境;树脂储料罐的底部与树脂输送系统的管道相连,可以在压缩空气作用下进行树脂注射。

2. 树脂供给系统

树脂供给系统用于为树脂注射提供压力和流道。压力通常由 RTM 注射机适配的空气压缩机或厂房的压缩空气源提供。树脂流道通常为耐高温高压的聚四氟乙烯(PTFE)管道。

11.1.3.2　烘箱

烘箱是RTM工艺必备的大型加热设备,如图11-9所示。烘箱的结构和功能与热压罐有相似之处,通常由烘箱门和烘箱体、加热系统、冷却系统、真空系统和控制系统等组成,但无加压系统。

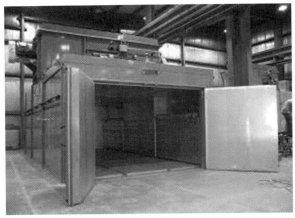

图 11-9　烘箱

11.1.3.3　油温控制器

若RTM工艺使用自加热模具,则必须配备油温控制器,如图11-10所示。油温控制器是一种油加热和冷却设备,用于将常温的油料加热后通过入油口输送到RTM成型模具流道中,然后再从出油口将与模具进行了热交换的油料回收并再次加热送入流道,通过模具与油料间持续的热交换实现成型温度的控制。

图 11-10　油温控制器

11.1.3.4　成型模具

RTM成型工艺属于闭模成型工艺,成型过程中影响缺陷形成的树脂流动、热量传递、固化和冷却过程均发生在难以观测的闭合模腔内,因此模腔有"黑匣子"之称。由此可知,决定

RTM 制件性能的首要因素就是模具质量。除此之外,RTM 模具的设计与制造也直接影响生产效率、模具寿命和零件成本。

1.组成结构

RTM 工艺的模具结构通常由上模、下模、芯模、流道、密封机构、脱模机构、辅助检测机构和辅助运输机构等组成,与模压工艺的模具结构有一定相似性。图 11 - 11 为×××舱门 RTM 成型自加热/冷却模具。

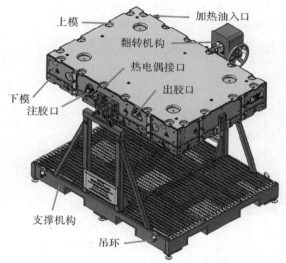

图 11 - 11　×××舱门 RTM 成型自加热/冷却模具

(1)上模。上模、下模和芯模合模后组成模具型腔,用以保证零件的成型质量和精度。为方便开模、合模和搬运,上模需要装配吊环等辅助搬运机构,还需要设计相应的接口以方便热电偶等辅助监测工具的安装。最重要的是模具的注胶口和出胶口通常也设计在上模上。

(2)下模。下模用于铺贴和制备零件预成型体,通常情况下 RTM 零件不是净成型,因此需要在下模型面上加工零件外形线和余量线。此外,铺贴所需的铺层基准也需在下模标记。下模也需要装配吊环等辅助搬运机构。对于自加热模具,下模型面以下必须设计加热油流道或者加热棒插孔,以方便加热介质对预成型体均匀加热和冷却。成型区域的外围还需要加工密封槽,用于嵌入密封条保证模具密封性能。

(3)芯模。上模和下模通常用于成型零件外形,而芯模则用于成型零件内形,除了高质量的型面要求,如何顺利脱模是芯模设计的重中之重。对于异形零件等结构和型面复杂的零件,芯模通常设计成分块结构,各分块上设计接口以方便连接辅助脱模工具。为方便脱模,芯模的材料也随零件要求而不同。对于内型面质量要求不高,但是极难脱模的零件,可以使用气囊、石膏或水溶性材料制作芯模,成型后通过放气、敲碎或溶解完成脱模。

(4)流道。可以毫不夸张地说,流道是 RTM 模具最关键的结构,流道的设计直接决定零件成型的质量和性能。一般而言,流道并不是模具内部供树脂流动的实体凹槽,而是注胶时树脂从注胶口进入型腔浸润预成型体,最后从出胶口流出所经过的路径。注胶口位置、出胶口的位置和零件结构特征对流道的影响最大,设计时应综合考虑以上因素合理布置流道,防止出现流动困难、流动包裹和局部高速流动而影响成型质量。

(5)密封机构。密封机构也是零件成型质量的重要保证。注胶时外部空气进入型腔极易造成树脂流动前锋包裹空气,若漏气较少成型后会形成孔隙,漏气严重会形成干斑和大面积贫胶,导致零件直接作废。通常情况下,通过在下模的密封槽内嵌入密封条或者在成型区域外围均匀涂抹硅橡胶保证气密性。为保险起见,有时两种方法同时使用。

(6)脱模机构。脱模机构用于辅助零件与上模、下模和芯模分离。通常的做法是在模具零件的边缘设置起模口(见图11-12),以方便使用脱模工具脱模。对于结构复杂的零件,上模、下模、芯模和零件可以选择不同材料,充分利用不同材料之间热膨胀系数的差异实现自然脱模。

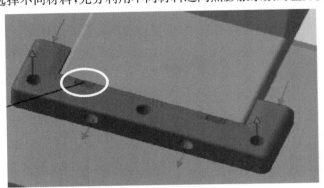

图11-12　起模口

(7)支撑机构。对于较大的零件通常需要设置框架等支撑机构,框架除了支撑模具主体外,其上还有叉车孔和吊环等辅助搬运机构。对于有翻转需求的模具,框架上还需要设计和装配相应的辅助翻转机构。

(8)辅助监测机构。辅助监测机构用于为监测工具提供接口,以方便温度、压力和气密性等数据的监测。

(9)辅助运输机构。辅助运输机构通常为叉车孔、吊环等与叉车、龙门吊连接的机构,用于模具起吊和搬运,方便脱模和工位变换。

2.材料

RTM模具材料应具有以下性质:

(1)模量和强度高,防止翻转、搬运和成型压力损伤模具。

(2)硬度和耐磨性高,防止频繁合模、开模和脱模划伤模具型面。

(3)工艺性能好,以满足不同零件模具的机械加工和热表处理要求。

(4)热膨胀系数小,以减小和复合材料零件之间的热膨胀系数差异,避免成型后零件内部残余应力过大引起翘曲、回弹、扭转和分层等缺陷。

(5)导热性能好,升温时能将外部热源温度高效传递给模腔内零件,冷却时零件热量能通过模具表面快速向外界传递,避免温度交换迟滞引起成型质量下降。

(6)耐腐蚀性好,防止被树脂、固化剂、挥发分及其他辅助材料腐蚀。

RTM工艺常用的模具材料主要有玻璃钢、玻璃钢表面镀金属和金属3种。玻璃钢模具主要为聚酯玻璃钢模具和环氧玻璃钢模具。其中聚酯玻璃钢模具制造简单、价格低,但使用寿命较低,约2 000次;相比之下,环氧玻璃钢模具由于固化收缩率小,其表面质量较高,寿命通常在 4 000 次左右。若零件表面精度、成型质量和模具寿命要求高,可在模具表面镀铋锡合金或锌铝合金,前者寿命可达 5 000 次,而后者寿命达 10 000 次。总而言之,玻璃钢模具制造和维护成本低,但其模量、强度和硬度低,耐磨性和导热性较差,通常用于成型精度要求和质量要求较低的建筑材料。对于尺寸精度和力学性能要求极高的航空结构件,RTM 工艺的模具材料基本为金属材料,常用的模具材料见表 10-2。

3.模具设计要素

RTM 模具设计应综合考虑工艺参数、成型精度、模具强度、模具寿命、模具价格和生产现场条件等多种因素,一般而言,RTM 模具需满足以下要求:

(1)模具材料应根据工艺条件、刚度强度、模具寿命、零件材料和质量要求合理选择。

(2)为保证零件的成型精度和质量,模具型面的制造精度和质量要高于零件,但为了保证经济性,非成型区域加工质量和精度按需确定。

(3)模具结构设计既要满足成型工艺条件下的刚度、强度需求,也要考虑经济性和轻量化等因素,以方便生产和运输。

(4)模具注胶口和出胶口位置要合理布置,以保证成型质量。

(5)模具必须满足气密性要求,防止树脂泄露和外部空气进入型腔。

(6)热电偶、压力表和真空表等监测工具的接口要合理布置。

(7)对于自加热模具,既要保证温度均匀性,又要保证加热油流道的可制造性。

(8)吊环和叉车孔的布置需考虑模具重心,防止吊运时模具过度倾斜引发安全事故。

(9)有翻转需要的模具需设计翻转机构并配置翻转减速器。

11.1.3.5　其他设备

除了以上设备,RTM 成型还需要:真空泵以保证注胶时模腔内为真空环境,空气压缩机为树脂注射提供所需压力,叉车或龙门起重机满足模具搬运、开模和合模。

11.1.4　工艺过程

11.1.4.1　成型准备

1.材料准备

(1)原材料准备。

1)纤维准备。RTM 工艺的原材料是未浸胶的干纤维和树脂,这与热压罐工艺的预浸料有所不同。由于干纤维没有预浸树脂在常温取用过程中容易发生变形,取用时轻拿轻放同时避免拉伸和扭转。干纤维下料过程相对烦琐,由于干纤维没有预浸料表面的衬纸,使用自动下料机时工作台面的真空难以将纤维稳定吸附,切割过程纤维可能产生较大位移导致纤维变形或难以完全切断,这种情况在单向带下料时非常常见。此外,由于干纤维没有树脂黏结,且纤维单丝的直径仅为 $7\sim9~\mu m$,使用切割机下料时真空系统会将切割产生的纤维丝和碎屑吸入真空管路,若不及时清理易造成真空堵塞。因此,国内干纤维单向带的下料以手工下料为主。

相比自动下料机下料,手工下料精度和效率低,下料质量对工人技能的依赖性高,通常需要先根据铺层信息制作下料样板,然后以下料样板为基准下料。下料时应注意:切割纤维时容易产生纤维粉尘和碎屑,为防止其进入呼吸道损害人体健康,必须佩戴防护口罩;为防止纤维扎入皮肤或切割工具伤手,应佩戴防护手套;为防止频繁移动料片导致纤维变形,下好的料应该按照铺贴顺序逆序排放并打好标记。

2)树脂准备。准备树脂前首先要根据零件体积计算树脂的质量,具体计算方式如下:

$$m = \rho \cdot V \cdot 0.5 \cdot \eta \tag{11.1}$$

式中:m ——树脂质量;

ρ ——树脂密度;

V ——零件体积;

η ——安全系数,通常为 1.2~1.5。

对于单组分树脂,通常情况下其常温黏度很大,近似固体,注胶前应将称量好的树脂加入RTM 注射机的树脂储料罐,然后加热到指定温度并保温一段时间,待其黏度降低后启动搅拌装置搅拌树脂,同时抽真空脱泡 20~30 min。

对于双组分树脂,计算好总质量后需要根据配比分别计算并称量树脂单体和固化剂的质量,然后在树脂储料罐中将二者混合(若使用计量混合式树脂注射则需分别放入两个罐体)。由于双组分树脂的常温黏度通常较低,可直接进行搅拌和脱泡。需要注意的是,对于大多数常温固化的双组分树脂,其窗口期较短,树脂单体和固化剂混合时间不能距注胶时间太长,以防树脂提前固化影响零件成型。

(2)辅助材料准备。RTM 工艺所用的辅助材料与热压罐工艺的辅助材料基本相同,不同之处是:RTM 工艺需要密封条和硅橡胶密封模具;需要四氟管、阀门、快插接头和分流配件等连接注胶管路;需要扭矩扳手和风炮等辅助工具合模和开模;需要调压阀、压力表和空压机(或厂房压缩空气)测量和提供注胶压力;对于自加热模具,还需要准备加热油(或加热板和加热棒)和冷却水。

2.模具准备

模具的准备过程同热压罐工艺,此处不再赘述。

3.设备准备

(1)RTM 注射机。注胶前调试 RTM 注射机,确保其控制系统、加热系统、压力系统和真空系统能正常工作,确保树脂储料罐内干净、干燥,无杂物,并确保急停按钮处于正常状态。

(2)烘箱。确保烘箱门、加热系统、冷却系统、真空系统和控制系统等处于正常状态,注胶前连接真空管路并预热模具。

(3)油温控制器。对于油加热模具,需要检查设备状态,添加加热油,连接与模具之间的油路和冷却水箱之间的水路,并在注胶开始前将加热油升至指定温度预热模具。

11.1.4.2 铺贴

(1)使用激光投影系统将料片的形状、位置和方向投影在下模型面上。

(2)对于有定型剂的纤维,将电熨斗升温到指定温度,然后隔着隔离膜加热并压实料片的一边为其定位,对于没有定型剂的纤维,应在模具上喷涂适量定型剂,然后将料片平整地铺在型面上,铺贴过程中要防止过度拉扯和扭转料片导致纤维束变形。

(3)大尺寸零件铺贴时需要搭接或对接,搭接区域宽度约为 20 mm,搭接或对接区域不能重叠,间隔应在 20 mm 以上。

(4)第一层铺完后通常需要制单层真空袋然后抽真空加热预压实,以保证第一层的贴模质量,后面每铺贴 3～5 层需要抽真空预压实一次,以提高铺贴质量、减少孔隙率、提高纤维体积分数和零件成型质量。

11.1.4.3 合模

(1)先在密封槽内嵌入密封条或者在下模密封区域外围均匀涂抹一层硅橡胶。

(2)用龙门起重机吊起上模,移动到下模上方并沿导柱缓慢下降直至与下模完全贴合。

(3)安装固定螺栓。为保证模腔内部压力均匀,首先应成对(对角位置)预紧螺栓,然后成对拧紧螺栓。为确保螺栓预紧力均匀可使用扭矩扳手。

11.1.4.4 检漏

安装压力表,将模具升温到成型温度并给模腔加压,然后断开压力源观察压力变化。若 5 min 后压力降低不超过 0.005 MPa,则气密性符合要求,若气密性不达标需要开模重新密封模具然后合模再检漏,直至气密性达标。气密性达标后安装热电偶等监测工具以备注胶。

11.1.4.5 注胶

1.树脂渗流原理

树脂在纤维预成型体中的流动原理可以用式(10.4)的达西定律表示。

(1)渗透率测定。达西定律中最重要、最难确定、误差最大的参数是树脂在多孔介质中的渗透率张量 K。

渗透率是描述流体在多孔介质中渗透性强弱的物理量,由多孔介质的结构特点决定。对于纤维预成型体,渗透率与纤维网格参数、纤维形状和特性、纤维体积分数等参数相关。对于各向异性的纤维结构,基于各向同性颗粒多孔介质建立的 Carmen-Konzeny 等经典渗透率模型并不适用,Gebart 模型假定纤维束非扭曲、按四方密排和六方密排排列且纤维单丝不可渗透来计算树脂在纤维中的渗透率,该模型可以用于描述树脂在规则排列的理想纤维层中的流动,但并未考虑实际纤维预成型体中孔隙的不均匀性及表面效应,计算结果误差太大。目前多采用流体流动实验测定渗透率。

测定多孔介质渗透率的常用方法有单向流方法、径向流方法和层间流方法 3 种,其中单向流方法或径向流方法常用来测定面内渗透率,层间流方法用来测定横向(厚度方向)渗透率。具体测定过程见西北工业大学蒋建军编写的《树脂基复合材料实验指导书》(西北工业大学出版社,2022 年)。

(2)树脂黏度。树脂黏度对树脂在纤维预成型体中的流动具有重要影响,与流动时孔隙的形成和生长直接相关,进而影响最终的成型质量。对于热固性树脂而言,树脂黏度受控于树脂反应进程。流变模型将树脂黏度描述为时间与温度的函数,用式(10.3)表示。树脂黏度的测定见西北工业大学蒋建军编写的《树脂基复合材料实验指导书》(西北工业大学出版社,2022 年)。

2.注胶工艺参数

注胶温度通常为树脂体系最低黏度对应的温度。注胶压力与树脂体系、增强相材料、零件结构、零件尺寸和合模压力有关,既要保证树脂能充分浸润预成型体,也要避免压力过大造成纤维位移和形变而影响成型质量,注胶压力的选择需要通过工艺实验确定。

3.注胶过程

(1)注胶开始前预热模具并确保模腔内的预成型体也达到注胶温度,然后检查树脂黏度和温度确保其达到注胶要求。

(2)打开注胶阀门观察树脂在管道内的流动状况。

(3)注胶时应密切关注出胶口树脂溢出情况,防止过度出胶造成树脂不足,同时要时刻注意 RTM 注射机树脂储藏罐内的树脂余量,防止树脂耗尽空气进入模腔影响成型质量。

(4)一般情况下出胶口出胶后不用立即关闭,避免造成树脂流动困难。关闭出胶口后通常需要间隔一定时间再关闭注胶口,以确保树脂充分浸润纤维预成型体。

(5)注胶完成后及时清理和维护 RTM 注射机,以防树脂固化对设备造成污染和损坏。

11.1.4.6 固化

将烘箱或油温控制器温度升至固化温度进行树脂固化和后固化,过程同热压罐工艺的固化工序,具体内容见第 10 章 10.1.3.4 节。

11.1.4.7 脱模

(1)零件完全固化后,待其降到室温准备脱模。

(2)松螺栓的过程与拧螺栓相同,开模时上模的起吊速度一定要慢,防止速度过快损坏模具和零件型面。

(3)开模后借助辅助脱模工具和脱模机构使零件与模具型面分离,禁止暴力脱模,以防损坏模具和零件。

(4)脱模后即使清理并保养模具,以备下次使用。

11.1.4.8 后处理

RTM 工艺的后处理工序基本同热压罐工艺,见第 10 章 10.1.3.6 节。

11.2 VARI 成型工艺

11.2.1 概述

真空辅助树脂灌注工艺(Vacuum Assisted Resin Infusion,VARI)是通过真空负压把树脂吸入模具型腔浸渍干纤维预成型体并固化得到复合材料零件的工艺,如图 11-13 所示。可以说 VARI 工艺结合了热压罐工艺和 RTM 工艺,是一种新型、高效、低成本的复合材料制造工艺。

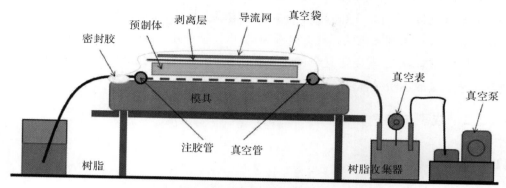

图 11 - 13　VARI 工艺示意图

与热压罐工艺相比,VARI 工艺的模具结构和铺贴过程与前者几乎一样,但其原材料为干纤维和树脂而不是预浸料,其最大优势是成型过程不需要热压罐加压,只需在真空压力下吸附树脂浸渍干纤维预成型体,降低了制造成本。与 RTM 工艺相比,VARI 工艺只有下模是刚性模具,且模具结构比 RTM 模具更简单,上模用真空袋替代,简化了模具设计和制造,降低了成本;注胶时只需要真空不需要高压,降低了能耗。最重要的是对于大尺寸复杂结构零组件成型,热压罐工艺需要二次胶接和共固化,需多次进罐,降低了效率,增加了成本;RTM 工艺受限于复杂结构的模具设计和制造,而 VARI 工艺不需要刚性上模,复杂零组件的预成型体可以在注胶时一次性整体成型,不用二次交接。总体而言,VARI 工艺具有以下特点:

(1)由 RTM 工艺衍生而来,基本原理和特点与 RTM 相似。

(2)下模为刚性模具,上模为真空袋,制件贴模面光滑,贴袋面粗糙。

(3)树脂流动由真空负压驱动,没有正压。

(4)具备大尺寸、复杂结构零组件甚至部件整体成型潜力。

(5)生产成本低。

(6)树脂流动过程会产生压力梯度,可能导致零件厚度和纤维体积分数不均匀。

(7)结构复杂区域渗透率和结构特征的变化容易导致流动前锋包裹而产生孔隙、干斑等缺陷。

(8)制件力学性能接近热压罐工艺但稍低。

(9)机械化和自动化程度低,生产周期长,制件品质对工人技能有一定依赖性,制件精度和性能的一致性和稳定性低于热压罐工艺。

随着航空复合材料结构件对低成本制造和一次性整体成型需求的不断增加,近年来VARI工艺得到了大量研究。洛马公司首次使用 VARI 工艺成型了 F-35 战斗机的飞机座舱,在保证减重效率不变的情况下,成本比热压罐工艺降低了 38%;2007 年欧洲防务公司使用VARI 工艺研制了空客 A400M 大型运输机的上货舱门(长 7 m,宽 4 m),该舱门由加筋外壁板(带 16 根纵向加强筋)、侧壁板和 9 个横向梁组成,通过 VARI 整体成型减少了约 3 000 个金属铆钉,大大降低了重量和成本。此外,洛马公司和 IPT 公司使用 VARI 工艺成型了 P-3 飞机下翼面整流壁板,并向 C-5 和 C-130 等大型运输机上推广;加拿大庞巴迪公司使用 VARI 工艺制造了庞巴迪 C 系列飞机的外翼盒段板和梁;俄罗斯使用 VARI 工艺成型了 MS-21 的翼盒,开启了使用非热压罐工艺制造复合材料主承力结构的先河。随着原材料性能的提高、设备的改进和工艺方法的不断完善,VARI 工艺的使用将会越来越广。

11.2.2 成型材料

11.2.2.1 原材料

VARI 工艺的原材料同 RTM 工艺,见第 11 章 11.1.2.1 节。

11.2.2.2 辅助材料

(1)导流网。导流网(见图 11-14)又叫树脂分配介质,铺放于剥离层之上,是 VARI 工艺中常用的高渗透性导流介质,其作用是减小导流网铺放区域的树脂流动阻力,大幅提高树脂流动速度,以保证树脂对纤维预成型体的浸润性,提高大尺寸和复杂结构零件的工艺可靠性和成型质量。常见的导流网分为挤出型和针织型,其中挤出型是一种五线立体网状结构,有利于树脂流动和渗透,是使用最多的导流网。

(2)四氟管。在 VARI 工艺中,四氟管(见图 11-15)常用作树脂管和真空管。树脂管用于连接树脂容器和成型模具,为树脂流动提供通道,注胶时在真空负压作用下树脂容器中的树脂经树脂管进入模具型腔浸润纤维预成型体。通常情况下出胶口和真空源之间有树脂收集器,用于防止树脂进入真空源堵塞管道、损坏设备。真空管用于连接真空源、树脂收集器以及树脂收集器和出胶口,保证模具型腔的真空环境,为树脂流动提供动力。

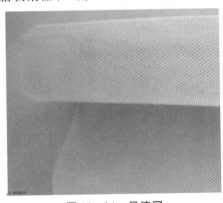

图 11-14　导流网

图 11-15　四氟管

(3)螺旋管。VARI 工艺的注胶口和出胶口有点注口、点冒口和线注口、线冒口之分。若使用封闭式的四氟管布置线注口和线冒口,则需要人工在管壁上开设许多孔用于树脂流出,此种方式工作量大且效率低。螺旋管又叫缠绕管,VARI 工艺用的螺旋管由改性聚丙烯制成,管道中空,且管壁有螺旋形的缝隙(见图 11-16)。使用螺旋管作为线注口,树脂可在中空的管壁内迅速流动并从管壁缝隙顺利流出形成均匀的流动前锋,能够提高树脂流动效率和流动前锋质量。

图 11-16　螺旋管

VARI 工艺的其他辅助材料与热压罐工艺的辅助材料基本相同,见第 10 章 10.1.1.2 节,此处不再赘述。

11.2.3　成型设备

VARI 工艺的成型设备与 RTM 工艺的成型设备相同,见第 11 章 11.1.4.1 节,模具结构通常为壁板框架式,模具材料和模具设计同热压罐工艺,见第 10 章 10.1.2.2 节。

11.2.4　工艺过程

VARI 工艺结合了热压罐工艺与 RTM 工艺,其材料准备、模具准备、设备准备、检漏、注胶和后处理工序与 RTM 工艺相同,脱模工序与热压罐工艺相同。在铺贴工序中,干纤维铺贴与 RTM 工艺基本相同,而辅助材料的铺放与热压罐工艺相似,不同之处是 VARI 工艺需要铺放导流网,但内袋不需要透气毡和吸胶材料,外袋与内袋之间需要用透气材料或者导流网导气,对于零出胶的 VARI 工艺,出胶口需要用透气不透胶的辅助材料。

VARI 工艺有一道 RTM 工艺和热压罐工艺都不具备的工序,就是铺贴完成后、制袋开始前的流道布置,这也是 VARI 工艺最关键的工序。流道布置过程如下:

(1)注、冒口形式选择。注、冒口分为点注口、点冒口、线注口和线冒口。点注口是在某一个或某几个局部点位设置的注口,注口数量少、树脂流量小;线注口通常由一排等距的点注口组成,覆盖区域大、注口数量多、树脂流量大,点冒口和线冒口同理。注、冒口形式的选择应根据零件尺寸和结构确定。一般而言,点注口和点冒口只用于尺寸较小、结构简单的零件,而对于大尺寸和结构较复杂的零件,通常在其大尺寸方向设置线注口和线冒口,在结构复杂、树脂渗流困难的局部区域通常需要额外设置点注口和点冒口,以保证树脂充分浸润纤维预成型体。

(2)注、冒口位置选择。注、冒口位置的选择是流道设置的关键,直接决定零件的成型质量,注、冒口位置的选择通常需要考虑以下因素:

1)注、冒口不能设在零件净尺寸区域内,以免管道在零件表面产生压痕影响成型质量。

2)若设置多个注口,要尽量避免树脂流动路径重合,以防流动前锋包裹产生缺陷。

3)注、冒口优先选在树脂流动最短路径的两侧,以提高注胶效率、降低注胶难度、减少注胶过程不确定性因素对成型质量的影响。

4）对于 Z 向尺寸较大的零件，注口宜在下方，冒口宜在上方。

5）在结构突变、高度较大的局部树脂流动困难区域应设置点冒口。

6）对于大尺寸零件，若单级注射存在注胶时间过长或无法完成注射的问题，应考虑多级注射。

（3）导流网。

1）对于大尺寸零件，为提高注胶效率、减少注胶时间（时间过长可能导致窗口期较短的树脂提前固化），通常在表面加铺导流网以提高树脂流动速度。

2）对于结构复杂、厚度变化大的零件，为尽量使流动前锋保持均匀推进，在局部结构复杂区域和大厚度区域铺放导流网。

3）对于大高度零件和结构复杂的局部区域，通常情况下树脂流动缓慢，需在相应位置铺放导流网，以减小树脂流动阻力，提高树脂浸润效果。

（4）减速带。减速带的作用是增大数值流动阻力、降低数值流速，其作用与导流网相反，但使用的目的都是使流动前锋速率相近，保证流动前锋均匀推进。但减速带很少使用，远没有导流网应用广泛。

（5）辅助流道。对于使用 PMI、PVC、PU 等泡沫夹芯结构的零件，为增强树脂的浸润性，还可以在泡沫表面开设一定数量和尺寸的导流槽和导流孔作为辅助流道，以方便树脂流动。这种辅助流道有助于增强零件的板-芯界面强度和厚向承载能力，但会增加零件重量，因此辅助流道的设置必须考虑零件重量。

（6）流动仿真。为减少实验试错导致的成本增加和效率降低，流道设计过程可借助商业有限元软件 Visual Environment 进行流动过程仿真，对比不同流道设计方案对注胶时间、压力分布和成型质量的影响，以优化流道形式和位置，提高成型效率和质量。

流动仿真过程如下：

1）几何处理。将零件的三维数模导入 Visual Environment，对可能导致计算困难或影响网格质量的局部区域进行处理。若优先考虑计算效率，可对三维实体模型进行抽壳或抽中面处理，将实体模型转化为曲面或平面的空间组合，然后对各面-面之间的交叉、重叠和失真进行处理，以确保网格质量和计算精度。

2）网格划分。对于三维实体模型，Visual Environment 的流体计算通常使用四面体单元，而对于二维模型则使用三角形单元。模型的计算效率和计算精度与网格划分直接相关。网格划分前应先根据零件特征（结构、材料、渗透率等）将零件划分成不同的特征区域，以便网格划分、材料赋予铺层定义和渗透率定义。对于形状规则、结构简单的区域，网格尺寸可以大一些，在保证计算效率的同时又不影响计算精度；对于形状不规则、结构复杂和曲率变化大的区域，通常应该减小网格尺寸，在保证计算精度的同时兼顾计算效率。因此，网格尺寸的选择应综合考虑计算精度与计算效率。网格划分完成后需要检查网格质量，对低质量网格进行删除、修改或重新划分。

3）材料参数定义。纤维是各向异性材料，需要先建立零件坐标系。流动仿真的材料参数定义比较简单，对于树脂，只需要定义密度和黏度。渗透率是预成型体自身的一项属性，它仅依赖于纤维多孔介质体积平均化后的几何形状。由于渗透率为张量，在定义渗透率之前，首先需要根据零件坐标系定义渗透率矢量的方向,然后新建增强材料,在增强材料属性中,定义渗透率的值和纤维体积分数,在渗透率差别大的区域需定义多种增强材料。图 11-17 中不同颜色表示不同的渗透率分区。

区域

| 52 |
| 47 |
| 45 |
| 43 |
| 41 |
| 40 |
| 38 |
| 26 |
| 24 |
| 18 |
| 16 |
| 13 |

图 11-17　分区渗透率定义图

4)铺层定义。对零件不同厚度和渗透率区域进行铺层定义,为各区域赋予材料属性、铺层数量、铺层角度、单层厚度和纤维体积分数。

5)注、冒口设置。按照注、冒口形式和位置设置注、冒口,注口压力为实际压力值,冒口压力通常为 0。对于需要多级注射的零件,注、冒口设置时需要定义传感器和开关以控制注冒口开关实现多级注射。注、冒口设置如图 11-18 所示。

组别

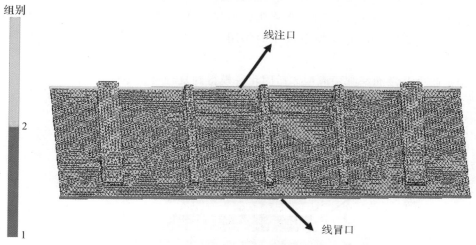

线注口

2

线冒口

1

图 11-18　注、冒口设置图

6)提交计算。有限元模型建好以后根据模型大小和计算机性能选择并行计算的核心数,然后提交计算。

7)后处理。计算完成后可以在后处理模块查看计算结果,包括树脂流动路径、充模时间、压力梯度分布和温度分布等。充模时间云图如图 11-19 所示。

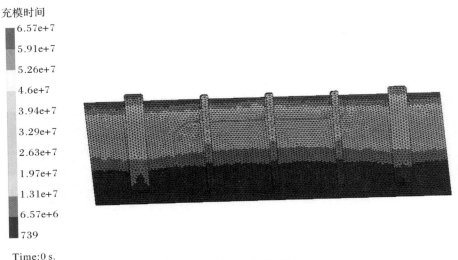

图 11-19 树脂充模时间云图

11.3 其他液体成型工艺

11.3.1 树脂膜渗透工艺

树脂膜渗透工艺(Resin Film Infusion,RFI)的成型过程如下:

(1)将树脂制备成树脂膜或者黏稠的树脂块均匀铺放于模具型面上。

(2)将纤维预成型体铺放于树脂膜或树脂块上。

(3)制真空袋,在模腔内真空环境下将树脂膜和纤维预成型体加热到一定的温度,随着温度的升高树脂的黏度降低,并在真空负压的作用下从模具底部透过纤维预成型体向真空袋移动。

(4)待树脂充分浸润纤维预成型体后固化脱模得到复合材料零件。

RFI工艺示意图如图 11-20 所示。

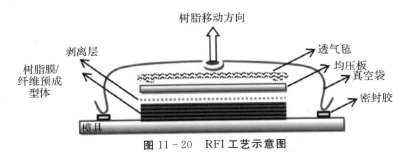

图 11-20 RFI 工艺示意图

RFI工艺通过将复杂的三维树脂流动过程转化为一维(厚度方向)的树脂流动使树脂的流动路径大大缩短,解决了其他液体成型工艺树脂注入时间长与树脂黏度小和窗口期长之间的矛盾,适合成型航空和船舶领域的大尺寸板材。RFI工艺的主要特点如下:

(1)常温下树脂基体处于固体状态,便于储存和运输,操作简单,废品率低。

（2）成型压力低，能耗小。

（3）模具制造与材料选择机动性强，不需庞大的成型设备即可制备大尺寸、高精度的大型制件，设备和模具投资低。

（4）制件性能好，纤维体积分数高（50%～70%），孔隙率低（通常小于 2%）。

（5）树脂流动路径短，浸润时间短，成型周期短，生产效率高。

（6）树脂体系挥发物质少，环境污染小。

（7）增强材料的选择灵活性高，材料种类组合性强，能一次浸润超长厚度纤维层、三维结构预成型体或加入芯材一次成型。

（8）制件多为板材，无法成型结构复杂的零件。

RFI 工艺所用的增强材料主要有碳纤维、玻璃纤维和凯夫拉纤维等，预制体成型常用的方法有编织、缝合。RFI 工艺对树脂具有一定的特殊要求：具有良好的成膜性，成膜后能任意弯曲且不破碎、不黏手；工作温度下能持续一段时间的低黏度，随后随着温度升高黏度快速上升；熔融状态下对纤维增强体具有良好的浸润性、匹配性和黏附性。目前 RFI 工艺主要使用环氧树脂和不饱和聚酯树脂。

RFI 工艺的应用主要集中在航空航天和船舶领域。波音公司使用 RFI 工艺制造了机翼、嵌板和垂尾等零件；Bell/SunSung 使用 RFI 工艺制造了直升机方向舵、整体机舱和螺旋桨叶片等零件。此外，RFI 工艺在建筑和交通等领域也得到了应用。未来随着适用于 RFI 工艺的高性能树脂基体的研发，RFI 工艺的应用将更加广泛。

11.3.2　高压树脂传递模塑工艺

高压树脂传递模塑工艺（High Pressure Resin Transfer Molding，HP-RTM）是指利用高压压力将树脂对冲混合并注入预先铺设有纤维增强材料和预置嵌件的真空密闭模具内，经树脂流动充模、浸渍、固化和脱模，获得复合材料制品的成型工艺。HP-RTM 是近年来推出的一种生产高性能热固性复合材料零件的新型 RTM 工艺技术。该工艺通过真空辅助排气、高压注射树脂浸润碳纤维和快速固化保证了零件质量，提高了自动化程度和生产效率，非常适合大批量生产。相比较传统 RTM 工艺，HP-RTM 工艺具有以下优点：

（1）合模间隙大、注射压力高（1～15MPa）、树脂黏度低，缩短了注胶时间。

（2）使用间隙注胶和注胶后压缩技术，提升了充模速度和浸润效果，减少了气泡数量，降低了孔隙率。

（3）使用高活性树脂，固化时间短、成型效率高，缩短了生产周期，降低了制造成本。

（4）使用了内脱模剂和注射混合头的自清洁系统，大大节省了人工喷涂脱模剂和清洁模具的时间。

（5）使用双面刚性模具并采用液压机加压，提高了锁模力，降低了零件厚度和尺寸偏差。

（6）生产过程机械化和自动化程度高，工艺稳定性好，制件质量一致性和稳定性高。

（7）使用内脱模剂和自清洁系统，制件表面质量优良，厚度和形状偏差小。

（8）非常适合短周期和大批量生产。

在国外，HP-RTM 工艺已在中小尺寸复合材料板材的大批量生产中得到广泛使用，该技术受到了宝马等车企的青睐。HP-RTM 工艺的关键技术如下：

（1）纤维增强材料预成型技术。适用于 HP-RTM 工艺的纤维预定型技术主要有编织、纺织和针织预成型体，短切纤维喷射预成型体和热压预成型体。其中热压预成型体使用最多，纤维预成型模具、定型剂质量和压制工艺技术是纤维定型的关键技术。

（2）树脂基体性能。HP-RTM 工艺对树脂基体的性能有以下要求：凝胶时间长，固化速度快，脱泡性和纤维浸润性好，黏度、挥发性、固化收缩率和放热峰低。目前，较成熟的 HP-RTM 树脂制造技术主要被巴斯夫、陶氏和亨斯迈等公司掌握。

（3）高精度树脂计量、混合和注射技术。HP-RTM 工艺需要高精度计量泵在高温和高压环境下精确计量树脂，此外，还需要能够高效多次混合树脂并具有自清洁功能的混合头，在保证高效混合树脂的同时及时清洁自身，以防树脂固化影响后续混合。

（4）模具设计与制造。HP-RTM 工艺的成型模具除了保证型面质量外，还需要保证温度均匀性和高温高压环境下的密封性。通常采用油加热的方式确保温度均匀性，循环油路的设计和模具内加热油流道的制造是关键技术。解决高温高压环境下模具配合间隙、真空系统和脱模机构等部位的密封问题是确保密封质量的关键技术。

（5）自动化生产线建设。自动化生产线是 HP-RTM 工艺高质量、高效生产的关键。建立高效率、低故障的自动化生产线，实现 HP-RTM 成型过程中纤维卷材切割、料片转运、预成型体制备、合模、注胶、固化、脱模和后处理工序的自动化是关键技术，也是 HP-RTM 工艺成熟度和工艺质量的保证，同时决定了该工艺能否被广泛应用。

11.3.3 轻型树脂传递模塑工艺

轻型树脂传递模塑工艺（Light-RTM）是树脂单体和固化剂通过 RTM 注射机的计量泵输送到混合器中混合均匀，然后在真空辅助下将混合好的树脂注入铺放纤维预成型体的模腔中，通过树脂流动充分浸润纤维预成型体，最后固化成型的复合材料制造工艺，如图 11-21 所示。

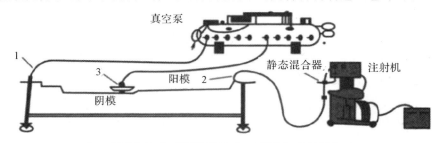

1——一级真空口；2——树脂注射口；3——二级真空口（树脂出口）

图 11-21　Light-RTM 工艺示意图

Light-RTM 成型工艺是一种综合传统 RTM 工艺和 VARTM 工艺的新型复合材料成型工艺。与 RTM 工艺和 VARTM 工艺不同的是，该工艺需要二级真空，其中第一级真空的真空度约为 0.088 MPa，用于完成下模闭合，第二级真空的真空度约为 0.049 MPa，用于为树脂流动提供驱动力。Light-RTM 工艺的主要特点如下：

（1）模具简单成本低。与 RTM 工艺相比，Light-RTM 工艺的最大优势是模具结构简单，造价低（通常只有 RTM 模具的一半）。Light-RTM 模具的上模为轻质、半刚性的玻璃钢模具，减小了开模与合模的难度，下模为"三明治"结构，零配件少，制造成本低，周期短。但是 Light-RTM 模具的使用寿命较低，通常约为 500 次，适合年产 1 000 件左右的产品。

（2）注射压力低。由于 Light-RTM 工艺的上、下模均为非刚性模具，不能承受过大注射压力以免造成模具变形和密封失效。通常情况下注射压力为 0.03～0.07 MPa，与 RTM 工艺相比降低了能耗。

（3）上模有流道。Light-RTM 工艺的注、冒口位置与 RTM 不同，一般而言注口设在边缘，而冒口设在中间，如此一来，树脂进入模腔后会遇到很大的流动阻力，流动速度极大减小，注射时间延长。为提高注射效率，上模通常有宽约 1 mm 的环形流道，树脂先填充流动阻力极小的流道，然后经流道浸润纤维预成型体，使注射时间大大缩短。

（4）型面质量高。Light-RTM 工艺的上、下模均为半刚性的复合材料模具，因此制件厚度均匀、尺寸稳定、表面粗糙度值大（两面均为光面）。

由于 Light-RTM 真空度低、树脂流动压力小，因此该工艺用的树脂与 RTM、手糊、缠绕和模压等工艺用的树脂有区别。Light-RTM 工艺对树脂的具体要求如下：

（1）注射温度下黏度低，对纤维预成型体的浸润性好，在 0.049 MPa 的注射压力下能顺利充模并充分浸润预成型体。

（2）凝胶时间长。由于真空压力小，与 RTM 工艺相比树脂的流速相对缓慢，若凝胶时间短可能导致树脂无法完全充模或浸润预成型体，影响成型质量。

（3）树脂易脱泡，保证注射时树脂内部气泡含量极低，以减少固化后零件的孔隙率。

（4）固化收缩率低，以保证零件的外形精度和尺寸稳定性。

目前，Light-RTM 工艺已被 Composites One，Composite Integration Ltd 和 Sun-seeher 等公司用于船舶制造业，未来有望进一步向其他领域推广。

随着低成本、高质量、高效率制造复合材料需求的不断增加，液体成型工艺方法也在不断丰富，除了本章介绍的工艺方法外，还有 Seemann 复合材料树脂浸渗工艺（Seemann Composites Resin Influsion Manufacturing Process，SCRIMP）、结构反应注射模塑成型工艺（Structural Reaction Injection Molding，SRIM）、热膨胀树脂传递模塑工艺（Thermal Expansion Resin Transfer Molding，TERTM）、压缩树脂传递模塑成型工艺（Compression Resin Transfer Molding，CRTM）、热塑性树脂基液体成型工艺、自动铺放液体成型工艺和相同合格树脂传递模塑（Same Qualified Resin Transfer Molding，SQRTM）工艺等。未来，高性能树脂基体的研发、高性能预成型体制备技术的发展和先进成型设备的出现将推动复合材料液体成型工艺及其制件向以下方向发展：

（1）由小尺寸向大尺寸发展，由单个零件成型向组、部件整体成型发展。为了进一步凸显液体成型工艺的低成本和高效率，减少装配工序、二次胶接和热压罐使用，液体成型零件将从扰流板、副翼、缝翼和尾缘等小尺寸零件向机身和机翼壁板等大尺寸零件发展，将从简单单个零件向舱门、翼盒和机翼等复杂组、部件整体成型发展。

（2）从次承力结构向主承力结构发展。为进一步减轻机体重量，提升飞机性能和经济性，液体成型零件将从非承力和次承力零件逐步向翼盒、起落架和翼梁等主承力结构发展。

（3）自动化程度不断提高。为提高液体成型工艺的生产效率和工艺稳定性，提高零件尺寸和性能的一致性、稳定性和可靠性，降低效率低下和废品率高带来的额外成本，生产过程将逐步从手工主导、技能依赖转向人工调控、自动生产，不断向自动化和智能化发展。

（4）结构功能一体化。目前液体成型工艺的生产对象主要是结构复合材料，未来结构复合材料将具备隐身、屏蔽、储能、导电、防弹、烧蚀等功能中的一种或多种,成为结构功能一体化复合材料,而液体成型工艺将是成型结构功能一体化复合材料的重要手段。

习题与思考题

1.简述 RTM 工艺成型过程及其优缺点。

2.简述干纤维预成型体的主要制备方法。

3.为什么三维针织、三维编织和三维机织预成型体不适合使用 RTM 工艺制造航空结构件?

4.简述液体成型工艺对树脂的性能要求。

5.简述 RTM 工艺模具结构及设计要素。

6.自加热模具与非自加热模具相比有哪些优缺点?

7.如何以幅宽为 1 m 的单向干纤维和 5284 RTM 树脂(常温下接近固体,注胶温度 100℃,固化温度 180℃)为原材料,使用 RTM 工艺制造尺寸为 500×200 mm、铺层为$[0°/45°/-45°/0°]$的层合板?

8.简述 VARI 工艺过程。

9.VARI 工艺有什么特点?与热压罐工艺和 RTM 工艺相比,它有什么优势和不足?

10.什么是 VARI 工艺的流道?流道如何设计?

11.VARI 工艺的气密性要求是什么?为什么要严格保证气密性?

12.导流网有什么作用?为什么热压罐工艺和 RTM 工艺不用导流网?

13.简述 RFI 工艺过程,并说明该工艺适合成型哪类零件。

14.除了 RTM 和 VARI,还有哪些液体成型工艺?

15.简述液体成型工艺的未来发展方向。

第 12 章　缠绕成型工艺

12.1　概　　述

在预定成型控制条件下,按照一定的纤维张力将浸过树脂胶液的连续纤维或布带缠绕到芯模或内衬上,然后在加热或常温下固化,制成复合材料制品的工艺方法过程叫缠绕成型工艺。缠绕成型工艺是最早开发并广泛使用的树脂基复合材料构件自动化成型技术,第一个纤维缠绕技术专利于 1946 年在美国注册,经历了数十年的发展,纤维缠绕工艺已经成为了一种重要的树脂基复合材料制造手段。纤维缠绕的主要技术优点是节约材料、制造成本低以及制件重复性高,主要缺点是制件固化后需要除去芯模,并且不适用于带凹曲面零件的制造。缠绕成型工艺适用于制备旋转体类零件,如筒、罐、管、球、锥等,从航空航天用的固体火箭发动机壳体、飞机雷达罩、导弹头锥,到民用的玻璃钢管、储存罐等都有缠绕成型制品在广泛应用。

缠绕成型工艺方法分类如下:

(1)干法缠绕:将预浸带在缠绕机上加热软化至黏流态后缠绕到芯模上。

(2)湿法缠绕:将纤维束或纤维纱带浸渍树脂后缠绕到芯模上。

(3)半干法缠绕:将纤维浸渍树脂,经过预烘干后缠绕到芯模上。

干法成型工艺缠绕设备清洁、卫生条件好,并且能够准确控制产品质量,生产效率高,但是必须额外配置预浸带制备设备,投资比较大,此外干法缠绕制品的层间剪切强度比较低。湿法缠绕工艺由于需要浸渍树脂后缠绕,产品固化过程中容易产生气泡,成型质量不易控制,并且树脂浪费比较严重,浸渍设备需要经常维护刷洗,如果产生纤维缠结会影响整个工艺流程,且操作环境比较差。半干法缠绕工艺与干法相比,省去了预浸带制备设备,制造成本降低;与湿法相比,产品气泡含量降低,制品质量提高。目前最广泛使用的缠绕工艺为湿法缠绕。

12.2　原　材　料

缠绕成型工艺所用的原材料主要为树脂与纤维,材料选用的主要依据是产品的性能需求。常用的增强纤维主要为玻璃纤维、碳纤维和芳纶纤维,常用的树脂主要为热固性聚酯、环氧树脂、酚醛树脂等。

目前大量缠绕成型制品主要是采用玻璃纤维预浸料。这种纤维缠绕制品的成本低,制件质量可以与不锈钢等金属材料竞争。除了考虑经济因素外,选择纤维还要考虑力学性能、导电性、导热性、化学稳定性等方面的要求。选择树脂的主要要求是耐热性、化学稳定性以及断裂伸长率等。

12.2.1 增强材料

缠绕工艺中应用最早的增强材料是玻璃纤维,最初是无碱玻璃纤维,到 20 世纪 60 年代高强 S 玻璃纤维问世后,立即得到了广泛应用。除此以外还包括碳纤维、芳纶纤维、超高相对分子质量聚乙烯纤维和聚对苯撑苯并双噁唑(PBO)纤维等。芳纶纤维在 20 世纪 80 年代成为缠绕成型的复合材料火箭发动机壳体的主要材料。碳纤维由于其断裂伸长率较低,且具备导电性,因此在用于缠绕成型时有很高的操作要求,在缠绕碳纤维时应使用一个封闭式纱架,避免碳纤维毛飞扬造成附近电器短路。20 世纪 70 年代,美国空军将 PBO 纤维作为飞机用结构材料开始展开研究。由于其化学结构为线型伸直链结构,刚性极强,所以 PBO 纤维具备优秀的力学性能。

12.2.2 基体材料

缠绕工艺中对树脂的主要要求有:对纤维有良好的浸润性和黏结力,固化后具备与纤维相适应的延伸率,具备良好的储存稳定性,具备较低的固化收缩率。

1.热固性树脂体系

热固性树脂基复合材料湿法缠绕一般要求树脂黏度在 $1\sim3$ Pa·s 范围内,以保证成型过程中纤维能够被树脂完全浸润。如果黏度过大,纤维无法完全浸润,内部容易夹带气泡形成缺陷;如果黏度过小,纤维无法有效带胶,无法满足设计要求。此外,在成型过程中为了保证产品质量,还需要树脂体系的黏度在缠绕过程中不发生明显的变化,因此缠绕成型中要求树脂室温下的使用期至少为 8 h。为了调整树脂体系的黏度,通常有两种做法,一是使用活性稀释剂,二是选用液体固化剂。在实际工作中会将这两种方法结合使用。

热固性树脂基复合材料的干法缠绕中所使用的预浸带是树脂浸渍纤维后形成的中间材料,以部分固化状态储存。使用预浸带干法缠绕具备很多优点,例如可以精确控制树脂含量,使纤维完全浸渍树脂,并且能够保证产品质量的一致性。预浸带的质量会直接影响复合材料制品的性能,因此对树脂含量、挥发组分含量以及预固化度等必须严格控制。

2.热塑性树脂体系

在纤维缠绕中使用热塑性树脂的突出优点是制品具有高韧性,抗冲击性能好,所以热塑性复合材料缠绕成型制品的抗疲劳性能将远超过热固性复合材料制品,使用寿命也显著提升。同时,热塑性复合材料制品的制造周期短、生产效率高,并且可以二次加工和回收利用,近几年热塑性复合材料在缠绕成型上得到了快速发展。

由于热塑性树脂熔体黏度很高,连续纤维增强热塑性复合材料应用于缠绕成型时需要解决浸渍问题。热塑性复合材料浸渍方式主要有熔融浸渍、粉末浸渍、混纤纱浸渍以及反应浸渍。

熔融浸渍是将树脂加热至熔融,然后使纤维与树脂相互作用,树脂进入纤维束后与纤维丝束充分接触,形成浸渍。熔融浸渍工艺简单,无环境污染,该方法制备出的浸渍带控制精度高,并且能够提高浸渍质量和生产效率。熔融浸渍的技术难点在于使纤维束内部得到浸渍,可以通过延长浸渍时间,提升浸渍温度,减少熔体流动等手段提升浸渍效果。

粉末浸渍是将树脂均匀、松散地附着在纤维的表面,然后将预处理纤维送入加热系统中,使熔融的聚合物与纤维充分浸润,之后通过加压固结装置使其压实、定性,成为纤维/树脂浸渍料。粉末浸渍的重点在于树脂粉末的沉积、吸附以及熔融,沉积和吸附过程会影响产品的树脂含量,熔融则关系到浸渍效果。这种技术使用的树脂粉末直径以 $5\sim10\ \mu m$ 为宜。

混纤纱浸渍是将树脂纤维和增强纤维在拉丝后合股,使得树脂纤维和增强纤维达到分散的单丝水平。混纤纱浸渍工艺制备出的浸渍带柔性较好,克服了熔融浸渍和粉末浸渍法制备浸渍带较硬、柔性差的问题。此外,混纤纱浸渍的浸渍效果也更好。

反应浸渍是利用热塑性树脂单体相对分子质量小、黏度低的优点,以流动性较好的单体或预聚体完成对纤维的浸渍,然后聚合成为高分子聚合物,达到理想的浸润效果。采用反应浸渍法要求树脂单体聚合速度快,聚合反应具备可控性。

12.2.3　芯模材料

芯模控制着缠绕成型制品的形状和结构尺寸,因此要求芯模的外形与制品内部形状尺寸具有一致性。在固化完成后,能将制品从芯模上脱下并且不会对制品造成损伤。

常用的芯模材料可分为两类:熔、溶材料以及组装式材料。

熔、溶性芯模材料包括低熔点金属和低熔点盐类、石蜡等。这类材料在制造芯模时可用浇铸法制成空心或实心芯模,制品缠绕成型后,可以从开口处通入热水或高压蒸汽使芯模熔(溶)化,从制品中流出,芯模材料冷却后可以重复使用。

组装式芯模材料常用的有钢、铝、木材以及石膏等。金属芯模一般设计为可拆卸结构,制品固化后,从开口处将芯模拆散后取出,重复使用,适合于批量生产。石膏和木材来源广,价格低,制造和脱模比较方便。石膏芯模是一次性芯模,不能回收。对于小型产品可以使用实心芯模,对于大型产品则可以使用空心芯模。

12.3　缠绕成型工艺技术

缠绕成型工艺过程是在一定张力下进行缠绕、固化、加工制得制品。对于不同的制品,要选择合适的缠绕线型,控制缠绕张力、纱片宽度、缠绕速度和角度等,以使得其按照设计标准完成制造。

12.3.1　缠绕线型

无论采用哪种缠绕工艺,选择缠绕的方向是十分重要的。缠绕线型是保障缠绕成型制品质量的前提,也是制品设计时的重要依据。不同的缠绕方向决定了制品结构在不同方向上的强度,使得复合材料的结构能够获得合理的强度分配。

尽管复合材料内压容器的缠绕形式是多种多样的,但是缠绕线型可分为三类:环向缠绕、纵向缠绕和螺旋缠绕。

1. 环向缠绕

缠绕时,芯模绕自身轴线匀速转动,绕丝头在平行于芯模轴线的方向缓慢移动,芯模转动一周,绕丝头移动一个纱片宽度,如此循环直至纱片布满芯模筒段表面,如图 12-1 所示。

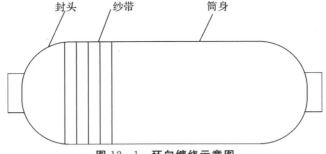

图 12-1　环向缠绕示意图

环向缠绕只在筒身段进行,不能缠绕封头,相邻的纱片之间相接而不相交。纤维的缠绕角通常在 85°~90°之间。环向缠绕的纤维方向即为筒体的一个主应力方向,能较好地利用纤维的单向强度。

2. 纵向缠绕

纵向缠绕也称为平面缠绕,如图 12-2 所示。在缠绕时,绕丝头在固定的平面内做圆周运动,芯模绕自身轴线做慢速间隙转动,绕丝头每转动一周,芯模转动一个小角度,在芯模表面上呈现出的是一个纱片宽度。纱片与芯模轴线间成 0°~25°的交角。

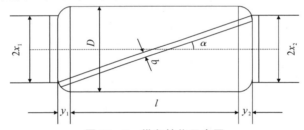

图 12-2　纵向缠绕示意图

纱片与纵轴的夹角为缠绕角(α),由图 12-2 可知,纵向缠绕的缠绕角可表示为

$$\tan\alpha = \frac{x_1 + x_2}{y_1 + l + y_2} \tag{12.1}$$

式中:x_1、x_2 ——两封头的极孔半径;

l ——筒身段长度;

y_1、y_2 ——两封头高度。

纵向缠绕还有一个重要的参数——速比,即单位时间内,芯模转数与绕丝头旋转的转数比。宽度为 b、缠绕角为 α 的纱片,在与芯模平行的圆上所占的弧长为 $S=b/\cos\alpha$,与这个弧长所对应的芯模转角 $\Delta\theta=360°\times S/\pi D$。如果绕丝嘴旋转一周时间为 t,则纵向缠绕的速比可表达为

$$i = \frac{\dfrac{\Delta\theta}{t}}{\dfrac{360°}{t}} = \frac{b}{\pi d\cos\alpha} \tag{12.2}$$

3. 螺旋缠绕

螺旋缠绕又称为测地线缠绕。缠绕时,芯模绕自身轴线匀速转动,绕丝头按照一定速度沿

芯模轴线做往复运动,从而实现在芯模上的螺旋缠绕,如图 12-3 所示。

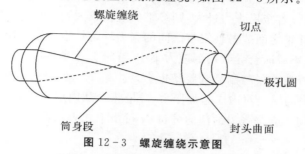

图 12-3　螺旋缠绕示意图

　　螺旋缠绕时,纤维从容器一端的极孔圆周上某点或从筒段某点出发,随后按轨迹经过圆筒段,进入另一端封头,循环往复直至纤维布满整个芯模。螺旋缠绕的纤维轨迹是由筒段的螺旋线与封头区域的空间曲线所组成的,在一个缠绕周期中,若纱带以右旋方向走过前半周期,则返回是以左旋方式缠绕到芯模上。螺旋缠绕的特点是每条纤维都对应极孔圆周上的一个切点,相邻方向邻近纱片之间相接而不相交,不同方向纤维相交。在纤维缠绕完成后,芯模表面形成双纤维层。

12.3.2　纤维缠绕工艺参数

12.3.2.1　缠绕张力

　　张力大小、各束纤维间张力的均匀性以及各层之间的纤维张力的均匀性对制品的影响极大。合适的缠绕张力能够使纤维产生预应力,从而提高制品抵抗开裂的能力。各纤维束之间如果张力不均匀,在承受载荷时,纤维会逐渐发生破坏,使得制品总体强度受到影响。

　　在缠绕工艺中,为了满足张力的要求,需要对缠绕纤维提供摩擦力或阻力。具体方式包括两种。一是在缠绕过程中,在缠绕纤维表面设置摩擦辊,在芯模旋转收线过程中,摩擦辊与纤维之间产生摩擦力,摩擦辊与芯模间的缠绕材料形成张力,如图 12-4(a) 所示。这种方法对缠绕纤维的表面会产生正应力和摩擦力,对部分材料不适用。二是对放线卷辊施加阻力矩,如图 12-4(b) 所示。在卷辊放线时,缠绕材料的张力会随着卷辊半径的变化而变化,因此这种方法相较于第一种更加复杂,但是这种方法使用较为广泛,在数控纤维缠绕机的张力控制系统上大多采用这种方法。

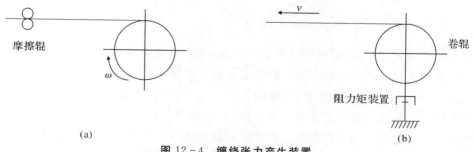

(a)　　　　　　　　　　　　　　　　　　　(b)

图 12-4　缠绕张力产生装置

　　对干法缠绕来说,适合在纤维上施加张力;对湿法缠绕来说,如果在浸渍前施加张力,会使得纤维磨损而降低强度,张力越大,强度降低越多,因此湿法缠绕应在纤维浸渍后施加张力。

最终缠绕制品的强度与抗疲劳性能与纤维张力有很大关系。若全局张力过小,则制品强度和疲劳强度都会变低;若全局张力过大,则纤维的磨损较大,从而导致纤维强度降低,进一步影响制品性能。各束纤维之间或各预浸带之间的张力均匀性也会影响制品的质量。如果局部张力不均匀,则在制品承载时会导致局部应力集中,纤维会逐步破坏,制品强度降低。

缠绕张力对纤维浸渍质量与制品含胶量也会产生影响。缠绕过程中,缠绕张力的法向分量 N 的作用下,后缠绕的层会对内层施加压力,胶液将会从内层被挤向外层,从而导致厚度方向上的胶液分布不均匀。缠绕张力的法向分量 N 可由下式表示:

$$N = \frac{T}{r}\sin\alpha \tag{12.3}$$

式中: T ——缠绕张力;

　　r ——芯模半径;

　　α ——缠绕角。

由式(12.3)可知,法向力与缠绕张力和制品曲率半径有关,因此为了控制产品的含胶量以及含胶分布均匀性,需要严格控制缠绕张力。

经研究表明,缠绕张力应当逐层递减,这是因为后缠绕的纱带或纤维在张力的作用下会使得前面的纱带或纤维产生压缩变形,使得内层纱带或纤维变得松散。如果内外纤维张力不变,容器上的纤维就会呈现内松外紧的状态,内外纤维的预应力会有很大的差异,制品内部承压时不能均匀受力,情况严重时会使得内层纤维产生褶皱,降低制品强度和疲劳性能。采用逐层递减的张力制度时,能够保证缠绕上的纤维从内到外都具有相同的变形和初张力,在制品内部承压时,容器强度得到提高。

12.3.2.2　缠绕速度和角度

缠绕速度决定了纤维在各个缠绕阶段的停留时间。在干法缠绕时,如果缠绕速度过快,会使得停留时间过短,造成预浸料的浸渍或熔化不充分;缠绕速度过慢,则会生产效率。因此缠绕速度要综合各个步骤综合考虑。

在湿法缠绕中,纱线速度与纤维浸胶过程有关。速度过快,芯模转速很高,可能出现树脂胶液在离心力作用下从缠绕结构中向外喷溅。纱线速度最大应该在 $1\sim1.5$ m/s。

缠绕角度的变化会对制品内压管强度的影响显著,不合理的缠绕角将造成明显的材料浪费。一般内压管最佳缠绕角应当在 $45°\sim55°$ 之间。

12.3.2.3　预浸带的加热／加压缠绕

预浸带的缠绕成型中,需要对预浸带进行加热、加压。加热的目的是使预浸带变软,保持预浸料的熔融状态,提高树脂的流动性,缠绕后能使预浸带平坦地铺贴在芯模上。如果预浸带加热不充分,层间可能会不充分黏合;加热温度过高时,树脂黏度较低,缠绕层会出现滑动,树脂也会发生反应。常见的加热方式有对流加热、红外加热、激光加热、微波加热、芯模加热等,在实际加工中会使用组合加热的方法。国外使用较多的方法是利用热空气枪加热。

加压缠绕可以使预浸带层与层之间贴合得更紧密,也可以使树脂充分渗透,促进层间气泡排出,并且防止预浸带起皱。压辊的压力可以按不同情况进行调节。由于采用气动加压的方式,因此能够较好地贴合不同的缠绕型面,同时提高制品的致密性。

12.4 缠绕成型设备

12.4.1 缠绕机

缠绕机是实现缠绕成型工艺的主要设备,对缠绕机的主要要求如下:①能够实现制品设计的缠绕规律并保证排纱准确;②操作简便;③生产效率高;④设备成本低。

1.万用缠绕机

由齿轮/链轮或者计算机控制的螺旋缠绕机称为万用缠绕机,其通常能缠绕球形、圆柱形、锥形、盒形结构,具有 2～4 个自由度。在实际生产中,不同的制品结构与缠绕形式需要不同的缠绕设备。大部分的缠绕机有两个自由度——芯模的转动和绕丝嘴的平移。随着控制系统水平的提高,绕丝嘴可以做类似多个自由度的运动,比如水平或垂直运动以及转动。

2.螺旋缠绕机

在最简单的螺旋缠绕机中,驱动马达带动芯模、皮带轮和链轮一起控制纤维供给系统的移动。最简单的螺旋缠绕机有 2 个自由度。螺旋缠绕机的第 3 个自由度是纤维绕丝沿缠绕轴方向的运动,这一运动能够调节绕丝嘴与芯模表面间的距离(即使绕丝嘴的位置随着芯模直径的变化而变化)。当缠绕圆形芯模时,缠绕机需要操作绕丝嘴操作臂的旋转。为了保证在不同时刻绕丝嘴能够垂直于芯模的表面,需要给缠绕机添加一个回摆轴。

3.平面缠绕机

与螺旋缠绕机相比,平面缠绕机的运动方式极为简单,即芯模旋转和一个大垂直手臂绕芯模转动。平面缠绕是转动芯模表面的同时直接在芯模表面铺贴纤维束,所缠绕的纤维束按顺序排列而不像螺旋缠绕那样相互交错形成网状结构。平面缠绕适用于长径比小于 1.5:1 的制品。如固体火箭发动机的前几级发动机机匣的典型结构特点是粗和短,因此常用平面缠绕工艺制备。

平面缠绕机工艺简单,历史悠久。但是从 20 世纪 70 年代初期开始,除了小型的实验室用平面缠绕机以外,在工业生产中几乎不用平面缠绕机。

4.径向缠绕机

径向缠绕一般作为螺旋缠绕和平面缠绕的后续工序。在平面缠绕时,径向层的缠绕是通过把芯模拆下后放入径向缠绕机来缠绕径向层的。在螺旋缠绕时,在螺旋缠绕模式内加上径向缠绕模式即可实现径向缠绕。径向缠绕的作用有两个:第一,对于一些特定制品,径向的应力通常是轴向应力的两倍,所以径向缠绕可以提升制品径向承载能力;第二,径向的缠绕可以给前面螺旋缠绕或平面缠绕的纤维层提供压力使其更加致密,因此径向缠绕一般在平面缠绕或螺旋缠绕后进行。

5.360°缠绕机

一般缠绕设备的缺点是在一次缠绕循环中只能缠绕一束纤维,要充分覆盖芯模表面,就需要进行多个缠绕循环。为了加速纤维束的铺放,已经发展了许多特殊的缠绕机,如 360°缠绕机,可以同时将多束纤维缠绕到芯模上。

360°纤维缠绕机工作时,可以是芯模静止,绕丝头转动和平动,整个纤维层以某缠绕角进行缠绕;在移动方向相反转动方向不变时,则可以保持绕丝头不变,通过芯模的转动和平动来完成。

12.4.2 芯模

缠绕成型芯模决定了制件的几何尺寸,因此在缠绕过程中以及后续的固化过程中,芯模必须能支撑未固化的复合材料,使其变形被控制在允许的精度范围内。对芯模的要求需要按照制品及制造工艺来考虑:芯模自身的强度和刚度能够保证制品在成型过程中的承载需求(缠绕张力、制品自重、固化应力、后续加工时的切削力等);芯模能够满足制品内腔形状尺寸和精度要求(同轴度、椭圆度、表面粗糙度等);芯模能够保证固化后的制品能够顺利脱出。

缠绕工艺的芯模主要有三类:永久芯模、可拆卸芯模和重复使用芯模。永久芯模是制件的一部分,例如对一些要求隔离气体的贮存罐,可由纤维缠绕在金属壳体上制造,这里金属壳体的作用主要是隔绝气体。可拆卸芯模要求制件在固化后能够和制件分离而不损伤制件。重复使用芯模则必须在固化后保持制件和芯模完整性的条件下,能和制件分离。

1. 金属芯模

永久芯模和重复使用芯模一般使用金属材料制备。通常永久性芯模在高压容器内使用,因为大部分复合材料对于气体不能完全阻隔,因此使用金属芯模作为容器内部的抗泄露层。这个结构的优点在于固化后无需取出芯模。可以用作芯模的金属材料包括镍基合金、钛合金和铝合金。重复使用芯模在固体火箭发动机制造工业中应用广泛。这些芯模一般为框架结构,主要起到保证机匣内部几何形状与尺寸精度的作用。固化后,拆卸芯模,从机匣开口端取出。

2. 膨胀芯模

膨胀芯模一般由橡胶材料制造,在固化过程中受热从内部膨胀,从而为固化过程中的缠绕制件提供形状和压力。膨胀芯模的一个应用实例是制备石油贮罐:将厚橡胶皮做成球形,用空气吹到预定直径后,喷涂脱模层,之后进行缠绕成型。待固化完成后,放掉芯模内的空气后从开口处取出。膨胀芯模另一个应用在阳模上做一个薄橡胶袋,在缠绕完毕后放到一个闭合阴模内,在阳模和橡胶袋界面上利用压缩空气加压使得制件在固化过程中向外紧贴闭合阴模,可以获得较高的尺寸精度和光滑的外表面,但是内部尺寸不能精确控制。

3. 可溶性芯模

最初的可溶性芯模是将糊状的盐浇筑在模具内,然后加热使其硬化,获得芯模。在制品固化完成后,用水将芯模溶解。后续的水溶性芯模材料是指通过各类水溶性黏结剂将一些填料黏结在一起,并根据制件形状与工艺需求制成具有一定形状、在使用温度范围内具有一定的力学性能并可保持形状、脱模时通过溶剂使其溃散然后脱模获得产品的一种芯模。目前使用超细砂和聚乙烯醇制作芯模,这种芯模表面十分坚硬,因此必须使用硬质合金或金刚石刀具才能对其进行加工。制件固化后,使用水将聚乙烯醇黏结剂软化并使其溶于水中。溶解的细砂和聚乙烯醇可以从制件内倒出。水溶性芯模材料,由于成型精度高、成本低、效率高、易脱模等特点,在各类高标准、严要求的铸造和复合材料制造业中获得了广泛的应用。

习题与思考题

1. 请简述缠绕成型工艺过程。
2. 请简要介绍缠绕成型工艺所用的热塑性树脂有哪几类浸润方法。
3. 请简要介绍缠绕工艺的缠绕线型有哪几种。
4. 请以图文结合的形式介绍提供纤维张力的方式。
5. 请简要介绍预浸带缠绕成型时的加热方式。温度高低会产生怎样的影响？
6. 常用的缠绕机有哪些种类？它们分别有什么特点？
7. 缠绕用的芯模有哪几种类型？它们分别有什么优点？

第13章 拉挤成型工艺

13.1 概 述

复合材料拉挤成型工艺就是将增强材料(纤维纱线、纤维毡和编织物等)浸渍树脂胶液后通过成型模具,在模腔内加热固化成型,并在牵引力的作用下连续拉拔出型材制品的方法。从1951年第一个关于拉挤工艺的专利在美国注册后,复合材料拉挤成型工艺经过数十年的发展,已经成为一种制造复合材料型材的广泛使用方法。早期拉挤工艺的应用十分有限,主要用于制造实心的钓鱼竿和变压器的隔离棒等。20世纪60年代中期,化工行业对轻质高强、耐腐蚀和低成本材料的迫切需求促进了拉挤工业的发展。20世纪70年代以后,拉挤复合材料制品和工艺逐步走向标准化规范化,并以每年20%左右的速度增长,拉挤工艺也进入了高速发展阶段,拉挤复合材料的市场需求也有了急剧的增加。

复合材料拉挤成型技术是制造高纤维体积分数、高性能、低成本复合材料的一种重要方法。与传统钢制和铝合金型材相比,玻璃纤维拉挤型材具备更高的比强度和比模量,并且还具备优异的抗疲劳和抗蠕变性能,耐腐蚀、绝缘、电磁透过性好,维护成本低。拉挤工艺还具有其他复合材料成型工艺所不具备的优点:可以根据需求制备任意长度的制品,例如拉挤制造的光缆芯长度可达2.2 km,并且可以拉出薄壁件、中空件等复杂截面形状的制品;拉挤工艺的选材广泛;作为一种自动化生产工艺,生产效率高,原材料利用率(可达95%以上)高,无需辅助材料。正是由于拉挤制品具有优异的综合性能,因此在建筑、交通、医疗、航空航天、海上开采等领域得到了广泛应用。

拉挤成型技术也在不断发展,有反应注射拉挤成型技术、曲面拉挤成型技术、变截面连续拉挤技术和在线编织拉挤成型技术等,在20世纪80年代,又发展了高性能预浸料拉挤技术。通过使用高性能预浸料成功制备了满足航空应用需求的高性能复合材料型材,并且实现了在大型复合材料客机构件中的使用。

13.2 原 材 料

13.2.1 增强材料

拉挤成型复合材料主要应用的增强材料包括玻璃纤维、碳纤维和芳纶纤维等。

玻璃纤维在结构、性能、成本、加工工艺等方面具有综合优势,是拉挤成形复合材料最主要的增强材料。目前应用最广泛的是玻璃纤维无捻粗纱、玻璃纤维连续毡及短切毡,也有制品采用玻璃纤维无捻粗砂布以及布带等。常用的玻璃纤维主要有 E-玻璃纤维和 S-玻璃纤维。E-玻璃纤维具有较好的力学性能和电性能,价格低廉,广泛用作复合材料增强材料,缺点是耐酸碱性不够好。S-玻璃纤维是高强度、高模量玻璃纤维,拉伸强度和模量较 E-玻璃纤维要高 20%～30%,高温强度保持率和耐酸碱性也优于 E-玻璃纤维,主要用于对性能要求较高的领域。

应用于航空、航天工业及汽车工业等领域的先进复合材料则应用芳纶纤维、碳纤维等高性能纤维及其织物作为增强材料。为了降低成本,在拉挤成形工艺中也常应用由几种纤维组成的混杂纤维,如碳/玻璃纤维、芳纶/玻璃纤维、芳纶/碳纤维、玻璃纤维/碳纤维/芳纶纤维等。芳纶纤维具有很高的韧性,加工较为困难,价格也远高于玻璃纤维,一般在拉挤成型复合材料中应用较少。碳纤维的热膨胀系数小,因此具有较好的尺寸稳定性,多用于生产强度高、重量轻的制品,在航空航天、体育用品等领域得到大量应用。

13.2.2　基体材料

拉挤成型工艺中,影响树脂基体选择的因素包括:①拉挤制品对树脂性能的需求,包括力学性能、耐腐蚀性能、电性能等。②成型工艺对树脂性能的要求,包括树脂体系的黏度、固化温度、固化收缩率和固化速率等。拉挤成型通常要求树脂具备良好的流动性和较快的固化速率,以便于树脂充分浸润纤维,以较高的生产效率进行生产。③制品生产成本的要求,即在保证性能的前提下尽量降低成本。

拉挤成型工艺所用的树脂主要是不饱和聚酯树脂、环氧树脂、酚醛树脂、乙烯基树脂等热固性树脂。

不饱和聚酯树脂具有工艺性好、综合性能优良、制造效率高、成本较低等优点,但是它也具有固化收缩率大、耐热性差以及有刺激性气味等缺点。在实际生产中,会根据拉挤成型工艺对树脂的要求和制品的使用要求调节不饱和聚酯树脂的配方,通过化学改性和添加辅助添加剂,能够对最终制品的性能进行调整。随着拉挤成型工艺的发展,各公司不断推出了适用于拉挤成型工艺的专用型聚酯树脂。专用型树脂一方面能够改善固化收缩率和制品的表面质量,改善树脂的适应期和固化速度,提高拉挤速度,另一方面能够改善树脂的耐热性、阻燃性、耐腐蚀性等其他性能。

拉挤用环氧树脂复合材料具有高强度、耐高温、低收缩、耐腐蚀、耐高温性能、抗疲劳性能以及介电性能,它通常用于对力学性能和耐热性能要求较高的航空航天、兵器工业领域和使用条件苛刻的民用领域。环氧树脂另外一个优点是固化时无小分子副产物,制品的内部质量容易得到保证。但是由于环氧树脂独特的固化反应特性,反应速度慢,固化周期长,固化温度高,因此生产成本和生产效率高,环氧树脂自身的成本就是聚酯树脂的 3～6 倍。同时,正是环氧树脂黏结性和收缩率低的特点使得环氧树脂的拉挤脱模比较困难。为了解决拉挤环氧复合材料的脱模问题,除了需要在模具设计与制造上进行改进以外,主要是在树脂配方中加内脱模剂。

酚醛树脂作为历史最悠久的合成树脂,在 20 世纪 90 年代被开发成为拉挤成型的基体。酚醛树脂除兼具聚酯和环氧树脂的优点外,具有较好的阻燃特性、绝缘性以及成本低等突出优点,其适用于地铁、飞机内饰、医院、海上平台等对阻燃要求较高的领域的建筑型材。但是酚醛树脂的固化反应慢,成型周期长,而且固化时有小分子副产物水生成。早期的酚醛树脂拉挤成型工艺固化时使用酸催化剂,使树脂在 60~70℃固化,这样能够避免固化副产物影响制品质量,但使用酸催化体系时,无法同时保证制品的快速固化和服役寿命要求。为了解决此问题,可以采用加热后生成酸的酯作为酚醛酸催化剂,这样就能大大提升寿命。

13.2.3　树脂添加助剂

1. 内脱模剂

拉挤成型的树脂具有良好的黏结性能,为了保证拉挤工艺的自动化连续生产,获得表面质量优良的制品,必须使用与树脂基体匹配的内脱模剂。脱模剂具有较低的表面能,能够均匀润湿模具表面,起到脱模作用。早期的拉挤成型中常用硅油等外脱模剂,但是在实际生产中外脱模剂的作用非常有限,不能保证生产的连续进行,并且成型后制品表面质量不理想,因此现在的生产中都是使用内脱模剂。内脱模剂必须具备以下特征:脱模剂与树脂具有良好的相容性,能均匀地分散在树脂中,并保持稳定不团聚;加入后不影响树脂的使用以及固化反应特性,不影响制品性能;脱模剂用量在满足工艺要求下应尽可能少;不对复合材料制品造成染色等影响;内脱模剂能够在固化过程中及时迁移到树脂表面,起到润滑和脱模的作用,降低在牵引物料时所受的阻力,离膜后制品表面光滑、完整;对人体无毒性,不影响操作人员的身体健康。

内脱模剂与树脂的相容性或溶解性取决于内脱模剂的熔点、分子结构和物理相容性等特点,因此所选择的内脱模剂必须是含有弱极性基团或非极性基团的表面活性剂,弱极性基团能够使得内脱模剂均匀分散在树脂中,而非极性基团则能起到良好的润滑作用。常用的内脱模剂一般有磷酸酯、脂肪酸、硬脂酸盐类、三乙醇胺油等,其中硬脂酸锌的脱模效果比较好。这些脱模剂不会显著改变树脂的固化特性和力学特性,也不会影响后续的加工。

2. 无机填料

无机填料的加入可以改善材料体系的性能。通常情况下,无机填料的加入可以减少树脂固化收缩,减小制品的表面粗糙度,提高制品的尺寸稳定性、机械强度、硬度、耐热性,调整制品的塑性,满足制品不同性能的要求。同时,无机填料的引入也会给材料性能带来一些负面影响,例如降低材料的耐水性能和耐化学腐蚀性能。填料的含水量应小于 0.5%,避免污染树脂,影响树脂固化反应的均匀性,造成产品外观上的差异。常用的填料通常为粉状,如硅藻土、碳酸钙、氢氧化铝、三水合氧化铝、高岭土、滑石粉、云母、膨润土等。

3. 染色剂

拉挤工艺中的染色方式有内着色和外着色两种,外着色就是在制品表面上色,内着色是将色料与树脂在成型前混合使用。染色剂包括染料、有机色素和无机色素三大类。染料的特点是透明、着色力强、比重低,但是往往会因为含有过氧化物或受温度变化的影响而变色,并且耐热性差、易于迁移,因此在聚酯中很少使用。有机色素的色泽鲜艳,但是溶解性受限制,比重低,吸油量大。无机色素一般为天然或合成的金属氧化物和硫化物等,耐热性和耐光性都较好,密度大、吸油量小、化学稳定性好,一般不透明。拉挤成型工艺使用的染色剂一般有以下几点要求:颜色鲜艳,耐光性好,耐热性好,在树脂中分散性好,对树脂和过氧化物稳定,不影响制品性能,等等。另外,有些染色剂对树脂有一定的阻聚作用,使用这些染色剂是需要适当增加引发剂和促进剂的用量。

4. 其他添加剂

在拉挤成型中还需要根据制品的特殊要求和工艺要求添加一些辅助材料。

某些树脂的分子骨架上就带有具有阻燃功能的官能团，但是很多树脂体系需要依靠外来阻燃剂来达到阻燃目的。阻燃剂能阻止树脂燃烧或抑制火焰传播，最常用和最重要的阻燃剂是磷、溴、铝、锑的化合物。阻燃剂根据使用方法可以分为添加型和反应型两种。添加型的阻燃剂通常在加工过程中加入复合材料体系中，使用方便，可大量使用，但是会对复合材料性能产生一定影响。反应型的阻燃剂在树脂制备过程中作为一种单体参与到树脂体系的反应中，使之通过反应附加到树脂的分子链上，因此对树脂体系的性能影响较小，并且阻燃性较添加型阻燃剂也更为持久。

辅助材料还包括偶联剂、增塑剂、增韧剂、光稳定剂、消泡剂、抗氧剂等。偶联剂可以增加纤维与树脂之间的黏结强度，改善界面状态，提升制品的耐应力、抗老化以及电绝缘性能。增塑剂和增韧剂能够调节树脂体系的脆性，提高抗冲击强度，其中增塑剂的改性较为均匀，增韧剂的改性呈现非均匀性。光稳定剂是为了吸收来自太阳光的紫外线，减少或抑制光降解作用，提高树脂基体的耐光性，防止树脂因紫外线出现光老化等现象。消泡剂是为了消除树脂中的气泡、提高制品力学性能的添加剂。抗氧剂能够抑制或减缓高分子材料的自动氧化反应速度，能够提高制品的使用寿命。

13.3　拉挤成型工艺技术

13.3.1　拉挤成型工艺过程

拉挤成型工艺过程包括排纱、浸渍、预成型、挤压、固化、牵引、切割等过程。这种成型过程不同于其他复合材料成型过程，需要外力拉拔和挤压进行塑形，因此称之为拉挤成型工艺。

拉挤成型的工艺形式很多，分类方式也很多。按照拉挤机的形式可以分为立式和卧式拉挤。按照拉挤过程可以分为间歇式拉挤和连续式拉挤。间歇式拉挤成型过程指牵引机构间歇工作，纤维浸胶后在模具中固化成型，之后牵引出模具，下一段纤维再进入热模中固化成型，再牵引出模，如此间歇式反复进行牵引，对制品按照特定长度进行切割，连续不断生产。连续式拉挤成型工艺是制品在拉挤成型过程中，牵引、固化与模塑工序连续进行，生产效率高，但是需要控制生产过程中凝胶时间、固化程度、模具温度和牵引速度的匹配关系，以保证制品质量。由这种方法生产的制品不需要二次加工，表面性能好，可以生产大型空心型材构件。

典型拉挤工艺是连续湿法卧式拉挤，如图 13-1 所示。将增强纤维（无捻粗纱、连续纤维毡等）从纱架引出，经过导纱装置进入树脂槽中浸胶，充分浸润后进入预成型模，排出多余的树脂，并在压实过程中排出气泡，按照设计要求的位置进入成型模具，再挤出多余树脂，在一定温度下树脂基体发生反应、凝胶、固化，从而得到连续、表面光滑、尺寸稳定且高强度的复合材料制品。

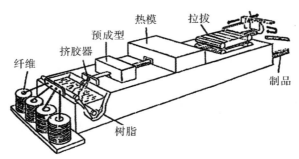

图 13-1　连续湿法卧式拉挤成型工艺示意图

13.3.2　拉挤成型工艺参数

拉挤成型工艺过程由多道工序组成,各个工序都存在可调节的工艺参数,这些参数有些可以根据拉挤设备直接调整,比如模具温度、拉拔速度等,有些如树脂黏度、拉挤制品的温度等,则无法直接通过设备进行调整。各个参数都会影响最终拉挤制品的质量。其中最主要的 3 个工序分别是浸胶、预成型和固化。

在任何复合材料成型工艺中,固化都是关键工序。在拉挤成型工艺中,固化工序除了要控制成型的温度、模具温度分布以外,还要考虑物料通过模具的时间。在拉挤成型过程中,浸渍树脂后的纤维在成型模具内运动并同时发生一系列物理、化学变化。因此,在固化工序中,工艺设备与工艺条件必须能保证浸胶纤维能够顺利、连续、稳定地通过模具,同时完成固化反应。

按照浸渍纤维通过模具时的状态,可以把模具分为 3 个区域,即液态区、凝胶态区和固态区,它们对应树脂固化过程中的 3 种状态,如图 13-2 所示。在刚进入模具时树脂为液态,这段区域称为液态区,在前进过程中,树脂受热发生交联反应,黏度降低,开始凝胶,进入凝胶态区。在凝胶态区树脂逐渐变硬、收缩并与模具脱离。树脂与纤维一起以相同的速度向前移动,在固态区受热继续固化,并保证出模时完成固化反应。

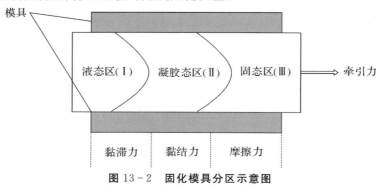

图 13-2　固化模具分区示意图

固化温度通常要大于胶液放热峰的峰值,并使得温度、凝胶时间和牵引速度相匹配,这 3 个区域的温度梯度不应过大,温差宜控制在 20～30℃,还应考虑固化反应放热的影响,所以 3 个区域应分别使用 3 组加热系统来控温。在固化过程中,纤维以等速穿过模具,而树脂则不同,在模具入口处树脂的行为类似牛顿流体,流体树脂与模具内壁之间的黏滞阻力减缓了树脂的前进速度,并随着离模具表面距离的增加,树脂的牵引速度逐渐恢复到与纤维相当的速度水平。

由于拉挤工艺是一个连续化的生产过程,任何一个工序参数的变化都会对其他工序产生一定影响。对全局产生影响的参数包括温度、拉挤速度、纤维张力与牵引力以及纤维纱线用量。

1. 成型温度

拉挤成型工艺中最重要的参数是固化装置中的温度场。在拉挤成型过程中,浸胶纤维在模具中的固化反应直接决定了拉挤产品的形成,固化成型温度场与此温度场下树脂的变化过程也决定了拉挤速度。

拉挤成型模具一般使用加热板或加热套来加热。树脂在加热过程中,温度逐渐升高,黏度降低,经过液态区后进入凝胶态,开始固化,在固化区域继续加热固化,来保证制品出模后有足够的固化度。模具加热温度和温度场的分布需要根据所用树脂体系的固化特性确定。

2. 拉挤速度

拉挤模具的长度通常为 $0.6 \sim 1.2$ m,在一定的温度条件下,拉挤速度取决于所用树脂体系的凝胶特性和固化特性。一般情况下,拉挤速度应使得产品在模具中部凝胶固化,即制品与模具的脱离点在模具中部并尽量靠前。如果拉挤速度过快,制品未完全固化,则会影响制品质量,制品表面和内部也会出现因树脂未完全固化形成的缺陷;如果拉挤速度过慢,虽然能够保证制品充分固化,但是会使制品在模具中停留时间过长,降低生产效率。在实际生产过程中,在启动拉挤过程时,速度应当放慢,之后根据制品生产情况逐步提高到合理拉挤速度。

除了考虑树脂体系的固化特性外,还应当考虑产品尺寸的影响。对于尺寸较小的产品,温度能够很快传递到制品中心,整体固化度均匀,此时可以提高拉挤速度。但如果产品截面尺寸较大,温度较难传递到制品中心,此时需要降低拉挤速度,保证制品能够充分固化。一般情况下拉挤速度的范围为 $500 \sim 1\,300$ mm/min。现代拉挤成型技术的发展趋势之一就是高速、高效化。

3. 张力与牵引力

张力指拉挤成型过程中纤维粗纱张紧的力,它可使浸胶后的纤维纱不松散,其大小与胶槽到模具入口之间的距离、制品形状和树脂含量有关,一般情况下要经过实验进行确定。

牵引过程中阻力的来源很多:纤维轴、树脂槽和预成型模具中使纤维方向聚拢到制品方向的阻力,固化模具入口处将纤维和树脂压实至最终尺寸的阻力,纤维浸渍树脂后与模具表面之间的黏滞阻力,固化收缩后使制品与模具内表面脱模的脱粘力,制品固化后在模具表面的摩擦力。

牵引力在工艺控制中很重要,是保证制品顺利出模的关键,若要求制品表面光洁,产品在脱离点与模具之间的剪应力应比较小。牵引力与固化温度和牵引速度一样,与许多因素有关,如纤维含量、树脂黏度、树脂固化速率、固化收缩率、制品的几何形状与尺寸、模具材质、脱模剂种类、温度等。

4. 纤维纱线用量

纤维纱线的用量与拉挤制品的几何形状、尺寸,以及玻璃纤维和填料的比例有关。

计算纤维纱线用量首先需要计算树脂与填料混合物的密度:

$$\rho_{混} = \frac{1}{[W_t / \rho_t + (1 - W_t) / \rho_R](1 + V_g)} \tag{13.1}$$

式中:$\rho_{混}$——树脂和填料混合物的密度;

$\quad$ W_t——填料的质量分数;

$\quad$ ρ_t——填料密度;

$\quad$ ρ_R——树脂密度;

$\quad$ V_g——树脂与填料混合物的孔隙率。

然后计算纤维基体含量:

$$V_f = \frac{W_f / \rho_f}{[W_f / \rho_f + (1 - W_f) / \rho_{混}](1 + V_{gc})} \tag{13.2}$$

式中:V_f——纤维的体积分数;

$\quad$ W_f——纤维的质量分数;

$\quad$ ρ_f——纤维密度;

$\quad$ $\rho_{混}$——树脂和混合物的密度;

$\quad$ V_{gc}——纤维、填料和树脂复合后的孔隙率。

最后,拉挤制品所需的纱团数可由下式计算得到:

$$N = \frac{100A\beta_f \rho_t V_f}{K} \tag{13.3}$$

式中:N——制品所用纱团数;

$\quad$ A——制品截面积;

$\quad$ β_f——纤维支数;

$\quad$ ρ_t——填料密度;

$\quad$ V_f——纤维的体积分数;

$\quad$ K——纤维股数。

13.4　拉挤成型设备

拉挤成型工艺所需设备主要是拉挤机,一般分为卧式和立式两类。立式拉挤机各个工序均沿着垂直方向布置,主要用于制造空心型材。立式拉挤机由于局限性较大并且生产制品种类单一,已经很少使用。卧式拉挤机结构较为简单,操作方便,对车间也没有特殊要求,并且能实现各类固化方法,因此在拉挤工业中应用较多。拉挤机主要由送纱装置、浸渍装置、预成型与固化装置、牵引装置和切割装置五部分组成,对应拉挤成型工艺中的各个工序。

13.4.1　送纱装置

送纱装置的主要作用是放置生产所必需的纤维粗纱纱团纱架,之后从纱架上的粗纱纱筒中引出无捻粗纱。只有将纤维放置在正确的位置,才能充分发挥拉挤产品的综合性能,实现产品的设计要求。送纱装置一般由纱架和集束架两部分组成,如图 13 - 3 所示。纱架结构可根据生产需要和场地大小制成整体式和组合式,一般要求稳固、换纱方便、导纱流畅、无障碍。为了提高拉挤产品的横向性能,从原材料架上引出进入浸渍装置的可以是各式各样的织物,如机织物、针织物、三维织物和毡材等。

图 13 - 3　送纱装置示意图

13.4.2　浸渍装置

浸渍装置主要由树脂槽、导向辊、压辊、分纱栅板、挤胶辊等组成,如图 13 - 4 所示。在浸胶装置中,由纱架引出纤维无捻粗纱在浸胶槽中浸渍树脂,并通过挤胶辊控制树脂含量。树脂槽长度应根据浸胶时间长短决定,通常树脂槽长度为 0.6～1.8 m,如果树脂槽太短,则纤维在树脂槽内停留的时间太短,不能使树脂充分浸润纤维;如果树脂槽太长,槽中的树脂无法持续更新,会存在树脂溶剂挥发、浓度变化的问题,导致树脂黏度过大而不利于纤维的浸渍。为了方便清洗,树脂槽中部件尽量避免使用螺栓连接,同时考虑到树脂的黏度要求,浸胶装置中应设置有加热装置,以调节树脂温度。挤胶辊的作用是促进树脂充分浸渍纤维,并挤出多余的树脂,排出混入浸胶纤维中的气泡。

图 13 - 4　浸胶装置示意图

浸渍工艺主要有以下 3 种方法。

(1)长槽浸渍法。浸渍槽一般是钢制的长槽,入口处设有纤维滚筒,纤维从滚筒下方进入树脂槽,槽内有分离装置,将纤维纱或织物分开,保证浸渍充分,然后被浸渍的纤维从树脂槽中出来后进入预成型导槽,在预成型导槽上刮掉多余的树脂。

(2)直槽浸渍法。浸渍槽前、后设有梳理架,梳理架上有窄缝或孔,用于通过和梳理纤维,纤维纱和纤维毡浸渍树脂后通过槽前梳理板进入预成型导槽。整个浸渍过程的纤维和毡排列整齐。

(3)滚筒浸渍法。在浸渍槽前有一块导纱板,浸渍槽中有两个钢制滚筒,滚筒直径以下部分都浸泡在树脂中,滚筒通过旋转将下方的树脂带到滚筒上部,纤维纱在紧贴滚筒上部的位置浸渍树脂,这种方法适用于细股纱的树脂浸渍。

13.4.3 预成型装置

预成型装置的主要作用是使得浸胶后的纤维逐渐演变成为拉挤制品的形状,同时逐步除去多余的树脂,排出气泡,将产品所需的纤维合理、准确地组合在一起,确保其相对位置,使其形状逐渐收缩并接近于成型模具的进口形状,然后进入模具进行固化。预成型导向模具如图13-5所示。预成型装置没有固定模式,要根据制品形状要求进行设计。通常拉挤成型棒材一般使用管状预成型模,生产空心型材则常使用芯轴预成型模,制造异型材时多使用和型材截面形状接近的金属预成型模具。在生产工字型型材时也可以将材料制成管状预成型体,然后再将这种管状预成型体压扁成所需的工字型型材。

13.4.4 成型模具

成型模具是拉挤成型工艺的重要装置,成型模具的作用是实现拉挤物料的压实、成型和固化,如图13-6所示。在成型模具的设计中,除了考虑截面的尺寸外,还应当考虑以下因素:一是树脂固化体系的化学和物理特性;二是被拉挤材料与模具壁的摩擦性能。模具设计是否合理,直接影响到制品的质量。成型模具横截面面积与产品截面积之比一般应不小于10,以保证模具具有足够的强度和刚度,加热后热量分布应均匀、稳定。在使用某些树脂体系时,成型模具的前端需要配置冷却系统,以避免树脂过早固化,影响成型质量。成型模具一般使用钢制,内表面镀铬,保证模腔表面光洁、耐磨,以减少拉挤成型中的摩擦阻力和提高模具的使用寿命。

图 13-5 预成型导向模具

图 13-6 拉挤成型模具

13.4.5 牵引装置

制品在模具中固化后,就需要一个牵引力将其从模具中拉出。这种牵引力来自于牵引装置。为了牵引型材,牵引装置必须具备夹持与牵引两大功能。为了满足拉挤工艺的需求,对牵引装置有几个基本要求：牵引力需要对制品施加一个连续、稳定的拉力；牵引力、牵引速度可调，以适应不同截面尺寸及不用材料的制品的生产需求；加持力可调，牵引力是依靠摩擦力传递给制品的，因此不同牵引力其夹持力也不同；夹头可更换。

　　牵引机可分为连续式牵引机和往复式牵引机两类。连续式牵引机使用较多，具体可分为带式和夹板式。带式牵引机的特点是运动平稳、速度变化量小、结构简单，一般适合夹持形状简单、牵引力较小的拉挤型材，如较细的管材、棒材等。夹板式牵引机相比于带式牵引式能够提供更大的牵引力，但是在夹板产生磨损或生产产品出现变化时，需要更换夹板，所以比较费时，成本更高。往复式牵引机的操作更加复杂，但是能够牵引尺寸更大、形状更复杂拉挤型材，大多利用两套牵引单元协调进行交替牵引来实现连续的牵引运动，如图 13 - 7 所示。

图 13 - 7　往复式牵引机构

13.4.6　切割装置

　　切割是在连续生产过程中进行的，是整个拉挤生产工艺的最后一道工序，由于制品是在连续牵引过程中进行切割的，因此切割机将按照制品长度固定在牵引机的某一固定位置上，保持其速度与牵引速度同步。切割刀具材料的选择十分重要，目前金刚石砂轮锯切的效果最好，具有切割效率高、加工质量好等优点。从绿色生产角度考虑，切割装置应具备除尘功能，一般采用湿法切割方法来达到除尘的效果。

习题与思考题

1. 简述拉挤成型工艺成型过程。
2. 简述拉挤成型用树脂的特点。
3. 简述拉挤成型工艺使用的添加助剂有哪些，它们分别有什么作用。
4. 拉挤成型过程需要哪些工艺、设备？
5. 分析拉挤速度过快或过慢对成型工艺造成的影响。
6. 拉挤成型牵引过程阻力来源有哪些？牵引力的大小与哪些因素有关？
7. 拉挤成型中的树脂浸渍方法主要有哪些？
8. 简述设计拉挤成型模具时的考虑因素。
9. 拉挤成型牵引装置有哪些类型？它们分别有何优缺点？

第 14 章　工艺技术探索与发展

从泥土和稻草制造的房屋,到目前在建筑行业广泛使用的钢筋混凝土,人类使用复合材料已经有几千年的历史了,但是以合成树脂作为基体、以纤维作为增强材料制作的复合材料是20 世纪 40 年代发展起来的一种新材料,经过几十年的发展,复合材料的设计、制造、应用已经发展成为了一个较为完整的体系。从航空航天、轨道交通到体育器械、医疗健康,复合材料都具有广泛的应用。先进的树脂基复合材料在其中发挥着极其重要的作用,代表了先进材料的发展水平。本章主要展望树脂基复合材料未来的发展。

14.1　先进树脂基复合材料制造工艺探索

14.1.1　复合材料大型化、整体化、自动化制造技术

复合材料是大型整体化结构的理想材料,在航空领域中,与常规材料相比复合材料可以使飞机减重 15%～30%,结构设计成本降低 15%～30%,从而大幅度降低飞机的制造成本。同样,作为飞机先进性的评价指标,复合材料用量若想得到进一步提升,就必须在机身、机翼等大型部件上实现应用。国外的飞机制造厂商已经突破了通过自动铺带技术或自动铺丝技术等对大型飞机零件的自动化生产技术。A350 超宽体客机前机身的 13～14 段(见图 14-1)是由 4个复合材料板件与地板、隔框构成的,其中机身壁板采用了自动铺丝技术,壁板上约有 130 个不同尺寸的长桁,在 20 m×3.5 m 的壁板上对长桁进行定位,定位精度达到±0.2 mm,装配一根 18 m 的长桁仅需要 12 min。

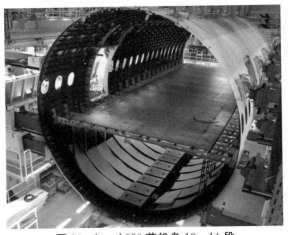

图 14-1　A350 前机身 13～14 段

西班牙机械制造商于 2017 年展示了一套全新的飞机结构生产理念——"托里斯之翼",其在 2018 年获得 JEC World 展会航空工艺创新大奖。

"托里斯之翼"作为一种颠覆性的机身/机翼制造技术,抛弃了传统的模具与紧固件,采用模块化的设计,以"碳环"(碳纤维环形结构)以及若干地板作为元件,通过拼装胶结后形成骨架,随后利用自动铺丝技术在骨架上缠绕蒙皮,之后进行真空灌注树脂并固化成型。"托里斯之翼"实现了框架与蒙皮的整体成型,不再需要大量的金属紧固件,使得机身重量降低了约30%。除了机身,机翼和机尾也可以使用类似的工艺进行生产,制造过程实现了高度的自动化,具体生产过程如图 14-2 所示。

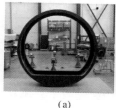

(a)　　　　　　(b)　　　　　　(c)　　　　　　(d)

图 14-2　"托里斯之翼"生产过程

(a)碳环制造;(b)碳环定位胶接;(c)铺设外蒙皮;(d)成品

近年来,我国大型复合材料零件自动化制造技术的应用得到了进步,各大飞机研制单位与主机厂已基本实现了数控下料、激光辅助定位铺贴、自动化超声无损检测等基本自动生产技术,但是由于我国复合材料发展较晚,基础薄弱,技术累积缺乏,与欧美国家的先进航空制造企业相比水平还是较低,大型复合材料零件的自动化铺放、组件自动化装配等技术仍在研究阶段,尚未实现工程应用。目前各大主机厂陆续采购了自动化生产设备并积极开展了相关工艺的研究,如商飞公司联合中航工业复材中心,采用积木式验证方法,从小型试验件制造中探索复合材料壁板成型的工艺条件,优化工艺方案,最终实现了 CR929 全尺寸复合材料机身壁板试验件(见图 14-3)的制造。该壁板采用了自动铺带技术等自动化制造工艺,为中国大飞机复合材料大部件整体化、自动化生产制造积累了经验。

图 14-3　CR929 机身壁板试验件

14.1.2　复合材料低成本制造技术

热压罐成型技术是最早用在航空复合材料结构的成型技术,具有成型质量稳定、材料性能高、适用结构范围广等优点。但随着复合材料用量的扩大,传统热压罐成型技术的一些缺点也开始暴露出来,其中最突出的问题就是制造成本过高。首先热压罐成型方法需要使用预浸料,预浸料的制备、储存方式以及工艺过程繁多且复杂,需要消耗较多的辅助材料以及人力;其次热压罐成型需要昂贵的设备投资以及大量的能源消耗,导致复合材料零件的成本居高不下,这在一定程度上限制了复合材料的扩大应用。因此,降低制造成本一直是复合材料制造领域所追求的目标。在低成本制造工艺中,液体成型工艺仍然是今后发展的趋势,目前在航空航天等先进制造领域中,液体成型的应用仍处于发展阶段,无论是材料体系、设计技术、纤维预制体、工装以及制造工艺参数等均待进一步的开发。

如本书第 11 章介绍的,液体成型的主要原材料是干态纤维与液态树脂,干态纤维和液态树脂的制造成本低,约为相同材料转化为预浸料的 70%;热压罐成型的预浸料的冷藏期限为 9~12 个月,而干态纤维材料的保质期更长且可以在室温下保存,因此液体成型原材料的制造、运输、储存成本相比于热压罐工艺具有显著优势。此外,液体成型可以脱离热压罐工艺固化,对于大尺寸复合材料零件,所用的烘箱的设备费用为同等热压罐的 1/10,大大节约了设备成本。

从 20 世纪 60 年代末,开始对具有三维结构的纤维增强复合材料进行研制,克服了二维层压板厚度方向、层间性能和耐冲击损伤性能差的缺点。NASA 的 AGT 计划验证了机织、针织、缝合等工艺用于制造三维复合材料部件的可能性。三维纤维制造技术的发展大大提高了液体成型的应用优势,目前编织、机织和针织工艺在航空航天领域中的应用越来越多,已经可以制造出形状复杂且无余量的预成型体,并且在机翼壁板、飞机起落架、发动机叶片等部位得到了应用。

国际发动机公司(CFM)研制的 LEAP-X 发动机中,其风扇叶片与机匣就采用了三维机织技术与液体成型工艺制造,如图 14-4 所示。其中风扇叶片采用 Albany 公司生产的三维机织预制体和高温高韧性树脂。三维机织结构的叶片降低了二维复合材料叶片分层缺陷产生的概率,与目前使用的人工铺层的预浸料叶片相比生产周期较短,制造成本相对较低;风扇机匣也是用织机编织织物制造的,降低了机匣的整体重量。风扇段重量占发动机总重量的 30%~50%,通过液体成型制备的风扇叶片与机匣,对发动机的减重效果明显。

图 14-4　LEAP-X 发动机

14.1.3　复合材料 3D 打印技术

复合材料 3D 打印是利用三维设计数据在一台设备上快速而精确地制造出复杂形状零件的技术。3D 打印技术能够实现"自由制造",解决很多传统工艺难以制造的复杂结构零件的成型问题,同时可以减少工序,缩短加工后期,而且对于结构越复杂的产品,制造速度越能得到显著提升。目前,将 3D 打印技术应用于纤维增强树脂基复合材料成为了一种新兴的制造发展趋势,为轻质复合材料结构的低成本快速制造提供了一个有效技术途径。

将 3D 打印技术用于纤维增强树脂基复合材料制造,已经成为了一种复合材料制造向着数字化、智能化、自动化迈进的新技术趋势,正在得到快速发展。在各类 3D 打印技术中,能够进行复合材料 3D 打印的主要有选区激光烧结(Selected Laser Sintering,SLS)、熔融沉积成型(Fused Deposition Modeling,FDM)、分层实体制造(Laminated Object Manufacturing,LOM)以及立体光刻技术(Stero-Lithography,SL)。

就 3D 打印技术的应用现状而言,3D 打印复合材料制造主要以热塑性复合材料为主,因为热塑性的树脂具有加热变软、冷却固化的工艺特性,易于实现 3D 打印。目前较成熟的复合材料 3D 打印技术以短纤维、热塑性复合材料为主,材料和设备实现了商业化,而热固性复合材料的 3D 打印还停留在实验室内。

复合材料 3D 打印技术是先进复合材料制造、3D 打印领域的交叉研究方向,是一种前沿应用技术。3D 打印复合材料的研究拓宽了 3D 打印技术的应用领域,并且结合了复合材料多功能的特点,加快了在生物医疗、医学研究、产品模型、建筑设计、工业制造以及视频产业等多领域发展的进程。进一步探索成本更低、相容性更好、实用性更强的 3D 打印复合材料已成为科学家们共同的研究方向。通过与多功能纳米材料、纤维、无机材料、金属材料以及高分子材料复合改性可有效提高 3D 打印复合材料的机械性能、热性能以及生物特性等。

近年来,国内 3D 打印市场发展迅速,但主要还是在工业领域进行模型制作,没有在消费品领域形成快速发展的市场。另外,我国目前 3D 打印技术研发方面投入不足,在产业化技术发展和应用方面落后于美国和欧洲。国内 3D 打印工艺的核心关键技术整体上落后于国外先进水平,材料的基础研究、材料的制备工艺以及产业化方面与国外相比存在相当大的差距,部分国产 3D 打印工艺装备的智能化程度与国外先进水平相比还有差距,核心元器件还主要依靠进口。

因此,复合材料 3D 打印技术仍然需要继续发展,以实现复合材料零件的低成本快速制造,通过工艺参数调控,实现性能可控的复合材料制备、成型一体化,未来有望用于航空航天飞行器结构设计,将大幅度提升飞行器结构效率以及综合性能,拓展复合材料的应用范围。

14.2　先进树脂基复合材料的发展与未来

14.2.1　结构功能一体化树脂基复合材料高性能、多功能化发展

树脂基复合材料中树脂的性能决定了最终复合材料的性能,因此要想获得高性能的复合材料必须改善树脂基体的性能。目前树脂基体的发展趋势包括耐湿热、高韧性、耐高温等。例如,美国 NASA 与波音公司针对超高速飞行器的发展需求,进行了耐高温高韧性聚酰亚胺复合材料的研究,研制了一种长期工作温度大于 200℃的耐高温复合材料;为了提高树脂基复合材料的使用温度,开展了第 4 代耐温有机无机杂化聚酰亚胺复合材料树脂基体研究,初步获得了玻璃化转变温度高达 489℃、可在 425℃以上长期使用的聚酰亚胺复合材料。

增强纤维目前的发展趋势是低成本与多功能化的纤维研制。高性能纤维的需求量逐年上

升,而价格在不断下降。以碳纤维为例,从 1995 年到 2015 年,高性能碳纤维的需求量从 8 000 t 提高到了约 40 000 t,平均价格从 50 美元/kg 下降到了 20 美元/kg。纤维价格的下降能够扩大其应用范围,如应用于交通行业与体育器械行业,反过来,用量的扩大也从侧面促进了材料价格的下降。

除了碳纤维,为了适应耐高温与多功能化的要求,近些年开发了许多特种无机纤维,比如碳化硅纤维和氮化硅纤维,其特点是耐高温并且具有半导体特性。由它们制成的树脂基复合材料可具备吸波性能。在军用领域,使用碳纤维和 PBO 纤维作为主要增强材料来提高复合材料的刚性、防护性能和力学性能,进一步发展了复合材料车体、炮塔等大型部件的整体制造技术。

如上所述,通过具有功能性的不同材料的复合,可以制造不同功能的复合材料,如导电功能复合材料、磁性功能复合材料、电磁功能复合材料、光功能复合材料、阻尼吸声复合材料、摩擦损耗复合材料、医用复合材料等。因此,在未来,树脂基复合材料的发展会打破传统材料结构形式,将高强度、高模量的优异结构特点与隐身、抗爆、电磁屏蔽、高耐热性等多功能相结合,使复合材料的利用效率提高。同样,发展结构功能一体化复合材料结构设计与表征技术也成为未来研究的热点。

14.2.2 基于碳中和与绿色制造概念的绿色复合材料与再利用技术

绿色复合材料是指由天然纤维等可降解纤维增强可降解物质或可降解合成树脂制造的新型复合材料。天然纤维增强纤维复合材料具轻量、低价和可回收等性能,采用天然纤维增强可降解树脂的新型复合材料代替目前的复合材料,可以减少污染、保护环境。为应对日益逼近的能源危机和资源约束,天然纤维及其复合材料日渐成为先进复合材料的研究重点。目前用于树脂基复合材料的织物纤维以麻纤维为主,如剑麻、蕉麻、洋麻等。竹子因为其性能优良、生长周期短等特点,同样是有机纤维的首选。麻和竹等天然纤维抗张强度高,具有较高的比强度和比模量,并且自然资源丰富,原料生长周期短,因此具有很好的市场潜力与发展前景。

先进热塑性复合材料同样具有高性能、轻量和可回收等特性,随着先进热塑性复合材料在线成型技术的发展,热塑性复合材料的应用领域将进一步拓展。此外,基于生物降解、化学分解、能量分解的复合材料循环再利用技术也将是树脂基复合材料发展应用不可缺少的关键技术。目前复合材料的回收和再利用的技术和方法还十分有限,大多还处于实验阶段,距离实现商业化还有一定的距离。目前美国波音公司、空客公司和日本日立公司等均提出要对复合材料回收新技术进行研发。

14.2.3 多功能树脂基纳米复合材料

纳米复合材料是 20 世纪 80 年代提出的新概念,与单一纳米材料和纳米相材料不同,它是由两种或两种以上的固相至少在一个尺度上以纳米级大小复合而成的材料,这些固相可以是有机物,也可以是无机物,或是两者都有,也可以是非晶质、半晶质、晶质或都有。由于纳米粒子尺寸小、比表面大而产生量子效应,赋予纳米复合材料许多特殊的性质,故一些科学家认为纳米复合材料是 21 世纪最有前途的材料之一。以树脂为基体的纳米复合材料统称为树脂基纳米复合材料。纳米复合材料的研制开发工作在金属、陶瓷领域开展得比较充分、深入,相比之下在树脂领域的起步较晚,但是近几年发展得相当迅速。

树脂基复合材料中无机物的表面积非常大,无机与聚合物界面的作用力大,存在聚合物与纳米材料界面之间的化学键合,具有理想的界面结合性能,可以减少或消除无机物与聚合物基体两物质热膨胀系数不匹配的问题,既可以充分发挥纳米材料优异力学性能以及其他优异特性,又可以发挥有机聚合物的柔韧性。因为聚合物/纳米材料具有上述优点,所以在光学、力学、电磁学等领域表现出许多优异的性能,具备良好的发展前景,是探索制造高性能复合材料的一条重要途径。加之近些年优秀的纳米材料,如石墨烯、富勒烯、碳纳米管、迈科烯(MXene)、纤维素纳米晶体(CNC)等,在化学、光学、热学、电磁学和力学等方面表现出许多突出的性能,使其制备出的复合材料具有传统材料无法比拟的高性能和多功能性。目前,在树脂基纳米复合材料的实际工程应用中还存在很多问题,最主要的挑战就是如何将它们在纳米尺度的优秀特性传递到宏观上。

14.2.4　树脂基复合材料多领域应用

目前航空复合材料已经从最初的非承力构件发展到现在的次承力与主承力构件,减重效果明显,提高了飞机的可靠性和耐久性。在其他领域中复合材料同样具备良好的发展前景。

在海洋领域中,随着我国跨海大型工程越来越多,维护海上主权工程建设越来越紧迫,大型结构材料的安全和耐久性越来越突出。海洋环境属于强腐蚀环境,海洋腐蚀方面花费的资金较大,海上平台结构用纤维增强复合材料制造,可以达到轻质高强和耐海水腐蚀的目的,也是未来海上平台技术发展的方向之一。相比于传统钢制材料易出现腐蚀破坏、悬垂大等问题,纤维增强树脂基复合材料具有抗疲劳、耐腐蚀和比强度大等优势,因此现有海洋工程对纤维增强树脂基复合材料的需求将呈现越来越旺盛的趋势。另外,目前我国海洋石油、海洋渔业发展迅速,为了防止水下石油结构设施发生事故,需要对其进行防渔网拖挂与防落物保护,所以预计复合材料海底保护罩的需求将出现大幅度增长。

在交通领域中,节能减排与轻量化是大势所趋,因此交通领域用复合材料潜力未来可期。比如,我国的新能源汽车产量和销量均位世界前列,伴随着新能源汽车的发展,对结构件、内饰件上复合材料的轻量化需求将大幅增加,树脂基复合材料将会用于新能源汽车减重领域。我国也是全球最大的制氢国,氢燃料汽车的核心部件储氢气瓶的发展决定了车的续航能力,典型用品如车用 35 MPa 的铝内胆碳纤维全缠绕储氢气瓶以及车用 70 MPa 的内胆碳纤维复合氢气瓶等。此外,无人机储氢气瓶、压缩天然气运输使用的大容积复合长管、电动汽车用复合材料充电桩等均有广阔的应用前景。

在建筑领域,采用复合材料制造的快速组装轻质应急房屋,在发生疫情、火灾、地震等重大灾害时,其复合材料构件可快速运输到指定地点进行组装,集成必要的生活设备,临时为指挥所、医院等重要机构提供办公场所,可以有效提升抗灾应急能力。采用复合材料制造的轻质高强桥梁在应对人为与自然灾害时,可以快速运输和架设,是未来桥梁技术发展方向之一。使用复合材料做混凝土的增强筋替代钢筋制造的混凝土能够提高建筑结构的抗震性和抗磁性。这种增强筋可用玻璃纤维、碳纤维和芳纶纤维等经过二维或三维编织后作增强材料。目前,这种新型混凝土已用于地磁观察站、高频电机房等建筑物及桥梁的地基上,对延长建筑物的使用寿命、提高性能起着重要作用。

14.2.5　信息时代复合材料研究方式的变革

信息量的急剧增长与计算机计算水平的提高提供了更丰富的研究环境,与之而来的是一系列问题,如现有的数据怎样去筛选,未来将获取什么样的数据,研究者面临的挑战是保证对已有数据和资源的评估,以及未来数据和模拟的新的强大的共享。此外,计算机控制的实验允许实验者通过互联网控制进行实验而无需在设备旁边进行控制。以这种方式,实验装置可通过所有研究者分享,这样可以提高设备的使用效率,以及将等待获得专用设备所需的时间用于重新部署以进一步快速获得研究结果。

此外,伴随着深度学习、机器学习等技术的出现和不断完善发展,此类技术已经为许多工业生产制造提供了技术支持。通过计算机视觉算法来识别、检测缺陷部位,越来越成为一种重要的技术手段。相比于传统的人工识别和无损检测方法,深度学习技术有着诸多优点:首先是识别效率高,在识别完成后对于每次的检测结果都能进行系统的记录,数据方便保存和分析;其次是降低了经济成本,提升了利润率;最后是安全可靠,一方面能够减少某些危险性因素对人体的伤害,另一方面能够减少因接触部件带来的损耗,提高了检测的可靠性。

14.2.6　智能复合材料技术与健康监测

先进复合材料整体结构件的修理与拆卸十分困难,对重点区域状况的检测要更加小心。结构健康监测为克服复合材料整体结构面临的挑战提供了一个方法。

结构健康监测是复合材料智能结构发展的第一步,首先其能够降低结构所需的检测时间。复合材料在服役过程中要承受各种恶劣甚至极端载荷的作用,在制造的瑕疵、薄弱处往往会产生应力集中,从而使微小的瑕疵进一步发展,加速结构裂纹、分层、脱粘等,进而使得结构失效,严重威胁重大装备及结构的可靠性,当能够确定结构的损伤发展到灾难性尺寸前都得到检测时,设计部门与制造部门也就更有信心扩展结构的效率。结构健康监测主要是指将光纤传感器、电阻传感器、压电传感器埋入复合材料和结构内以实现对结构的检测。通过对复合结构的健康状况如温度、应变、损伤、疲劳等进行长期在线、实时检测,可以预测结构内部的损伤及剩余寿命,从而可以从根本上消除隐患以及避免灾难事故的发生。

除了在复合材料结构内埋入传感器进行检测外,还可以研发具有传感功能的复合材料纤维或基体材料,使复合材料结构本身就成为功能一体的传感系统,这也是一种具备潜力的解决方案。

对于用于航空复合材料结构件,结构的健康监测技术走向飞机型号应用,需要对飞机内所有关键结构部分和可能的损伤形式证明其监测能力,参与每一个关键部位的损伤萌生、扩展的监测的预计,协同无损检测方法一起确定结构检测与监测方案,进而确定飞机的监测方式。

习题与思考题

1.简述"托里斯之翼"的制造过程。
2.简述液体成型工艺的主要优势。
3.简述结构功能一体化复合材料的主要研究思路。
4.简述树脂基复合材料可用于哪些领域,具体有哪些应用。

参 考 文 献

[1] JONES R M. Mechanics of composites[M]. Washington,D C:Scripta,1975.

[2] TSAI S W,HAHN H T. Introduction to composite materials[M]. Westport,CT:Technomic Publishing,1980.

[3] TSAI S W. Theory of composites desigh[M]. Dayton,OH:Think Composites,1992.

[4] HALPIN J C,PETIT P H. Primer on composites materials:analysis[M]. Stamford,CT:Technomic Publishing,1980.

[5] AGARWAL B D,BROUTMAN L J. Analysis and perpormance of fiber composites[M]. New York:Wiley-Interscience,1980.

[6] HULL D. An interduction to composite materials[M]. Cambridge:Cambridge University Press,1981.

[7] BILLMEYER F W. Textbook of polymer science[M]. New York:Wiley-Interscience,1971.

[8] NOWAK T,CHUN J H. Three-dimensional measurement of preform impregnation in composites manufacturing[J]. Compos,Mfg,1992,3(4):259 - 272.

[9] TSAI S. Composites design[M]. 4th ed. Dayton,OH:Think Composites,1988.

[10] CHRISTENSEN R M. Mechanics of composites materials[M]. New York:Wiley,1979.

[11] PIGGON M R. Load bearing fibre composites,international series on the strength and fracture of materials and structures[M]. Oxford:Pergamon Press,1980.

[12] DANIEL I M,ISHAI O. Engineering mechanics of composite materials[M]. Oxford:Oxford University Press,1994.

[13] RABINOWICZ E. Friction and wear of materials[M]. 2nd ed. New York:Wiley,1995.

[14] BOWLES M D. The "Apollo" of aeronautics:NASA's aircraft energy efficiency program[J]. US National Aeronautics and Space Admin,2010:1973 - 1987.

[15] COMPTON B G,LEWIS J A. 3D-printing of lightweight cellular composites[J]. Advanced Materials,2014,26(34):5930 - 5935.

[16] CHOINIERE P,HANKEY E,PILLIOD M K,et al. Transparent fiber composite:US 9701086[P]. 2017 - 07 - 11.

[17] PASTINE S. Can epoxy composites be made 100% recyclable[J]. Reinforced Plastics,2012,56(5):26 - 28.

[18] KIM J K,MAI Y W. Engineered interfaces in fiber reinforced composites[M]. Amsterdam:Elsevier,1998.

［19］WONG M，PARAMSOTHY M，XU X J，et al. Physical interactions at carbon nanotube-polymer interface［J］. Polymer，2003(44)：7757 - 7764.

［20］MAY C A. Epoxy resins chemistry and technology［M］. 2nd ed. New York：Marcel Dekker，1998.

［21］GUPTA A M，CIZMECIAGLU D，COULTER R H，et al. The mechanism of cure of tetraglycidyl diaminodiphenyl methane with diaminodiphenyl sulfone［J］. Journal of Applied Polymer Science，1983(28)：1011 - 1024.

［22］鲁博，张林文，曾竟成. 天然纤维复合材料［M］. 北京：化学工业出版社，2005.

［23］LI Y，MAI Y W，YE L. Sisal fiber and its composites：a review of recent developments ［J］. Composites Science and Technology，2000，60(11)：2037 - 2055.

［24］NETRAVALI A N，CHABBA S. Composites get greener［J］. Materials Tody，2003，6 (4)：22 - 29.

［25］王云飞，商伟辉，郭云竹，等. 天然纤维/可降解塑料生物复合材料研究［J］. 纤维复合材料，2010，27(4)：33 - 35.

［26］沈维治，廖森泰，刘吉平. 蚕丝新用途开发的研究进展［J］. 广东蚕业，2008，42(3)：45 - 48.

［27］潘志娟，盛家镛. 蜘蛛丝的结构与力学性能［J］. 南通工学院学报，1999(2)：6 - 8.

［28］张慧勤，王志新. 蜘蛛丝的研究与应用［J］. 中原工学院学报，2005，16(4)：47 - 50.

［29］王晓霞，侯斌，王正德，等. 天然纤维的特性与应用［J］. 轻纺工业与技术，2013(5)：105 - 107.

［30］丁帅，许曙亮，周镭，等. 天然纤维：木棉纤维的研究探讨［J］. 山东纺织科技，2012，53(5)：34 - 37.

［31］邹君，凌秀琴. 天然纤维增强复合材料的性能及应用［J］. 广西化纤通讯，2002(2)：21 - 22.

［32］HORNSBY P R，HINRICHSEN E，TARVERDI K. Preparation and properties of polypropylene composites reinforced with wheat and flax straw fibres：part I fibre characterization［J］. Journal of Material Science，1997，32(2)：443 - 449.

［33］徐磊，王瑞. 麻非织造复合材料的开发与应用［J］. 非织造布，2005，13(4)：24 - 27.

［34］王宏勋，徐春燕，张晓昱. 竹纤维的开发及应用研究进展［J］. 上海纺织科技，2005，33 (11)：8 - 10.

［35］倪敬达，于湖生. 天然植物纤维增强复合材料的研究应用［J］. 化纤与纺织技术，2006(2)：29 - 33.

［36］黄家康，岳红军，董永祺. 复合材料成型技术［M］. 北京：化学工业出版社，1999.

［37］黄丽. 聚合物复合材料［M］. 北京：中国轻工业出版社，2001.

［38］姜作义，张和善. 纤维-树脂基复合材料技术与应用［M］. 北京：中国标准出版社，1990.

［39］刘雄亚，谢怀勤. 复合材料工艺及设备［M］. 武汉：武汉工业大学出版社，1994.

［40］牛春匀. 飞机复合材料结构设计与制造［M］. 西安：西北工业大学出版社，1995.

［41］乔生儒. 复合材料细观力学性能［M］. 西安：西北工业大学出版社，1997.

［42］上海玻璃钢结构研究所. 玻璃钢结构设计［M］. 北京：中国建筑工业出版社，1980.

［43］宋焕成，赵时熙. 聚合物基复合材料［M］. 北京：国防工业出版社，1986.

［44］孙曼灵. 增强塑料：细观结构与力学性能［M］. 西安：西北工业大学出版社，1990.

［45］汤佩钊.复合材料及其应用技术［M］.重庆:重庆大学出版社,1998.

［46］陶婉蓉,吴叙勤,张元民.高性能聚合物基复合材料［M］.上海:上海科学技术出版社,1989.

［47］王山根,潘泽民.邵毓俊,等.先进复合材料力学性能与实验技术［M］.北京:光明日报出版社,1987.

［48］沃丁柱,李顺林,王兴业,等.复合材料大全［M］.北京:化学工业出版社,2000.

［49］吴人洁.复合材料［M］.天津:天津大学出版社,2000.

［50］伍必兴,栗成金.聚合物基复合材料［M］.北京:航空工业出版社,1986.

［51］肖翠蓉,唐羽章.复合材料工艺学［M］.长沙:国防科技大学出版社,1991.

［52］杨佳,敖大新,张志勇,等.编织结构复合材料制作、工艺及工业实践［M］.北京:科学出版社,1999.

［53］曾竟成,罗青,唐羽章.复合材料理化性能［M］.长沙:国防科技大学出版社,1998.

［54］张凤翻.中模量碳纤维及其复合材料［J］.航空制造工程,1993(9):20－21.

［55］赵稼祥.先进复合材料的发展与展望［J］.材料工程,2000(10):40－44.

［56］赵玉庭,姚希曾.复合材料聚合物基体［M］.武汉:武汉工业大学出版社,1992.

［57］CHOU T W,KO F K. Textile structural composites［M］. New York:Elsevier,1989.

［58］KASWELL E R. Wellington-sears handbook of industrial textiles［M］. New York:Wellington-Sears,1963.

［59］SVEDOVA J. Industrial textiles［M］. New York:Elsevier,1990.

［60］GOSWAMI B C,NARTINDALE J G,SCARDINO F L. Textile yarns,technology,structure and applications［M］. New York:Wiley,1977.

［61］LORD P R,MOHAMED M H. Weaving:conversion of tarn to fabric［M］. Durham,England:Merrow Technical Library,1973.

［62］SPENCER D J. Knitting technology［M］. New York:Pergamon Press,1983.

［63］RAZ S. Wrap knitting production［M］. Heidelberg,Germany:Melliand,1987.

［64］KREMA R. Manual of nonwovens［M］. Manchester ,England:Textile Trade Press,1971.

［65］KO F K. Preform fiber architecture foe ceramic matrix preforms［J］. Ceramic Bull,1989,68(2):401－414.

［66］SCARDINO F L,KO F K. Triaxial woven fabrics:Part Ⅰ. Behavior under tensile,shear,and burst deformation［J］. Textile Research Journal,1981,51(2):80－89.

［67］POTTER K D. The influence of accurate stretch data for reinforcements on the production of complex structural mouldings:Part 1. Deformation of aligned sheets and fabrics［J］. Composites,1979,10(3):161－167.

［68］MCCARTHY S,KIM Y R. Resin flow through fiber reinforcemeny during composite processing［R］. Pjiladelphia:Drexel University,1991.

［69］LOOS A C,WEIDERMANN M H,KRANBUCHI D E. Processing of adcanced textile structural composites by RTM［R］. Pjiladelphia:Drexel University,1991.

［70］KO F K,WHYTE D W,PASTORE C M. Control of fiber architecture for tough netshaped structural composites[C]//MiCon'86：Optimization of Processing，Properties and Service Performance through Microstructual Control. Philadelphia：ASTM，1988：290－298.

[71] DU G W，POPPER P，CHOU T W. Processing model of circular braiding for complex-shaped perform manufacturing[C]//ASME Winter Annual Meeting. Dallas：International Mechanical Engineering Congress and Exposition，1990：25－31.

[72] HEARLE J W，GROSBERG S P，BACKER S. Structural mechanics of fibers，yarns，and fabrics[M]. New York：Wiley-Interscience，1969.

[73] DOW N F，TRANFIELD G. Preliminary investigation of feasibility of weaving traxial fabrics (Dow weave)[J]. Textile Research Journal，1970，40(11)：986－998.

[74] GEOGHEGAN P J. DoPont ceramics for structural applications：the SEP Noveltex technology[R]. Pjoladelphia：3rd Textile structural Composites Symp，1988.

[75] PASTENBAUGH J. Aerospatiale technology[R]. Philadelphia：3rd Textile Structrual Composites Symp，1988.

[76] FUKUTA K，ONOOKA R，AOKI E，et al. Application of latticed structural composite material with three dimensional fabrics to artifical bones[J]. Bulletin of Research Institute for Polymers and Textiles，1982(131)：151.

[77] MOHAMMED M H ，ZHANG Z，DICKMAN L. 3-D weacing of net shapes[R]. Tokyo，SAMPE Symp，1989.

[78] WILLIAMS D J. New knitting methods offer continuous structures[J]. Adv. Compos. Eng，1978(277)：12－13.

[79] KO F K，FANG P，PASTORE C. Multilayer multidirectional warp knit fabrics for industrial applications [J]. Indust. Fabrics，1985，4(2)：4－12.

[80] KO F K，KUTZ J. Miltiaxial warp knit for advanced composites[C]//4th Annual Conf. Advanced Composites. Dearborn，Michigan：ASM International，1988：377－384.

[81] DU G W，KO F K. Analysis of multiaxial warp knitted preforms for composites reinforcement[R]. Lyon，France：Textile Composites in Building Construction 2nd Internatl，1992.

[82] BROWN R T，PATTERSON G A，CARPER D M. Performance of 3-D braided composite structure[R]. Philadelphia：Drexel University，1988.

[83]DU G W，KO F K. United cell geometry of 3-D braided structure[R]. Albany，NY：American Society for Composites，1991.

[84] SCARDINO F L，CHOU T W，KO F K. Introduction to textile structures，in textile structure composites[M]. Amsterdam：Elsevier，1989.

[85] 周希真. 聚合物基复合材料制品成型工艺[M]. 北京：国防工业出版社，1981.

[86] 周祖福. 复合材料学[M]. 武汉：武汉工业大学出版社，1995.

[87] BECKWITH S W. Resin transfer molding：a deade of technology advances [J]. SAMPE，1998，34(6)：7－19.

［88］ CHAWLA K K. Composites materials:science and engineering［M］. 2nd ed. New York: Springer-Verlag Inc,1998.

［89］ HULL D. An Introduction to composite materials［M］. Cambridge:Cambridge University Press,1996.

［90］ KLIGER H S. FRP composite repair materials for concrete infrastructure systems［J］. SAMPE,2000,36(5)：18 - 24.

［91］ LEWIS S. The use of carbon fibre composites on military aircraft［J］. Composites Manufacturing:1994,5(10)：95 - 103.

［92］ LOVEL D R. Carbon and high performance fibres:directory and data book［M］. 3th ed. London:Chapman & Hall,1995.

［93］ MCMULLEN P. Fibre/resin composites for aircraft primary structures:a short history,1936—1984［J］. Composites,1984,15(3):222 - 230.

［94］ PILTO L A. Advanced composite materials［M］. Berlin:Springer-Verlag,1994.

［95］ 蔡希尧.雷达系统概论［M］.北京：科学出版社,1983.

［96］ 陈绍杰.先进复合材料的民用研究和发展［J］.材料导报,2000,14(11):8 - 10.

［97］ 陈祥宝.高性能树脂基体［M］.北京：化学工业出版社,1999.

［98］ 陈祥宝.树脂基复合材料制造技术［M］.北京：化学工业出版社,2000.

［99］ 陈正钧,杜玲仪.耐蚀非金属材料及应用［M］.北京：化学工业出版,1985.

［100］ 弗拉索夫,贝尔曼.雷达高频部件的设计［M］.尚志祥,译.北京：国防工业出版社,1965.

［101］ 贺福,王茂章.碳纤维及其复合材料［M］.北京：科学出版社,1995.

［102］ 王强华,孙阿良.3D 打印技术在复合材料制造中的应用和发展［J］.玻璃钢,2015(4)：9 - 14.

［103］ 卢秉恒,李涤尘.增材制造(3D 打印)技术发展［J］.机械制造与自动化,2013,42(4)：1 - 4.

［104］ 田小永,刘腾飞,杨春成,等.高性能纤维增强树脂基复合材料 3D 打印及其应用探索［J］.航空制造技术,2016(15)：26 - 31.

［105］ 郝杰.3D 打印国家计划出台碳纤维大有可为［J］.纺织服装周刊,2015(9)：8.

［106］ 方鲲,向正桐,张戬,等.3D 打印碳纤维增强塑料及复合材料的增材制造与应用［J］.新材料产业,2017(1)：31 - 37.

［107］ KUMAR S. Selective laser sintering：a qualitative and objective approach［J］. JOM, 2003(55)：43 - 47.

［108］ 史玉升,闫春泽,魏青松,等.选择性激光烧结 3D 打印用高分子复合材料［J］.中国科学：信息科学,2015,45(2):204 - 211.

［109］ CALIGNANO F,MANFREDI D,AMBROSIO E P,et al. Overview on additive manufacturing technologies［J］. Proceedings of the IEEE, 2017,105(4)：593 - 612.

［110］ BRENKEN B ,BAROCIO E ,FAVALORO A ,et al. Fused filament fabrication of fiber-reinforced polymers:a review［J］. Additive Manufacturing, 2018,21：1 - 16.

［111］ 赵辉,刘芬芬,王天琪,等.基于超声波焊接的木塑复合材料分层实体制造技术［J］.安徽农业科学,2014,42(19):6279 - 6280;6323.

［112］ 刘晓飞.激光增材制造技术的研究进展［J］.科技风,2020(22):3.

[113] 梁晓静,于晓燕.3D打印用高分子材料及其复合材料的研究进展[J].高分子通报,2018(4):27-35.

[114] ZHONG W,FAN L,ZHANG Z,et al. Short fiber reinforced composites for fused deposition modeling[J]. Materials Science and Engineering A,2001,301(2):125-130.

[115] 肖建华.3D打印用碳纤维增强热塑性树脂的挤出成型[J].塑料工业,2016,44(6):46-48;56.

[116] GRIFFINI G,INVERNIZZI M,LEVI M,et al. 3D-printable CFR polymer composites with dual-cure sequential IPNs [J]. Polymer,2016,19:174-179.

[117] 殷健.3D打印技术在航天复合材料制造中的应用[J].航天标准化,2018(3):23-26.

[118] BECKWITH S W. Resin transfer molding:a deade of technology advances [J]. SAMPE J,1998,34(6):7-19.

[119] CHAWLA K K. Composites materials:science and engineering[M]. 2nd ed. New York:Springer-Verlag,1998.

[120] HULL D. An Introduction to composite materials[M]. Cambridge:Cambridage University Press,1996.

[121] KLIGER H S. FRP composite repair materials for concrete infrastructure systems[J]. SAMPE,2000,36(5):18-24.

[122] LEWIS S J. The use of carbon fibre composites on military aircraft [J]. Composites Manufacturing,1994,5(10):95-103.

[123] STARR T. Carbon and high performance fibres directory and databook[M]. 3th ed. London:Chapman & Hall,1995.

[124] 彭济华.不同树脂体系复合材料在航空航天领域的应用[J].当代化工研究,2019(2):138-140.

[125] 包建文,蒋诗才,张代军.航空碳纤维树脂基复合材料的发展现状和趋势[J].科技导报,2018,36(19):52-63.

[126] 马绪强,苏正涛.民用航空发动机树脂基复合材料应用进展[J].材料工程,2020,48(10):48-59.

[127] 邢丽英,冯志海,包建文,等.碳纤维及树脂基复合材料产业发展面临的机遇与挑战[J].复合材料学报,2020,37(11):2700-2706.

[128] 包建文,钟翔屿,张代军,等.国产高强中模碳纤维及其增强高韧性树脂基复合材料研究进展[J].材料工程,2020,48(8):33-48.

[129] 徐雯婷.纤维增强树脂基复合材料在直升机的应用现状[J].纤维复合材料,2021,38(3):90-93.

[130] 吕雪,刘闯,康峻.航空用树脂基复合材料的成型技术及其应用[J].辽宁化工,2018,47(5):444-447.

[131] 赵云峰,孙宏杰,李仲平.航天先进树脂基复合材料制造技术及其应用[J].宇航材料工艺,2016,46(4):1-7.

[132] 彭金涛,任天斌.碳纤维增强树脂基复合材料的最新应用现状[J].中国胶黏剂,2014,23

(8):48-52.

[133] 张君红.碳纤维增强树脂基复合材料的应用现状分析[J].建材与装饰,2019(30):63-64.

[134] 李健,洪术华,沈金平.复合材料在海洋船舶中的应用[J].机电设备,2019,36(4):57-59.

[135] 佟文清.耐高温雷达天线罩上的树脂基复合材料应用[J].电子技术与软件工程,2019(9):87.

[136] 黎盛寓.环氧树脂/碳纤维复合材料在汽车悬架结构中的强化设计应用[J].塑料科技,2020,48(9):81-85.

[137] 张有茶.氰酸酯树脂基复合材料的制备及导热、介电性能研究[D].北京:北京科技大学,2020.

[138] 乔菁.粉煤灰空心球/聚脲复合材料粘弹性研究[D].哈尔滨:哈尔滨工业大学,2011.

[139] 张树宝.各向异性导电胶膜黏弹性力学行为的实验研究[D].天津:天津大学,2009.

[140] 魏世林.混纤纱结构 PPS/GF 复合材料的力学性能和介电性能研究[D].绵阳:西南科技大学,2018.

[141] 尹应梅.基于 DMA 法的沥青混合料动态黏弹特性及剪切模量预估方法研究[D].广州:华南理工大学,2011.

[142] 詹小丽.基于 DMA 方法对沥青黏弹性能的研究[D].哈尔滨:哈尔滨工业大学,2007.

[143] 周序霖.基于结构表征的氨纶粘弹性研究及其使用安全性分析[D].广州:华南理工大学,2018.

[144] 王彩华.空心玻璃微珠/环氧树脂复合材料的黏弹性能研究[D].秦皇岛:燕山大学,2018.

[145] 朱远.木塑复合材料静态黏弹性研究[D].杭州:浙江农林大学,2012.

[146] 陈丹迪.双稳态复合材料层合结构的黏弹性行为研究[D].杭州:浙江工业大学,2016.

[147] 尹博渊.炭黑填充橡胶黏弹性的理论与实验研究[D].湘潭:湘潭大学,2018.

[148] 明杰婷.橡胶材料粘弹性本构模型的研究及其在胎面橡胶块上的应用[D].吉林:吉林大学,2016.

[149] 丁安心.热固性树脂基复合材料固化变形数值模拟和理论研究[D].武汉:武汉理工大学,2016.

[150] COURTOIS A. 3D interlock composites multi-scale viscoelastic model development, characterization and modeling[D]. Paris:Ecole Polytechnique,2018.

[151] AGHA A. Cure dependent viscoelastic-plastic modeling of adhesives to capture CTE effects in multi-material structures [D]. Clemson:Clemson University,2019.

[152] LANDRY F. Modeling of the thermomechanical behavior of an epoxy resin subjected to elevated temperatures and experimental verification [D]. Paris: Ecole Polytechnique,2010.

[153] CROCHON T. Modeling of the viscoelastic behavior of a polyimide matrix at elevated temperature[D]. Paris:Ecole Polytechnique,2014.

[154] KIM Y K. Process-induced viscoelastic residual stress analysis of graphite/epoxy composite structures[D]. Urbana:University of Illinois at Urbana-Champaign,1996.

[155] MIANA M B. Viscoelastic distortion during manufacturing and post-curing of thermoset composites:characterization and modeling [D]. Paris：École Polytechnique,2017.

[156] TAM A S,GUTOWSKI T G. The kinematics for forming ideal aligned fibre composites into complex shapes[J]. Composites Manufacturing，1990,1(4):219－228.

[157] BARNES J A ,COGSWELL F N. Transverse flow processes in continuous fibre-reinforced thermoplastic composites [J]. Composites，1989,20(1):38－42.

[158] WILLIAMS J G,DONNELLAN T M,TRABOCCO R E. Experimental verification of naval air development center composite resin flow model[R]. Warminster：Naval Air Development Center,1986.

[159] PIPKIN A C ,ROGERS T G. Plane deformations of incompressible fiber-reinforced materials [J]. Journal of Applied Mechanics，1971,38(3):634－640.

[160] 罗益锋.先进复合材料的研发目标与发展方向[J].高科技纤维与应用,2013,38(4):1－10.

[161] 陈绍杰.我国先进复合材料技术领域的问题与差距[J].高科技纤维与应用,2015,40(3):1－7.

[162] 李培旭,陈萍,刘卫平.先进复合材料增材制造技术最新发展及航空应用趋势[C]//第二十一届全国玻璃钢/复合材料学术年会.哈尔滨:中国硅酸盐学会,2016:178－182;199.

[163] 薛忠民,王占东,尹证.中国工业复合材料发展回顾与展望[J].复合材料科学与工程,2021(6):119－128.

[164] 赵振宁,王辉,虎琳.航空航天先进复合材料研究现状及发展趋势[J].炭素,2021(2):24－29.

[165] 于秀娟,余有龙,张敏,等.光纤光栅传感器在航空航天复合材料/结构健康监测中的应用[J].激光杂志,2006(1):1－3.

[166] 陈群志,关志东,王进,等.分层缺陷对复合材料结构疲劳寿命影响研究[J].机械强度,2004(增刊1):121－123.

[167] 胡德艳.复合材料零件贫胶缺陷的形成和改善[J].飞机设计,2017,37(5):34－37.

[168] 王莹.复合材料缺陷修补技术[J].粘接,2015,36(6):83－86.

[169] 葛邦,杨涛,高殿斌,等.复合材料无损检测技术研究进展[J].玻璃钢/复合材料,2009(6):67－71.

[170] 张立功,张佐光.先进复合材料中主要缺陷分析[J].玻璃钢/复合材料,2001(2):42－45.

[171] 何亚飞,矫维成,杨帆,等.树脂基复合材料成型工艺的发展[J].纤维复合材料,2011,28(2):7－13.

[172] 乔月月,袁剑民,费又庆.微滴包埋拉出法测定复合材料界面剪切强度的影响因素分析[J].材料工程,2016,44(7):88－92.

[173] 方立,周晓东.连续纤维增强热塑性复合材料的浸渍及其缠绕成型[J].纤维复合材料,2008(3):27－31.

[174] 孙宝磊,陈平,李伟,等.先进热塑性树脂基复合材料预浸料的制备及纤维缠绕成型技术[J].纤维复合材料,2009,26(1):43－48.

[175] 黄丽.聚合物复合材料[M].北京:中国轻工业出版社,2001.

[176] 倪礼忠,陈麒.聚合物基复合材料[M].上海:华东理工大学出版社,2007.

[177] 倪礼忠,周权.高性能树脂基复合材料[M].上海:华东理工大学出版社,2010.

[178] 杨序纲.复合材料界面[M].北京:化学工业出版社,2010.

[179] 胡福增.聚合物及其复合材料的表界面[M].北京:中国轻工业出版社,2001.

[180] 陈祥宝.树脂基复合材料制造技术[M].北京:化学工业出版社,2000.

[181] 王文娟,薛景锋,张梦杰.光纤传感在飞机结构健康监测中的应用进展和展望[J].航空科学技术,2020,31(7):95-101.

[182] 孟祥福,陈美玉,明璐.RTM工艺参数对复合材料缺陷控制的影响[J].热加工工艺,2018,47(20):123-125.

[183] 段跃新,姚福军,张佐光.RTM工艺模拟及干斑缺陷控制研究[J].材料工程,2006(增刊1):285-289.

[184] 王雪明,谢富原.复合材料整体成型过程分层缺陷动态扩展研究[J].测控技术,2021,40(5):27-31.

[185] 王雪明,谢富原.复合材料层合板分层缺陷及其实验模拟方法研究[J].纤维复合材料,2020,37(4):30-34.

[186] 华志恒,周晓军,刘继忠.碳纤维复合材料(CFRP)孔隙的形态特征[J].复合材料学报,2005(6):103-107.

[187] 邢丽英.先进树脂基复合材料自动化制造技术[M].北京:航空工业出版社,2014.

[188] 汪泽霖.树脂基复合材料成型工艺读本[M].北京:化学工业出版社,2017.

[189] 吴悦梅,付成龙.树脂基复合材料成型工艺[M].西安:西北工业大学出版社,2020.

[190] 潘利剑.先进复合材料成型工艺图解[M].北京:化学工业出版社,2016.

[191] 牛春匀.实用飞机复合材料结构设计与制造[M].程小全,张继奎,译.北京:航空工业出版社,2010.

[192] 陈卢松.复合材料液体成型工艺在民用飞机领域的应用进展[J].塑料,2018,47(2):93-96.

[193] 乔东,胡红,罗永康.轻型树脂传递模塑(RTM-Light)成型工艺技术[C]//第十七届玻璃钢/复合材料学术年会.广州:中国硅酸盐学会玻璃钢分会,2008:182-186.

[194] 王东,梁国正.树脂膜熔渗工艺(RFI)的研究现状[J].纤维复合材料,2000,17(3):5.

[195] 张国利.T型整体壁板制件RFI工艺与性能的研究[D].天津:天津工业大学,2003.

[196] 董萌.RFI成型工艺用树脂膜的研究[D].西安:西北工业大学,2007.

[187] 詹东.机翼复合材料缩比模型蒙皮的RTM成型工艺研究[D].大连:大连理工大学,2017.

[198] 马克明.RTM成型碳/环氧复合材料非平衡浸润过程与界面性能调控[D].大连:大连理工大学,2011.

[199] 杨波.复合材料RTM工艺充模过程数值仿真与缺陷预测研究[D].哈尔滨:哈尔滨工业大学,2015.

[200] 高传磊.硫系玻璃模压系统设计及模压工艺研究[D].西安:西安工业大学,2019.

[201] 花维维.3D直立棉热模压工艺研究及热力学分析[D].苏州:苏州大学,2020.

[202] 李建.模压成型纤维增强环氧片状模塑料的研究[D].武汉:武汉理工大学,2009.

[203] 林胜.自动铺带机/铺丝机(ATL/AFP):现代大型飞机制造的关键设备:上[J].世界制

造技术与装备市场,2009(4):84-89.

[204] 林胜.自动铺带机/铺丝机(ATL/AFP):现代大型飞机制造的关键设备:中[J].世界制造技术与装备市场,2009(5):90-95.

[205] 林胜.自动铺带机/铺丝机(ATL/AFP):现代大型飞机制造的关键设备:下[J].世界制造技术与装备市场,2009(6):78-83.

[206] 荀国立,邱启艳,史俊伟,等.热压罐固化环氧基复合材料孔隙形成研究[J].航空制造技术,2014(15):3.

[207] 李树健,湛利华,彭文飞,等.先进复合材料构件热压罐成型工艺研究进展[J].稀有金属材料与工程,2015,44(11):5.

[208] 肖遥,李东升,吉康,等.大型复合材料航空件固化成型模具技术研究与应用进展[J].复合材料学报,2021,39(3):919-937.

[209] 王兴忠,薄东海,马吉川.基于RTM工艺的复合材料成型模具设计研究[J].纤维复合材料,2021,38(3):5.